Extraction and Separation
of Natural Products

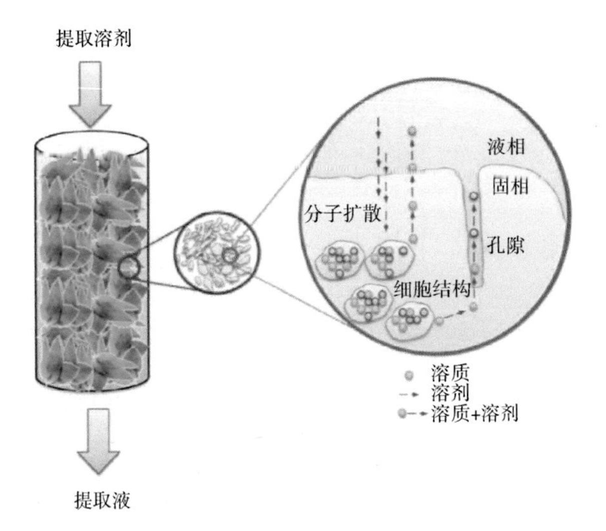

图 2-1　天然产物提取的基本过程

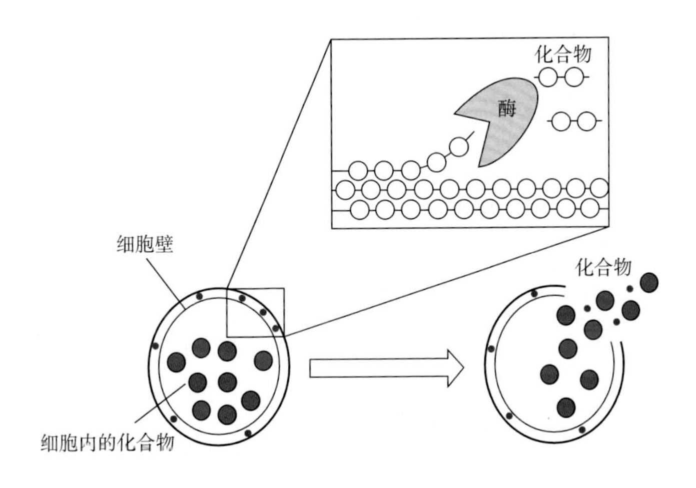

图 7-8　酶辅助提取法促进溶质溶出过程

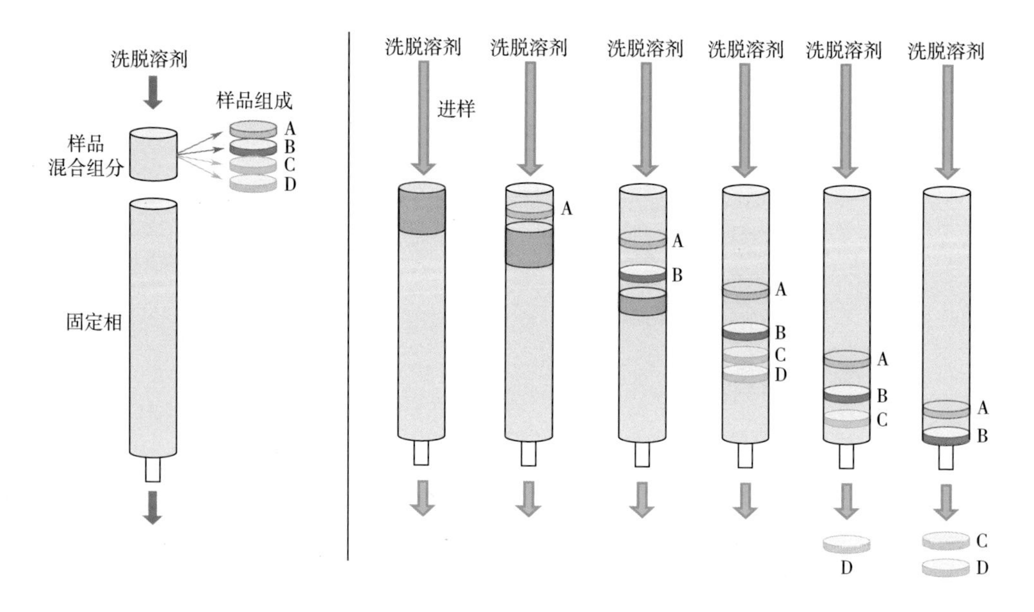

图 8-1　经典柱色谱分离基本原理图

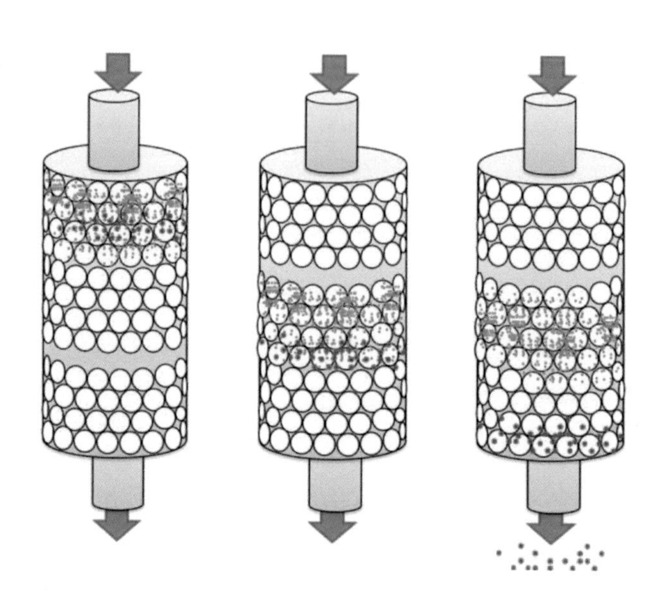

图 8-7　体积排阻色谱法的分子筛效应原理图

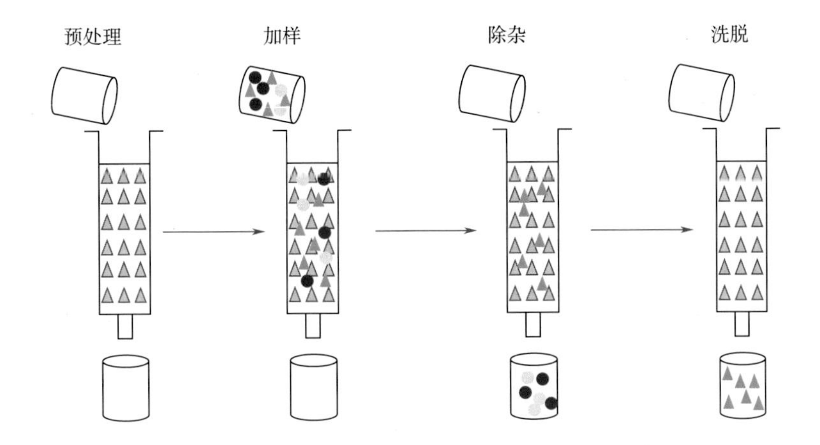

图 13-2　分子印迹分离操作过程

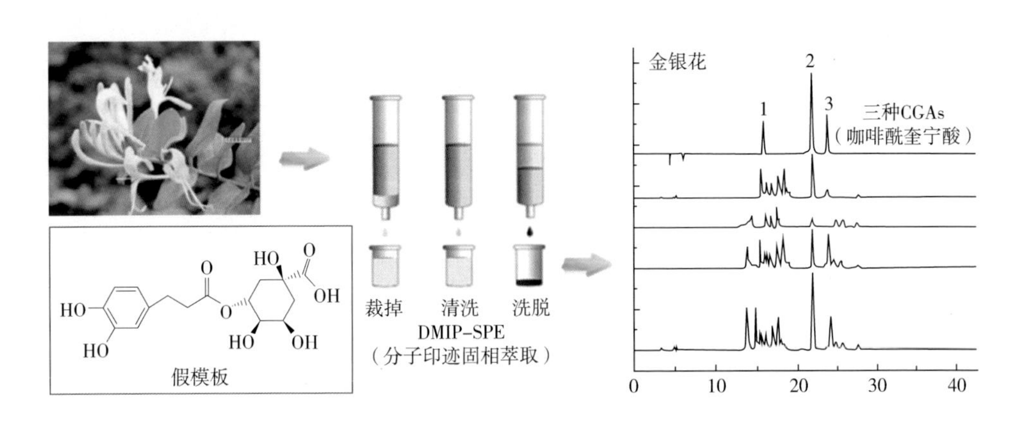

图 13-7　分子印迹固相萃取金银花中咖啡酰奎宁酸成分流程图

天然产物提取与分离

Extraction and Separation of Natural Products

王　晓
董红敬　主编
于金倩

化学工业出版社
·北京·

内容简介

《天然产物提取与分离》详细介绍了天然产物提取与分离的基本原理、传统提取分离方法、新型提取分离方法，并对提取分离方法的工艺流程、相关设备及在天然产物中的应用进行了阐述。同时，结合作者在天然产物提取分离方面的研究经验，对天然产物提取分离的策略进行了总结，有助于读者快速掌握天然产物提取分离的相关方法及技术。

本书既可供天然产物、生物医药、生命科学等领域的研发人员、技术人员使用，也可供高等院校相关专业的师生参考。

图书在版编目（CIP）数据

天然产物提取与分离 / 王晓，董红敬，于金倩主编.—北京：化学工业出版社，2023.1

ISBN 978-7-122-42347-4

Ⅰ. ①天… Ⅱ. ①王… ②董… ③于… Ⅲ. ①天然有机化合物-提取②天然有机化合物-分离 Ⅳ. ①O629

中国版本图书馆 CIP 数据核字（2022）第 189337 号

责任编辑：成荣霞　　文字编辑：毕梅芳　师明远

责任校对：王　静　　装帧设计：王晓宇

出版发行：化学工业出版社（北京市东城区青年湖南街 13 号　邮政编码 100011）

印　　装：北京虎彩文化传播有限公司

710mm×1000mm　1/16　印张 14¾　彩插 2　字数 249 千字

2023 年 6 月北京第 1 版第 1 次印刷

购书咨询：010-64518888　　售后服务：010-64518899

网　　址：http：//www.cip.com.cn

凡购买本书，如有缺损质量问题，本社销售中心负责调换。

定　　价：128.00 元

《天然产物提取与分离》编委会

主　编　王　晓　董红敬　于金倩

委　员　于金倩　王志伟　王　晓　王岱杰　纪文华
　　　　马天宇　高乾善　刘　峰　刘　伟　董红敬
　　　　程　燕　闫慧娇　耿岩玲

前 言

人类利用天然产物作为药物已有几千年的历史，在远古时代，人类就开始从自然界寻找被称为“药”的物质来治疗或缓解疾病带来的痛苦，至今天然产物仍是治疗重大疾病的药物或重要先导化合物的主要来源。21 世纪以来，随着“回归自然”“绿色消费”等观念的兴起，除了作为药物以外，以天然产物为原料的食品、化妆品、保健食品等各种天然产品备受人们青睐，在市场上的占有率也越来越高，天然产物已成为现代医疗保健的理想选择。

提取与分离天然产物的活性成分是进行合理组方、药理药效研究、结构鉴定等的关键环节，随着天然产物需求的增长以及天然产物产业的快速发展，提取与分离技术也日益受到重视，发展了许多新型提取与分离技术，例如超声波辅助提取、微波辅助提取、超临界二氧化碳萃取等多种新型提取技术，以及中高压制备分离、高速逆流色谱、分子印迹分离、分子蒸馏等多种新型分离技术，大大提高了天然产物的提取效率和产品的品质。

为此，本书对天然产物提取与分离的经典技术及新技术的基本原理、工艺流程、相关设备及应用实例进行了总结，希望能为读者提供帮助。

本书是笔者课题组在收集、查阅大量相关文献并结合自己多年的天然产物提取与分离纯化研究经验的基础上编写而成的。衷心感谢中央本级重大增减支项目（2060302）、山东省重大科技创新工程项目（2021CXGC010508）的支持。在本书的编写过程中，参考了同行专家的科研成果和文献资料，同时还得到齐鲁工业大学（山东省科学院）山东省分析测试中心天然产物研究室的老师和同学们的支持和帮助，在此表示感谢。

本书在编写过程中得到化学工业出版社的极大支持和鼓励，在此深表谢意。由于天然产物内容广泛，编写水平有限，书中难免有不足与疏漏，恳请广大读者批评指正。

王 晓

目 录

第3章 天然产物传统提取法 17

第 11 章 pH 区带逆流色谱分离技术 154

第 12 章 分子蒸馏技术 170

第 1 章
绪论

1.1 天然产物及其分类

1.1.1 天然产物的概念

广义上讲，天然来源的物质都可以称为天然产物，包括：①未经任何加工（除简单的保存过程）的整个有机体（如植物、动物或微生物）。②有机体的一部分（如植物的叶子或花、一个孤立的动物器官等）。③有机体或有机体一部分的提取物。④纯化合物（如从植物、动物或微生物中分离得到的生物碱、香豆素、黄酮、糖苷、木脂素、萜类等）。在市场交易过程中，人们所说的天然产物通常包含了广义概念的③和④。狭义上讲，天然产物主要是指小分子的次生代谢产物，如生物碱、香豆素、黄酮、糖苷、木脂素、萜类等，在很多研究中，也通常被称为天然产物化合物[1]。

新陈代谢是植物的基本生命活动。1891 年，Kossei 将植物的新陈代谢分为初生代谢和次生代谢。初生代谢是植物新陈代谢的核心，是获得能量的代谢，为生物体的生存、生长、发育和繁殖提供能源和中间产物。次生代谢是以初生代谢产物的中间产物为底物产生次生代谢产物的代谢，是能量分解的代谢。植物的初生代谢产物是维持生命活动所必需的分子，包括氨基酸、糖类、维生素、核苷酸等，通常由核酸、蛋白质、多糖和脂类等生物大分子合成和降解而成。次生代谢产物主要是生物体生长发育过程中产生的非必需小分子有机化合物，其骨架往往比初生代谢产物复杂得多，同时也是天然产物研究的主要对象，其中，从植物中分离得到的天然产物数量占总量的3/4。植物体内次生代谢产物是植物在对环境胁迫、病原微生物侵袭等外界刺激的防御过程中，由初生代谢产物经过生物体内复杂的酶催化反应而生成的，其结构更具有多样性。因此，植物也通常被人们称作天然产物的“合成工厂”。

1.1.2 天然产物的分类

这里所讲的天然产物主要是指次生代谢产物，主要包括生物碱、黄酮、苯丙素、醌类、萜类、挥发油、甾体、鞣质、糖及苷类等成分[2]。

（1）生物碱

生物碱是指生物体内除氨基酸、维生素、蛋白质、肽类以外的含氮有机化合物的总称。生物碱主要分布于植物中，目前已经从2100种植物中发现了27000多种生物碱，且大多具有显著的药理活性。天然产物中生物碱的分类方法有多种，主要有：①按照来源分类，例如乌头生物碱、三尖杉生物碱、鸦片生物碱等；②按照生物合成途径分类，例如氨基酸途径、甲戊二羟酸途径等；③按照结构式中氮原子存在的主要基本母核分类，例如有机胺类、吡啶衍生物、吡咯衍生物、莨菪烷衍生物、喹啉衍生物、异喹啉衍生物、吲哚衍生物、亚胺唑衍生物、喹唑酮衍生物、嘌呤衍生物、萜类生物碱。目前已从天然产物中发现多种具有显著疗效的生物碱，例如，具有镇痛作用的吗啡、具有抗哮喘作用的麻黄碱、具有降压作用的利血平、具有抗癌作用的长春新碱和喜树碱等（图1-1）。

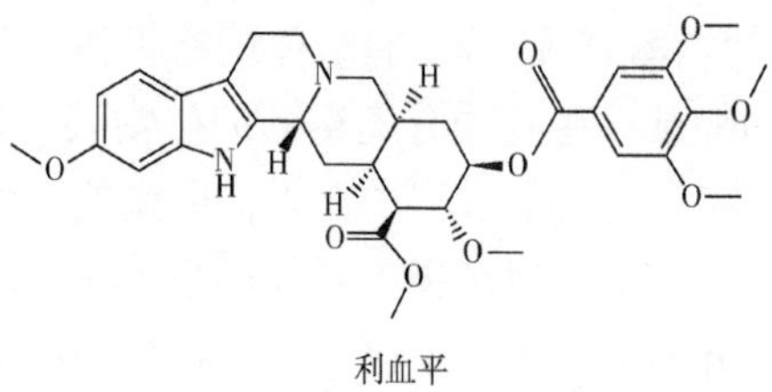

利血平 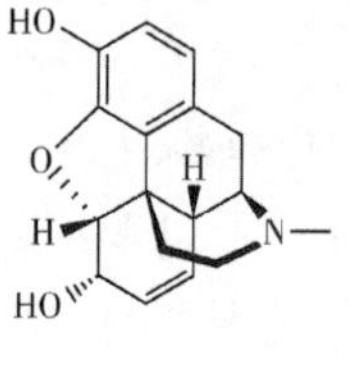　　吗啡 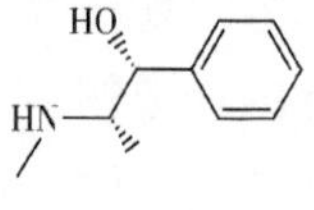　　麻黄碱

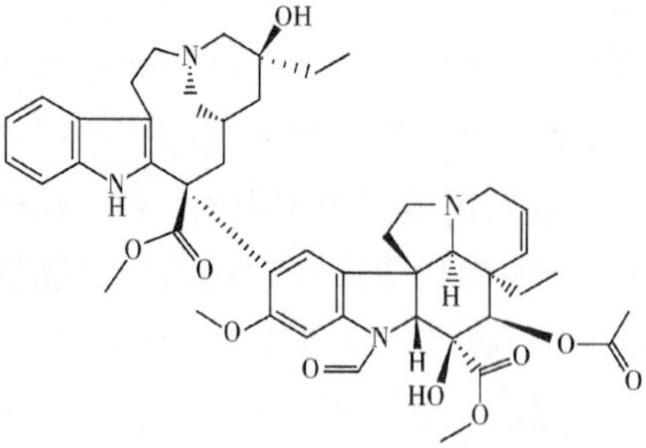

长春新碱 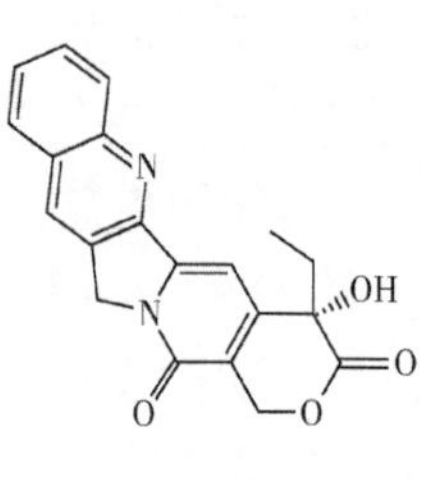　　喜树碱

图1-1　生物碱化合物的结构式

（2）黄酮

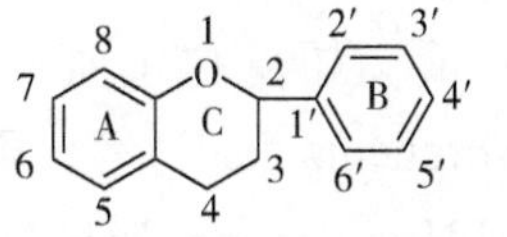

黄酮类主要是指基本母核为 2-苯色原酮（2-phenyl chromone）结构的一类化合物，现多指两个苯环（A 环与 B 环）通过三个碳原子相互连接而成的一类化合物（图 1-2）。根据中央三碳链的氧化程度、B 环连接位置以及三碳链是否构成环状等特点，黄酮类物质主要分为黄酮类（flavones）、黄酮醇类（flavonols）、二氢黄酮类（flavanones）、二氢黄酮醇类（flavanonols）、花色素类（anthocyanidins）等 10 余种结构类型。

图 1-2　黄酮基本母核结构式

有些黄酮类成分具有保肝、抗炎、抗菌、抗病毒、降血压等多种药理活性，芦丁（rutin）、槲皮素（quercetin）、葛根素（puerarin）和立可定（efloxatem）（图 1-3）等均具有明显的扩张冠状动脉的作用，并已在临床上应用；水飞蓟宾（silybin）、异水飞蓟素、次水飞蓟素等具有很好的保肝作用，其中水飞蓟宾已在临床上用于中毒性肝脏损伤、慢性肝炎及肝硬化的治疗。此外，由于有些黄酮类成分具有鲜艳的颜色，也可作为天然色素。

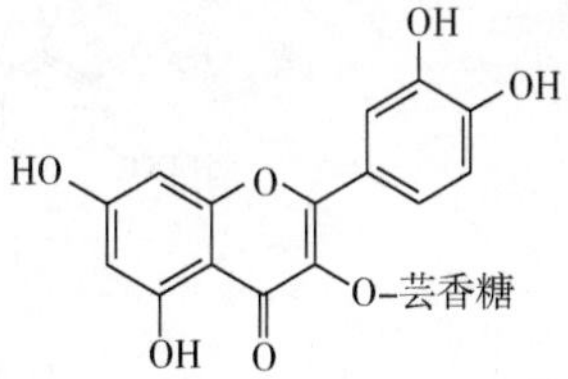

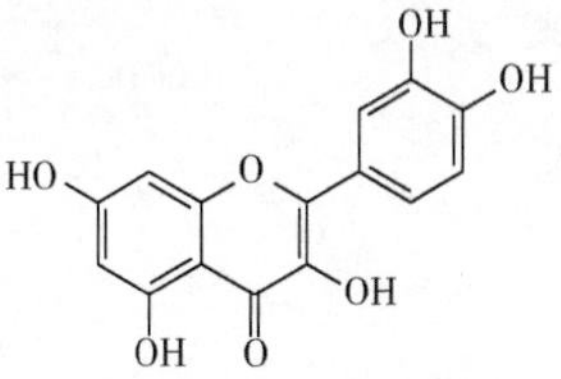

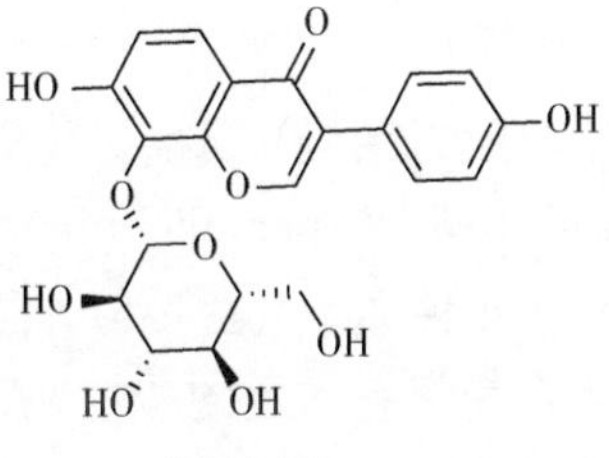

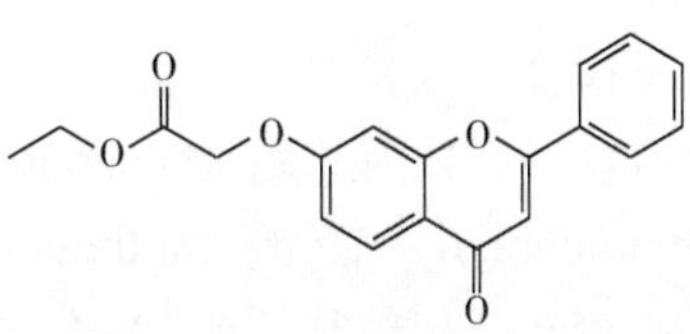

图 1-3　代表性黄酮类化合物的结构式

（3）苯丙素

苯丙素类是指天然产物中含有苯环与三个直链碳相连的结构单元的一类化合物。根据聚合、氧化程度等的不同，苯丙素类成分可分为苯丙酸类、香豆素类和木脂素类等。苯丙酸类成分的基本结构由酚羟基取代的芳香环与丙烯酸构成，如具有止血活性的咖啡酸（caffeic acid）、抗病毒活性的绿原酸（chlorogenic acid）等；香豆素类（coumarins）是一类含有苯骈 α-吡喃酮母核结构的一类成分，如具有抗菌、抗炎活性的七叶内酯（esculetin）、具有抑制肿瘤细胞活性的蟛蜞菊内酯（wedelolactone）等；木脂素类成分的基本结构由苯丙烷骨架的两个结构通过其中 β,β'-碳或 8, 8'-碳相连而成，如具有保肝作用的联苯双酯（diphenyl dimethyl bicarboxylate）和五味子醇甲（schisandrol A）等，部分化合物结构式如图 1-4 所示。

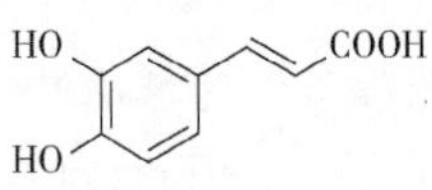

咖啡酸 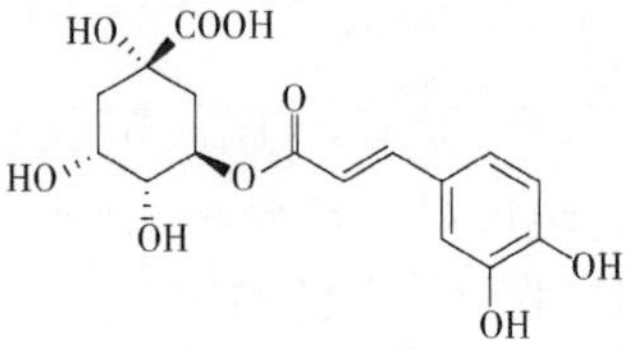　　绿原酸 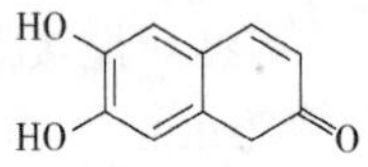　　七叶内酯

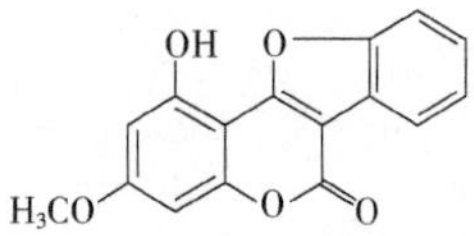

蟛蜞菊内酯 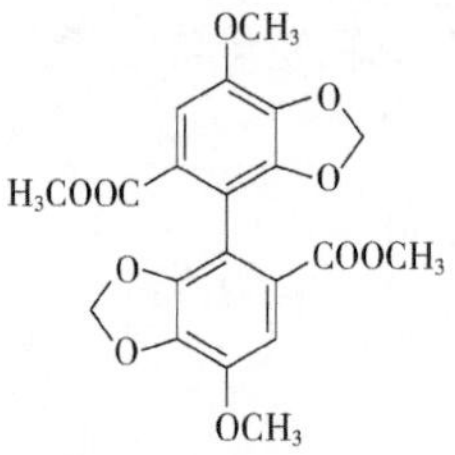　　联苯双酯 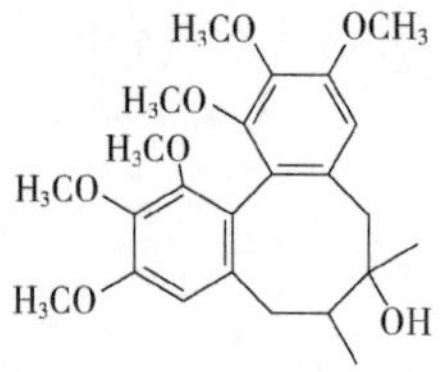　　五味子醇甲

图 1-4　代表性苯丙素类化合物化学结构式

（4）醌类

醌类是指分子内具有不饱和环二酮结构（醌式结构）或容易转变为此结构的一类化合物，可分为苯醌（benzoquinones）、萘醌（naphthoquinones）、菲醌（phenanthraquinone）和蒽醌（anthraquinones）4 种类型（图 1-5）。醌类成分的母核多含有酚羟基和羧基，因此部分醌类化合物具有一定的酸性。蒽醌类成分多具有泻下、抗菌、抗炎、抗病毒、抗氧化和抗肿瘤等药理作用。例如，番泻叶中番泻苷类成分具有较强的致泻作用，茜草中茜草素类成分具有止血作用，丹参中丹参酮类成分具有扩张冠状动脉的作用。

（5）萜类

萜类是一类以异戊二烯（C_5 单元）为基本结构单元的化合物，在天然产物中数量最大，骨架庞杂，是天然产物活性成分的重要来源。

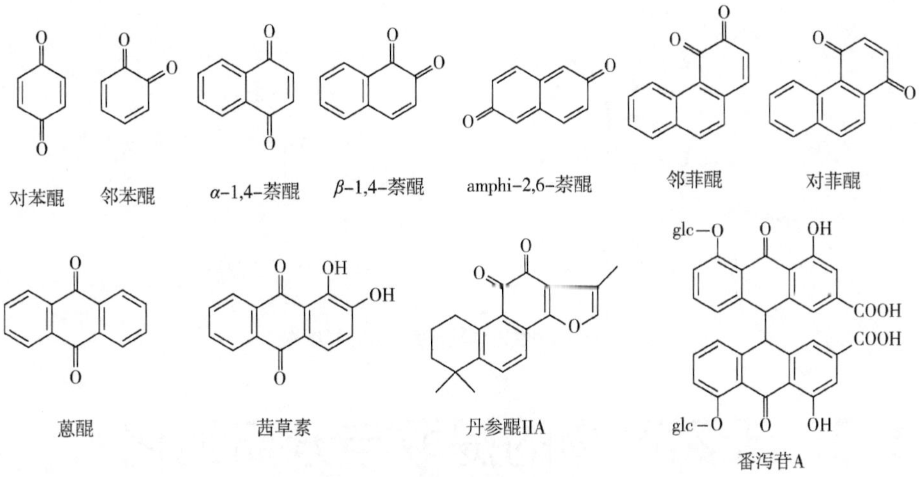

对苯醌　邻苯醌　α-1,4-萘醌　β-1,4-萘醌　amphi-2,6-萘醌　邻菲醌　对菲醌

蒽醌　茜草素　丹参醌IIA　番泻苷A

图 1-5　醌类成分母核及代表性醌类化合物的结构式

根据所含异戊二烯结构单元的数量可分为单萜、倍半萜、二萜等。单萜和倍半萜是植物挥发油的主要成分，也是香料和医药工业的重要原料；二萜是形成树脂的主要物质，主要分布在五加科、菊科、橄榄科等植物中；二倍半萜主要分布于菌类、地衣类、昆虫类等分泌物中；三萜是构成植物皂苷、树脂等的重要物质；四萜类化合物主要为胡萝卜烯类色素。

（6）甾体及苷类

甾体是一类结构中具有环戊烷骈多氢菲（cyclopentano-perhydro-phenanthrene）结构的化合物。根据四个甾核的稠合方式以及 C-17 侧链的不同，可分为 C_{21} 甾类、强心苷类、甾体皂苷类、植物甾醇类、昆虫变态激素类和胆酸类。甾核 C-3 位的羟基与糖结合，可生成相应的苷类成分，如强心苷类成分。强心苷类成分多具有强心作用，在临床上主要用于治疗充血性心力衰竭、节律障碍等疾病。该类成分在夹竹桃科、玄参科植物中分布最为普遍。图 1-6 为部分代表性化合物的结构式。

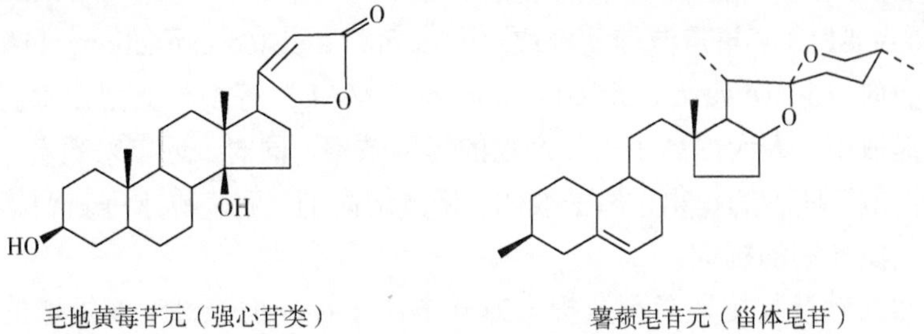

毛地黄毒苷元（强心苷类）　薯蓣皂苷元（甾体皂苷）

图 1-6

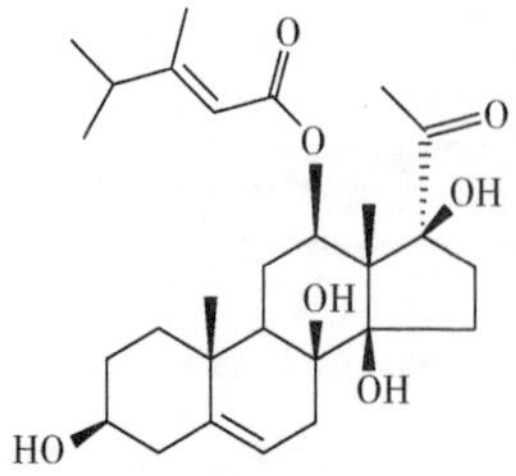

告达亭（C_{21}甾体类） 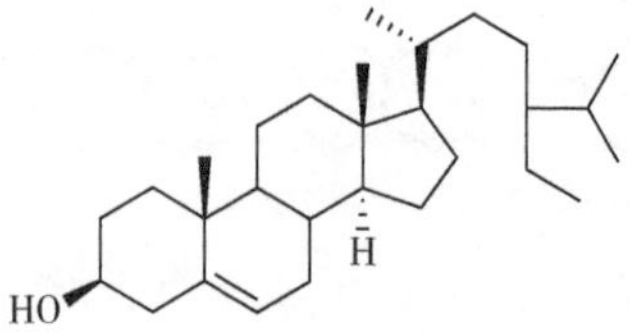　　　　谷甾醇（植物甾醇类）

图 1-6　代表性甾体及苷类成分化学结构式

1.2　天然产物的提取与分离纯化

1.2.1　天然产物的提取及基本流程

传统的天然产物提取方法主要有溶剂法（浸渍法、渗漉法、煎煮法、回流提取法、连续回流法）、水蒸气蒸馏法、升华法等，其中溶剂法是最为常用的天然产物提取方法。提取的本质是根据“相似相溶”的原理，依据基质中化学成分在不同溶剂中溶解性的不同，将成分从基质转移至提取液中。

采用溶剂法提取天然产物时，根据目标成分的结构特点，可通过优化提取溶剂，来促进目标成分的溶出，降低提取液中杂质的含量。一般情况下，化合物分子结构中亲水性官能团（羧基、羟基、氨基）越多，化合物极性越大，亲水性越强，越易溶于甲醇、乙醇等极性溶剂；反之则亲脂性越强，越易溶于二氯甲烷、石油醚等亲脂性溶剂。对于具有酸性、碱性或两性基团的化合物，其存在状态（分子或离子形式）随着溶液 pH 值的不同而不同，其溶解度也随之改变。例如，采用酸性水溶液提取生物碱，可避免脂溶性非生物碱类成分溶出，从而提高提取液中生物碱的含量。

随着天然产物提取技术的发展，超临界流体萃取（supercritical fluid extraction，SFE）、超声波辅助提取（ultrasonic assisted extraction，UAE）、微波辅助提取（microwave assisted extraction，MAE）等多种新型技术应用于天然产物提取中，大大提高了天然产物的提取效率。同时，近年来随着“天然产物绿色提取”理念的提出，离子液体、低共熔溶剂、亚临界水等新型溶剂也逐渐用于天然产物的提取。

虽然天然产物提取溶剂及提取方式丰富多样，但天然产物提取的基本流程大体一致。图 1-7 为天然产物提取的基本流程图，其中原材料处理方式、提取溶剂、提取方法是天然产物提取的关键环节。在设计提取工艺时，根据目标成分的结构特点及化学性质，可通过选择合适的原材料处理方式、提取溶剂、提取方法，实现目标成分的高效提取[3]。

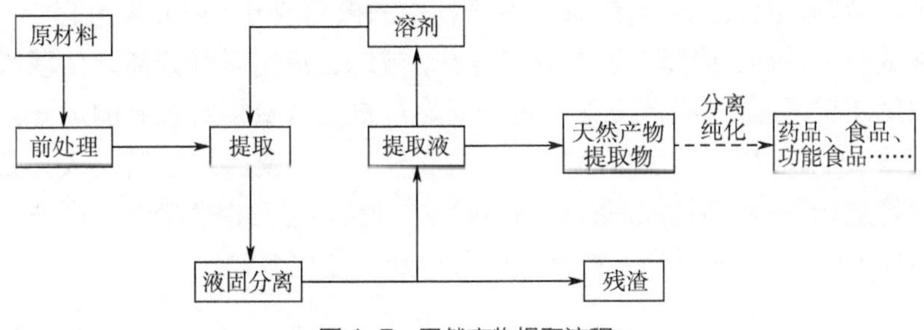

图 1-7　天然产物提取流程

1.2.2　天然产物的分离纯化

天然产物提取物基质复杂，分离纯化是天然产物先导化合物及活性组分发现最具挑战的课题之一。天然产物化合物种类丰富多样，每个化合物均具有脂溶性、酸碱性、稳定性、等电点、分子量等特性。在分离纯化时，可根据化合物的溶解度、分配比、吸附特性、分子大小、解离程度以及分子运动自由程度的不同进行分离（图 1-8）。其中，液-液分配柱色谱法、硅胶柱色谱法、聚酰胺柱色谱法、大孔吸附树脂色谱法在天然产物分离中应用最为普遍。随着现代科学技术的发展，从最早的常压柱色谱技术，已经发展到中压和高压液相色谱；同时，随着固定相合成工艺的进步，分子印迹、多孔碳材料等多种新型材

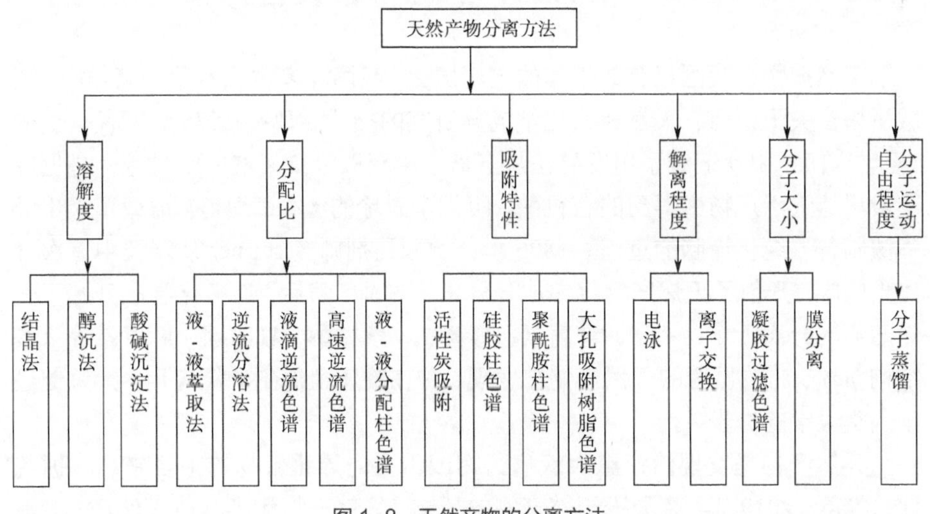

图 1-8　天然产物的分离方法

料用于天然产物的分离纯化，大大提高了天然产物复杂基质中单体化合物的分离制备效率。

由于天然产物基质复杂，往往需要多种色谱技术联合使用才能获得高纯度单体化合物，尤其是分离制备天然产物中的微量成分。在分离过程中，可根据目标成分的性质，选择合适的分离方法，或综合运用多种分离方法获取单体成分（图 1-9）[4]。一般情况下，对于天然产物中含量相对较高的成分，可首先采用液-液萃取法、硅胶柱色谱、聚酰胺柱色谱、凝胶柱色谱、大孔吸附树脂色谱等进行除杂，后经制备（半制备）中（高）压液相色谱法、高速逆流色谱法（HSCCC）等进行分离纯化，即可得到单体化合物。

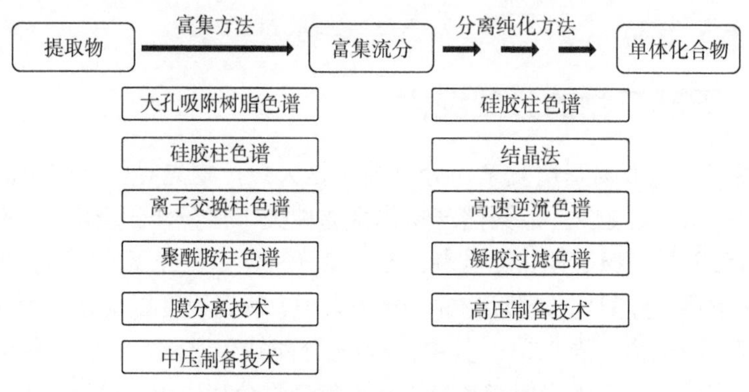

图 1-9　天然产物的分离纯化流程

1.3　天然产物应用的发展前景

天然产物在我国已有数千年的应用历史，我国许多古代本草的著作中，记载了诸多关于中药、天然药物化学成分研究的描述。早在 1575 年明代李挺的《医学入门》中就记载了用发酵法从五倍子中获取没食子酸的全过程，是世界上最早从天然产物中得到的有机酸。明代李时珍的《本草纲目》记载了采用升华法制备、纯化樟脑的过程。1806 年，德国药剂师 Serturner 从罂粟中首次分离出吗啡，开创了天然产物化学成分分离的先河。随后，许多化学家开始了天然产物的分离工作，奎宁、青蒿素、喜树碱、紫杉醇、咖啡因、麻黄碱等诸多结构新颖、药效显著的天然产物被发现，并在临床上得到广泛应用，大大促进了人类医学的进步[5]。

天然产物是发现治疗重大疾病药物或重要先导化合物的主要来源。据统计，1946 ~ 2019 年，来源于天然产物的药物（天然产物和半合成天然产物）占总批准药物的23.5%，其中抗肿瘤药物中有35个天然产物，65个半合成天然产物，分别占总数量的13.5%和25.1%；阿托伐他汀是一种来源于微生物的降脂类常用药物，1992～2017年，其销售额达946亿美元，位居第一[6]。

21世纪以来，随着“回归自然”“绿色消费”等观念的兴起，以天然产物为原料的食品、化妆品、保健食品等各种天然产品备受人们青睐，在市场上的占有率也越来越高。据统计，2010年天然色素的市场价值达6亿美元，占色素市场价值的35%，目前天然色素的市场价值以平均每年10%的速度增长，Grand View Research市场数据显示，到2025年全球天然色素市场规模预计达25亿美元。2019年全球植物提取物市场达237亿美元，据美国市场调查咨询公司Markets and Markets预测，至2025年，全球植物提取物市场价值将以16.5%的复合年增长率增至594亿美元，可见天然产物市场蕴含巨大潜力。近年来，天然产物已成为现代医疗保健的理想选择。同时，随着天然产物提取分离纯化和活性发现技术的不断进步，天然产物产业将会释放出巨大的市场潜力，在推动社会经济发展、保障人们身体健康中发挥重要作用。

参考文献

[1] Sarker S D, Latif Z, Gray A I. Natural Products Isolation[M]. Humana Press, 1998.

[2] 裴月湖，娄红祥. 天然药物化学[M]. 北京：人民卫生出版社, 2016.

[3] Bart H J, Pilz S. Industrial Scale Natural Products Extraction[M]. Wiley-VCH Verlag GmbH & Co KGaA, 2011.

[4] 罗永明. 中药化学成分提取分离技术与方法[M]. 上海：上海科学技术出版社, 2016.

[5] 郭瑞霞，李力更，王于方，等. 天然药物化学史话：天然产物化学研究的魅力[J]. 中草药, 2015, 46(14): 2019-2033.

[6] Newman D J, Cragg G M. Natural products as sources of new drugs over the nearly four decades from 01/1981 to 09/2019[J]. Journal of Natural Products, 2020, 83: 770-803.

第 2 章 天然产物提取的基本原理

提取的本质是将化学成分从一个基质转移至另一基质的过程，即将目标成分从原材料（一般为固体）转移至另一便于分离纯化的基质中（一般为液体）。根据目的的不同，对提取的基本要求也不同。当提取的目的为定量或定性分析时，在保证目标成分被完全提取的情况下，非目标成分的溶出对成分的定量及定性分析干扰不大；然而，当提取的目的为化合物的获取时，应遵循目标成分提取率、浓度较高，而其他非目标成分的提取率尽可能低的原则。同时，考虑到成本问题，在工业化提取时通常需综合考虑，以便尽量降低生产成本[1]。

2.1 基本原理

从现象学的观点来看，提取是物质从一相转移到另一相的过程。在提取天然产物时物质转移通常是从固体到液体（超临界流体）的过程，有时候是从液体到液体（溶剂萃取）的过程。在提取前，首先需对目标化合物和提取溶剂的性质进行充分的了解，不同化学成分在不同溶剂中具有不同的溶解度，在提取时应选择对目标化合物溶解度较大的溶剂。溶剂对化合物的溶解度遵循“相似相溶”的原理，即极性化合物易溶于极性溶剂，非极性化合物易溶于非极性溶剂。例如，糖是极性化合物，在极性溶剂水中有良好的溶解性，而油脂类等非极性化合物则难溶于水。

从化学热力学的观点进行分析，可用吉布斯自由能（ΔG_{soln}）公式描述提取时溶质的溶解过程[1,2]，具体公式如下：

$$\Delta G = \Delta H - T\Delta S$$

$$\Delta H = \Delta E + \Delta(pV)$$

式中，G为吉布斯自由能，J；H为焓，J；T为热力学温度，K；S为熵，J/K；E为能量，J；p为压力，Pa；V为体积，m^3。

任何过程自发进行的前提条件是自由能增量为负值，即$\Delta G < 0$，任何溶质分子和溶剂分子混合过程的熵值总是增加的，即ΔS为正值，热力学温度为正值，因此ΔH是决定溶解自发进行的关键，溶解过程中ΔH的变化，可用下式表示：

$$\Delta H = \Delta H_1 + \Delta H_2 + \Delta H_3$$

式中，ΔH_1（正值）为破坏溶剂分子间作用力的外加能量；ΔH_2（正值）为破坏溶质分子间作用力的外加能量；ΔH_3（负值）为溶剂与溶质相互作用释放的能量。

当$|\Delta H_3| > \Delta H_1 + \Delta H_2$时，$\Delta H < 0$，由于$\Delta S$为正值，则$\Delta G < 0$，溶解过程可自发进行；相反，如果$|\Delta H_3| < \Delta H_1 + \Delta H_2$，$\Delta H > 0$，则需要$T\Delta S > \Delta H$，才能满足$\Delta G$小于0，这时可通过提高温度（$T$）或熵（$S$）使溶解自行进行。

2.2 化学成分溶出的基本过程

在提取过程中，化合物分子需经历细胞内的扩散、细胞膜和细胞壁的透过等复杂的传质过程而完成化学成分的溶出，一般分为浸透、解吸和溶解、扩散等阶段，具体过程如图2-1所示[1-3]。

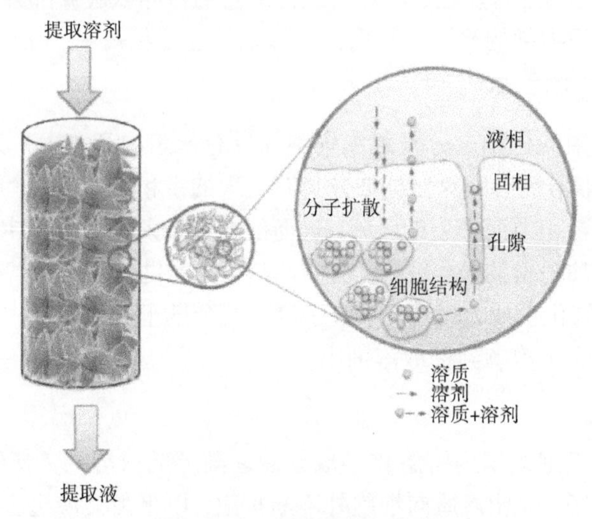

图2-1 天然产物提取的基本过程

（1）浸透

当原材料被粉碎时，一部分细胞可能破裂，其所含的成分可直接被溶剂浸出。然而，大部分细胞在破碎后仍保持较完整的状态，加入溶剂后，溶剂首先附着于基质表面使之润湿。提取溶剂能否附着于基质的表面，使其润湿并进入细胞组织中，与该物质与溶剂界面的表面张力有关，可由下式计算，即：

$$\delta（气\text{-}固）=\delta（液\text{-}固）+\delta（气\text{-}液）\cos\alpha$$

式中，δ为界面张力，N/m；α为接触角。

当δ（气-固）$<\delta$（液-固）$+\delta$（气-液）时，溶剂能润湿固体基质表面。一般情况下，极性溶剂易润湿含有糖、蛋白质等极性化学成分的基质；非极性溶剂易润湿含油脂等非极性化学成分的基质。对于新鲜基质，由于其含水量较高，当这种基质原料与疏水性溶剂接触时，溶剂向基质内部渗透更为困难，为了加快渗透，可在非极性溶剂中添加少量极性溶剂，如乙醇、丙酮等，或者将药材干燥后再以非极性溶剂提取。而对于含油脂丰富的植物，如杏仁、桃仁等，往往先用非极性溶剂进行脱脂，或者榨取油脂，然后再用适宜的溶剂进行提取。

对于植物基质的提取，由于植物组织内部有大量的毛细管，溶剂可以沿着毛细管渗入植物的组织内，将植物细胞及其间隙充满。毛细管被溶剂充满的时间与毛细管的半径、长度及其内压力等有关。一般来说，毛细管的半径越小，管长越长，毛细管的内压力越大，溶剂渗透的阻力越大，溶剂充满毛细管的时间也就越长，这时提取的速度就越慢，从而提取的效果也就越差。对植物基质进行减压、对溶剂进行加压、对基质进行适当的粉碎以破坏部分细胞壁，均可加快溶剂向基质内部的渗透，从而提高提取的速度和效率。

（2）解吸和溶解

天然产物中的化学成分与组织细胞间具有一定的亲和力，为使有效成分溶解出来，提取溶剂必须对目标成分具有更大的亲和力，才能解除有效成分与组织细胞间因亲和力而产生的吸附，进而使成分转入提取溶剂中。有时也可在提取溶剂中添加适量的酸、碱、表面活性剂等来帮助解吸，提高有效成分的提取率。解吸后的化学成分以离子、分子等形式分散于提取溶剂中，可溶解的成分按照溶解度大小溶解到提取溶剂中。

（3）扩散

溶剂进入细胞组织内溶解化学成分后逐渐形成浓溶液，使细胞内外出现浓度差和渗透压，促使溶质向细胞外不断扩散，以平衡其渗透压。细胞外的稀溶液又不断地渗透进入细胞内，细胞内外的浓度差构成了质量传递的推动力。对植物来说，植物细胞壁是由纤维素和果胶组成的，具有通透性，因存在浓度差，细胞内高浓度的溶液可不断向低浓度方向扩散。同时，溶剂为稀溶液，由于渗透压的作用溶剂又不断地进入细胞内以平衡渗透压。不同浓度的溶液在细胞内外不断地进行这种扩散，直至细胞内外的浓度相等、渗透压平衡，扩散才会停止。这种扩散遵循菲克-爱因斯坦公式[4]，即：

$$\mathrm{d}G = -\frac{RT}{N_{\mathrm{A}}}\times\frac{1}{6\pi\eta r}\mathrm{d}A\times\frac{\partial c}{\partial x}\mathrm{d}t$$

式中，G 为扩散溶质的量；R 为气体常数；T 为热力学温度；N_{A} 为阿伏伽德罗常数；η 为介质黏度；r 为扩散离子半径；A 为扩散面积；$\frac{\partial c}{\partial x}$ 为浓度梯度；t 为时间。

从上式可以看出，单位时间内物质的扩散量即浸提速率，与热力学温度、扩散面积和浓度梯度成正比，与扩散离子半径和介质黏度成反比，因此在提取时，用不含溶质的溶剂或低浓度提取溶液置换细胞周围相对高浓度的提取溶液，可以保持溶质的最大浓度梯度，从而提高提取率与提取效率。

2.3 影响提取率的主要因素

天然产物的提取是一个复杂的过程，提取能否成功关键在于溶剂和提取方法的选择，同时基质原料的粉碎度、提取温度、提取时间等也会影响提取率，必须加以考虑。

2.3.1 提取溶剂

（1）提取溶剂的选择

天然产物提取在选择溶剂时应根据“相似相溶”原理，选择对目标成分有较大的溶解性、而对无效成分尽可能不溶出的溶剂。另外，溶剂不应与目标成分发生化学反应，即对于目标成分是一种惰性溶剂。同时，溶剂应具有廉价、易得、使用安全、无污染、低毒、可回收等特点[2,3]。

（2）常用提取溶剂

目标成分在溶剂中的溶解度与溶剂性质直接相关，常用的提取溶剂可分为水、亲水性有机溶剂和亲脂性有机溶剂等。常用溶剂亲水性强弱顺序如下[3,5,6]：

石油醚<四氯化碳<苯<二氯乙烷<氯仿<乙醚<乙酸乙酯<正丁醇<丙酮<乙

醇<甲醇<水

① 水：水是一种廉价、安全、无污染的强极性溶剂，可溶解无机盐、糖类、鞣质、氨基酸、蛋白质、苷类、生物碱及有机酸盐等成分。为了增加某些成分的溶解度，也常采用酸水和碱水作为提取溶剂。酸水可使生物碱与酸生成盐类而溶出；碱水可使有机酸、黄酮、香豆素以及酚类成分溶出。冷水提取苷类成分，易造成苷类成分水解，并且提取液不易长时间放置。沸水提取含淀粉多的植物，淀粉易被糊化，影响过滤，因此含有淀粉多的植物不宜磨成细粉后加水热提。某些含有果胶、黏液质类成分的植物材料，其水提液很难过滤。

② 亲水性有机溶剂：亲水性有机溶剂是指能与水混溶的有机溶剂，如乙醇、甲醇、丙酮等，其中，以甲醇和乙醇最为常用。能与水以任意比例混合，又能和大多数亲脂性有机溶剂混合，对植物细胞的穿透能力强，除蛋白质、黏液质、果胶、淀粉和部分多糖外，能溶解大多数植物成分。一般来说，甲醇比乙醇有更好的提取效果，但因其毒性较乙醇大，工业化生产中多采用乙醇，而甲醇多在实验室中使用。

③ 亲脂性有机溶剂：亲脂性有机溶剂一般是指与水不能混溶的有机溶剂，如石油醚、乙酸乙酯、氯仿、苯等。这些溶剂的选择性强，易提取脂溶性成分，不易提取亲水性成分。然而，这类溶剂对植物组织的渗透力差，往往需要反复多次提取才能完成。因此，在实际的提取过程中，往往采用亲水性有机溶剂如甲醇、乙醇等进行提取后，再选用合适的亲脂性溶剂将目标成分萃取出来。

④ 辅助溶剂：辅助溶剂是指向提取溶剂中加入的某些以增加目标成分溶解度、去除某些特定杂质、提高成分稳定性为目的的特定溶剂。常用的提取辅助溶剂有酸（盐酸、硫酸、冰醋酸、酒石酸等）、碱（氨水、碳酸钠等）、表面活性剂（吐温-20、吐温-80 等）、稳定剂等。例如，在提取乌头生物碱时，在提取溶剂中加入酸可促进生物碱的溶出；在提取甘草酸时，加入一定浓度的氨溶液可促进甘草酸的提取；从槐米中提取芦丁时，加入石灰水既可促进芦丁的溶出，又可去除提取液中大量的果胶等杂质。

2.3.2 提取方法

天然产物提取方法是根据化学热力学原理以及化学成分溶出的基本原理而设计的。不同的提取方法对目标化合物的提取效率影响极大。经典的溶剂提取方法包括浸渍法、渗漉法、煎煮法、回流提取法、连续回流提取法等，这些方法的优点是操作简便、设备要求低、成本低廉，但存在提取效率低、资源浪费严重等缺点。而新兴的天然产物提取方法如超临界流体萃取法、微波辅助提取法、超声波辅助提取法等都是通过强化天然产物提取的渗透、溶解、扩散等过程，提高提取效率。这些方法将会在第 4 ~ 7 章进行详细介绍。

2.3.3 提取过程的影响因素

（1）粒度及表面积

由于提取过程包括渗透、溶解、扩散等过程，原料粉碎越细，表面积越大，传质表面积越大，浸出过程就越快。但粒度过细，吸附作用增强，会影响成分的扩散速度，进而影响提取率。对于黏液质、淀粉、多糖类成分含量高的原料，采用水提取时，颗粒过细会产生更大的胶冻现象，影响有效成分的浸出及下一步的过滤。因此在实际提取过程中，要根据天然植物的性质选择合适的粉碎度。一般来说，用水提取时，以通过 20 目筛为宜；对含淀粉较多的根、根茎类，宜粗不宜细；含纤维较多的叶类、全草、花类、果实类以过 20 ~ 40 目筛为宜。另外，粉碎度还与所用溶剂有关，水易膨胀，以粗粉或薄片为宜；而乙醇膨胀作用小，可采用较细的粉末。

（2）提取时间

一般情况下化学成分的提取率与时间成正比，时间越长，越有利于提取。但当药材细胞内外有效成分的浓度达到平衡后，延长提取时间对提取已无用处。此外，长时间的提取往往导致大量杂质溶出和化学成分的破坏，影响提取液的质量。

（3）提取温度

温度升高不仅可增大溶质在溶剂中的溶解度，也可加速组织的软化，因此升高温度可加快渗透、溶解和扩散速度，从而提高提取效率和速度。但温度过高有时会破坏某些成分，同时溶出的杂质含量也会增多，给后续的分离纯化带来困难，因此提取温度一般不宜超过 100℃。

同时，提取温度应根据所选择的溶剂进行设定，一般提取在沸腾状态下进行，此时在没有搅拌的情况下，固-液两相具有较高的相对速度，扩散层边界更薄，边界层更新更快，从而有利于提取过程的迅速完成。但采用某些特殊提取方式（如逆流提取）时，沸腾状态使固-液两相产生无规则运动，出现“返混”现象，不利于成分的浸出。因此提取温度的选择要综合考虑提取物的稳定性、提取溶剂、提取方式等多种因素。

（4）浓度差

浓度差是原料组织内浓度与外周溶液浓度的差异。浓度差越大，扩散推动力越大，提取速度越快，适当地利用和扩大提取过程的浓度差，有助于加速提取过程和提高提取效率。在提取过程中，可通过不断搅拌、更新溶剂或连续逆流提取等方法，增大组织中有效成分的扩散浓度差，以提高提取效率。

（5）料液比、提取次数

需根据被提取原料的干燥程度、质地、有效成分在基质中的存在形式及含量而定，一般提取溶剂用量为原料的 6 ~ 10 倍。溶剂用量多，浓缩费时；溶剂用量少，提取率低或需增加提取次数。对于一般的基质提取 2 ~ 3 次；对于质地坚硬、贵重基质可提取 3 次，以保证有效成分提取完全。由于植物基质有一定的吸水量，所以第一次提取所需溶剂较多，第 2、3 次可减少用量。总之，不同基质的溶剂用量和提取次数都需要根据具体情况进行确定。

（6）提取压力

提高压力可破坏植物细胞壁，并使药材内部的毛细孔内更快地充满溶剂，形成含有溶质的浓溶液，与周围的溶剂产生浓度差，从而缩短溶质扩散需要的时间。因此，对难于渗透的药材，提高压力有利于成分的浸出，但是对易于渗透的药材，提高压力对渗透速度的影响不显著。

参考文献

[1] Rostagno M A, Prado J M. Natural Product extraction-principles and applications[M]. RSC Green Chemistry, 2013.

[2] 于文国，卞进发. 生化分离技术[M]. 北京：化学工业出版社, 2006.

[3] 罗永明. 中药化学成分提取分离技术与方法[M]. 上海：上海科学技术出版社, 2016.

[4] 徐怀德. 天然产物提取工艺学[M]. 北京：中国轻工业出版社, 2016.

[5] 杨基森. 中药制剂设计学[M]. 贵州：贵州科技出版社, 1992.

[6] 匡海学. 中药化学[M]. 2 版.北京：中国中医药出版社, 2011.

第 3 章 天然产物传统提取法

随着科学技术的发展以及新方法和新技术的应用，极大地缩短了天然产物化学成分的提取时间，提高了提取效率。但这些提取方法往往需要昂贵的仪器设备和严格的操作技术，所需成本较高。目前，传统提取法仍然是天然产物提取常用的方法，主要包括浸渍法、渗漉法、回流提取法、水蒸气蒸馏法和索氏提取法等。本章将详细介绍这些提取方法的原理、装置（装备）及应用情况。

3.1 浸渍法

3.1.1 概述

浸渍法是指将待提取基质用适量的溶剂在常温或一定温度条件下浸泡，使有效成分浸出的一种提取方法。其具体操作为将粉碎原料装在适当的容器中，加入溶剂浸渍基质一定时间，反复数次，合并浸渍液，减压浓缩即可。在提取时可通过搅拌等方式增加质量传质速率，对于颗粒较小的基质，搅拌可避免细颗粒沉积引起的窜流，从而提高提取效率，另外，搅拌可促进固体与提取溶剂的接触，从而加速成分的扩散以提高提取效率。

浸渍法操作简单，提取液澄明度好，但操作时间较长，有效成分浸出不完全，浸出效果差。因此，此法不适用于贵重及有效成分含量低的基质[1]。

3.1.2 浸渍法的分类

根据提取温度不同可分为冷浸渍法和热浸渍法。

① 冷浸渍法是将待提取基质置于密闭容器中，加入一定量的溶剂，常温密闭浸渍一段时间，并适时搅拌，收取滤液。该法操作简单，提取液澄明度好，但浸提效率低。

② 热浸渍法是将待提取基质置于可加热的密闭容器内，加入一定量的溶剂，加热使温度保持在 40 ~ 60℃浸渍一定时间，适时搅拌，收取滤液。与冷浸渍法相比，该法浸提时间较短，浸提效率高，但是不适用于热敏性或挥发性成分的提取。

3.1.3 浸渍法应用实例

（1）多酚类成分的提取

榛子为历史悠久的核果类果树的果实，为自然界四大坚果之一。研究表明榛子壳及其种皮提取物具有良好的抗氧化活性。Contini 等[2]采用浸渍法对榛子壳、榛子皮及烤榛子皮进行提取，经过 20h 室温浸渍提取 2 次，从中提取了具有抗氧化活性的酚类化合物，发现烤榛子皮提取物中多酚类的含量达 502mg/g。

（2）三萜类成分的提取

积雪草（中药）为伞形科积雪草属植物积雪草的干燥全草，其主要成分为三萜及苷类成分，是积雪草的主要活性成分，具有促进创伤愈合、神经保护等多种药理活性。Monton 等[3]采用动态浸渍法对积雪草的活性成分进行提取，以乙醇为提取溶剂，60℃浸提 120min，提取物中羟基积雪草苷、积雪草苷、羟基积雪草酸、积雪草酸的含量分别为 0.855%、0.174%、0.053%、0.025%。

另外，作为一种传统的天然产物提取方法，浸渍法常用于新型技术提取效率的对比考察研究。Deng 等[4]比较了超声波辅助提取法及浸渍法对橄榄果实中多酚类成分的提取效率，采用超声波辅助提取法提取 30min，提取物中总酚的含量高达 7.01mg/g；而采用热浸渍法浸提 4.7 h，提取物中总酚的含量仅为 5.18mg/g。

3.2 渗漉法

3.2.1 概述

渗漉法是将适度粉碎的样品置渗漉罐中，由上部不断添加溶剂，溶剂渗过样品层向下流动而浸出目标成分的方法。渗漉罐一般是由玻璃或金属制成的圆柱形或锥形容器，容器的底部安装有控制流速的开关。提取时将粉碎的样品加入渗漉罐中，然后加入提取溶剂，直至提取溶剂液面高于样品，用盖子将渗漉罐密封，将样品在溶剂中浸泡 24 h。调节开关让液体慢慢从底部流出，同时加入新鲜的提取溶剂，保持渗漉液持续流出，直到渗漉液中化学成分含量变得极低。图 3-1 为常用渗漉设备示意图，主要由溶剂罐、阀门、溶剂泵、渗漉罐、渗漉液罐和投料口组成[5]。为了提高提取效率，有时会采用加压泵给渗漉罐内部加压（加压渗漉法）以加快溶剂渗过样品的速度和渗滤液的流出速度；也可将多个渗漉罐串联（重渗漉法），渗漉液重复作用于新的样品，以提高渗漉液的浓度。

采用渗漉法提取样品时，样品的粒度是提取的重要因素，粒度过小，流速较慢，容易出现堵塞现象；粒度过大，基质与溶剂接触面小，成分提取不完全。同时，对于含有淀粉、糖类成分较多的基质，也容易出现堵塞现象导致渗漉液无法流出，因此渗漉法一般不用于该类样品的提取。

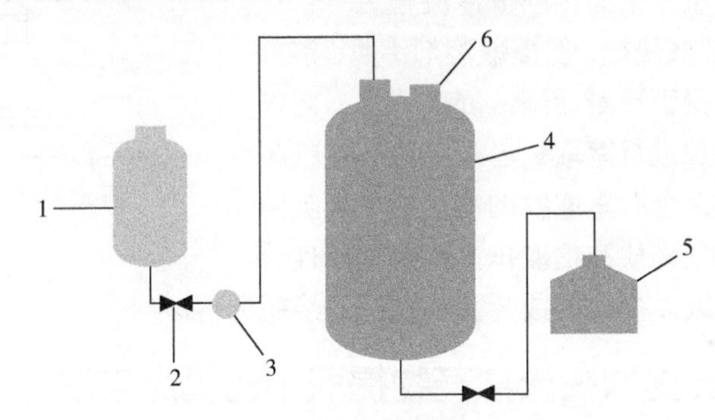

图 3-1　渗漉法提取设备示意图

1—溶剂罐；2—阀门；3—溶剂泵；4—渗漉罐；5—渗漉液罐；6—投料口

3.2.2　渗漉法应用实例

郭霞等[6]以乙醇为提取溶剂，采用渗漉法对三叶鱼藤中的鱼藤酮进行提取，并考察提取时间和乙醇浓度对鱼藤酮提取率的影响，结果表明采用 84%乙醇提取 4.1h，鱼藤酮的得率为 1.97%。黄家佳等[7]采用渗漉法对白芷中热不稳定香豆素类成分进行提取，以欧前胡素含量为评价指标，考察了乙醇体积分数、乙醇用量、渗漉速度、浸泡时间对提取率的影响，得到的最佳提取工艺为：药材粉碎过 20 目筛，加 8 倍量 60%乙醇浸泡 12h，以 4mL/（min · kg）渗漉速度进行提取，提取液中欧前胡素的含量为 1.49mg/g。

3.3 索氏提取法

3.3.1 概述

索氏提取法是由弗兰兹·里特·冯·索格利特于 1879 年设计的一种连续回流提取装置——索氏提取器（图 3-2），至今这种方法仍然被用于天然产物提取、食品分析等各个领域。索氏提取主要利用溶剂回流及虹吸原理进行提取，具体提取流程如下：

① 将待提取固体物质粉碎，以增加样品与提取液的接触面积，然后将固体物质包裹在滤纸桶内，置于提取器中，提取器的下端接盛放溶剂的圆底烧瓶，上面接回流冷凝管。

② 加热圆底烧瓶，使提取溶剂沸腾，溶剂蒸气上升经冷凝管冷凝后滴入提取器中，溶剂和固体样品接触进行萃取，当溶剂面超过虹吸管的最高处时，含有萃取物的溶剂便被虹吸回圆底烧瓶，部分物质被提取出。固体物质连续被新鲜溶剂提取，提取的成分富集在圆底烧瓶的溶液中。

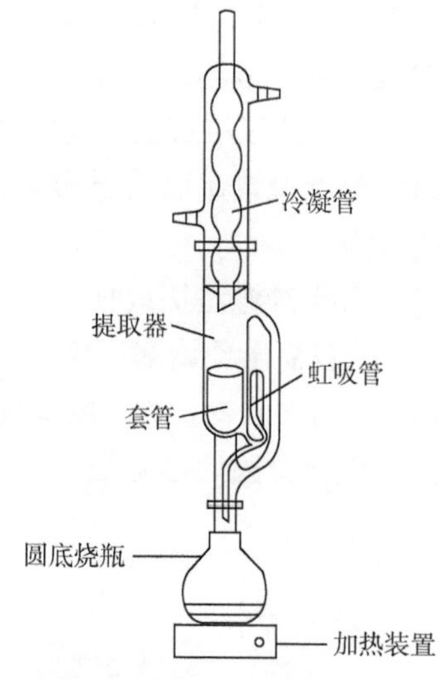

图 3-2　索氏提取器

3.3.2 索氏提取在天然产物提取中的优点与缺点

索氏提取具有以下优点：①样品反复被新的溶剂萃取促进了溶质向提取溶剂的转移，与浸渍法相比提取效率较高；②圆底烧瓶被持续加热，热量可达萃取腔，因此整个系统的温度能够一直保持在较高温度，促进了成分的溶出；③样品提取后不需要进行过滤；④仪器成本较低。

与其他传统溶剂提取方法相比较，索氏提取存在一些缺点：

①由于固体基质在提取时是静置的，提取时往往需要多次溶剂循环，成分才能被提取出来，因此提取时间长；②提取样品时，提取温度都在溶剂沸点之上，样品长时间在高于溶剂沸点温度下受热，易降解；③溶剂消耗量大，提取后溶剂的回收耗费较大；④提取溶剂对成分提取率影响较大，不同化学成分或基质往往需要不同的提取溶剂。

3.3.3 传统索氏提取装置的改进

为了提高索氏提取的效率，在传统装置的基础上，除了对其基本部件（如套管、虹吸管、冷凝管等）进行局部改进，还可采用微波、超声、加压等辅助方法提高样品的溶出率，其中比较高效的装置有微波辅助-索氏提取（microwave-assisted Soxhlet extraction，MASE）与超声辅助-索氏提取（ultrasound-assisted Soxhlet extraction，UASE）。在MASE系统中，提取器及加热装置与传统的索氏提取装置相同，不同之处在于样品周围加装微波辅助及超声提取装置，对样品进行微波/超声处理，可使细胞破裂，促进细胞内成分的溶出，提高提取率。

3.3.4 索氏提取法应用实例

索氏提取法常用于脂溶性成分的提取，例如藻类、蜡烛果、棕榈及辣木种子中的脂肪酸的提取。但是对于黄酮的提取，其提取率往往会较低，罗琥捷等[8]比较了索氏提取法与超声提取法对陈皮中黄酮类成分的提取率，发现超声提取法获得的提取物中陈皮素的含量为0.458%，而索氏提取法的含量仅为0.200%。李秀珍等[9]采用微波辅助-索氏提取法对郁李仁中的油脂进行了提取，以三氯甲烷为提取溶剂，采用微波462W辐射3min，80℃索氏提取7h，提取率为47.37%，与常规索氏提取法相比提取率增加了18.63%。在提取脂溶性成分含量较高的样品时，可先采用索氏提取法去除其中脂溶性成分，再采用其他方法对目标成分进行提取。例如，在提取人参及其叶中皂苷类成分前，通常以三氯甲烷为提取溶剂进行索氏提取后，再采用回流提取法对皂苷类成分进行提取，提取效果较佳；在采用回流法提取千金子中黄酮类成分时，先采用索氏提取法以石油醚为提取溶剂进行脱脂，利于黄酮类成分的提取与分析[10]。

3.4 回流提取法

3.4.1 概述

回流提取法（reflux extraction）是以有机溶剂或水为提取溶剂，在回流装置中进行加热，将样品在沸腾溶剂中煮沸一定时间来完成化学成分从基质转移到溶剂的过程（图3-3）。在实际提取过程中一般多采用反复回流法，即第一次回流提取一定时间后，滤出提取液，向样品加入新鲜溶剂，重新回流，如此反复数次。一般来说，小粒径的样品在提取前充分浸泡，然后再回流提取2～

3 次，此时样品中的目标化学成分几乎被全部提取。

采用回流提取法提取时，溶剂被加热至沸腾状态，促进了有效成分向溶剂的转移，因此其提取效率远远高于渗漉法和浸渍法。目前回流提取法为天然产物最常用的提取方法之一，但是，不宜用于热不稳定成分的提取。

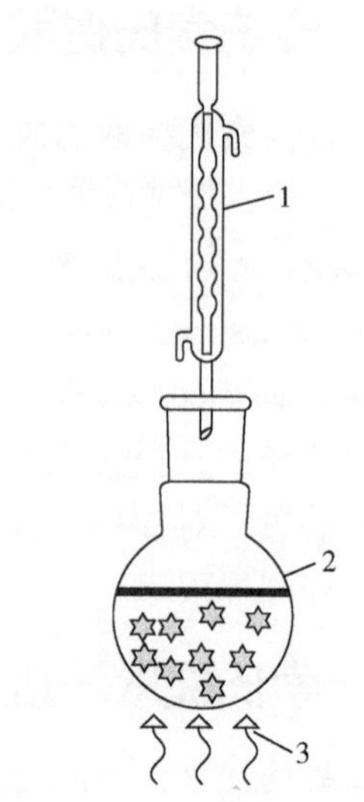

图 3-3　加热回流装置示意图

1—冷凝管；2—圆底烧瓶；3—加热装置

3.4.2　回流提取法应用实例

Chua 等[11]采用回流提取法对穿心莲叶中的穿心莲内酯提取工艺进行了优化，最优提取条件为：料液比为 1∶9，提取溶剂为 50%乙醇水溶液，提取温度为 73℃，提取时间 1.9h，浸膏得率为 17.2%（质量分数），其中穿心莲内酯的含量为 140.5μg/g。对穿心莲内酯提取工艺放大至制备级时，浸膏得率为 16.8%，其中穿心莲内酯的含量为 129.04μg/g，结果表明工艺放大对浸膏得率及其中有效成分的含量影响不明显。

王书宁等[12]对黄藤中总生物碱的回流提取工艺进行了优化，考察了乙醇体积分数、料液比、提取时间对提取率的影响。最佳提取条件为：乙醇体积分数为 55%，料液比为 1∶9.8，回流提取 3 次，每次 1.8h，提取物中盐酸巴马汀和药根碱含量总和为 59.39mg/g。

3.5　水蒸气蒸馏法

3.5.1　概述

水蒸气蒸馏法（steam distillation，SD）是指将待提取基质经过一定的前处理后，进行浸泡润湿，然后再进行加热蒸馏或通入水蒸气蒸馏的一种提取方法。在提取过程中挥发性成分吸收汽化热后通过扩散被输送到水蒸气中，经冷凝后生成与水不混溶的挥发油，构成了冷凝液的上相（下相），而下相（上相）主要由含有少量挥发油的水溶液组成。水蒸气蒸馏法主要用于挥发性化学成分（挥发油或精油）的提取，是目前精油工业化生产的主要方法之一。但是由于水蒸气蒸馏法的提取温度较高，只能用于随水蒸气蒸馏且高温不易被破坏的难溶于水的挥发性成分的提取。

3.5.2 传统水蒸气蒸馏装置

图 3-4 为实验室用水蒸气蒸馏装置示意图，主要由冷凝管、圆底烧瓶、挥发油提取器及加热装置组成。当提取的挥发油密度（$d_{油}$）小于水的密度（$d_{水}$）时，溶液的上层为挥发油，下层主要为含少量挥发性成分的水。

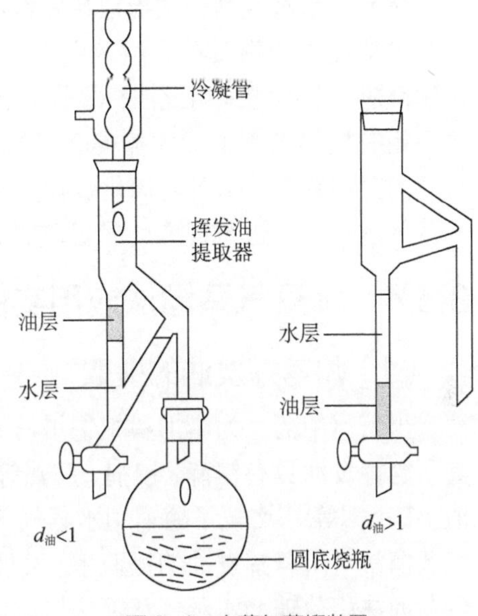

图 3-4 水蒸气蒸馏装置

水蒸气蒸馏法提取挥发性成分主要有水汽蒸馏（dry steam distillation，A）、水上蒸馏（direct steam distillation，B）、水中蒸馏（hydrodistillation，C）三种方式（图 3-5）[13]。在水汽蒸馏中，水蒸气在蒸馏器外部产生后再流经固体基质床，在这种情况下，水蒸气在外部可在一定压力下被继续加热，因此水蒸气的温度相对较高，当水蒸气的温度达到 150℃以上时，可用于单萜及倍半萜的提取。水上蒸馏是指将待提取原料置于支撑在蒸馏器底部的穿孔网格或筛网上，但它不与水直接接触，饱和水蒸气向上流动并经过待提取原料进行提取。水中蒸馏是指将待提取原料浸没或漂浮在沸腾的水中进行提取，可以防止样品在提取罐中聚集凝结成块，通常需要进行搅拌。

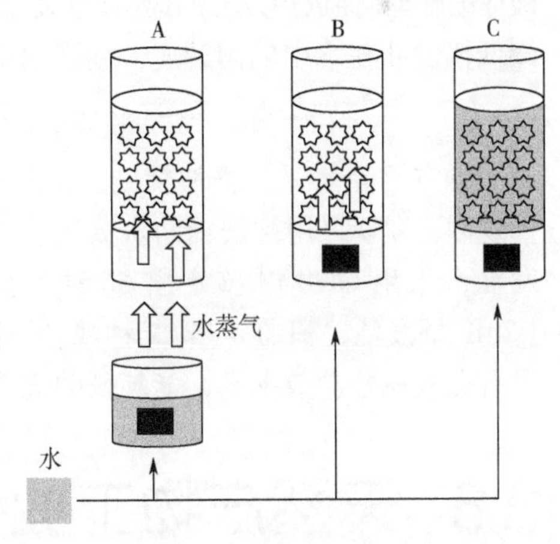

图 3-5 水蒸气蒸馏法提取挥发性成分的 3 种主要方式示意图

3.5.3 水蒸气蒸馏法提取天然产物的优缺点

水蒸气蒸馏法具有许多优点：①提取不使用有机溶剂，产品中也不含有机溶剂；②从分离器中得到的挥发油是最终产品，产物后处理过程简单；③工艺易于放大，可用于工业化生产，并且设备成本低。

然而，水蒸气蒸馏法提取挥发性成分需要注意以下几个方面的问题：

①待提取的物质在高温下应不易降解；②若目标成分在水溶液中易发生水解反应，则不能采用此法；③若水蒸气蒸馏法提取得到的产物与水混合，需要采用有机溶剂萃取后才能得到目标成分，因此目标成分应在有机相中具有较高的分配系数；④若目标化合物的沸点高于100℃，需要采用可以预加热的水蒸气蒸馏方式进行提取；⑤提取时间通常为1 ~ 5h，耗时长，能耗较高。

3.5.4 水蒸气蒸馏法应用实例

（1）川芎挥发油的提取

川芎（中药）为伞形科植物川芎 *Ligusticum chuanxiong* Hort.的干燥根茎，其所含挥发油具有镇静、镇痛、解热等多种药理活性，具有广泛的临床应用价值。韦小翠等[14]比较了酶辅助水蒸气蒸馏法、盐辅助水蒸气蒸馏法与传统水蒸气蒸馏法对川芎挥发油的提取率。发现与传统水蒸气蒸馏法比较，酶辅助水蒸气蒸馏法和盐辅助水蒸气蒸馏法均能提高川芎挥发油的得率，分别为0.45%和0.56%，是水蒸气蒸馏法的1.28倍和1.6倍。这是由于纤维素酶能水解纤维素，破坏细胞壁，促进挥发油的逸出；而在水中加入一定浓度氯化钠能产生盐析作用，降低挥发油在水中的溶解度，促进水中溶解的挥发油的蒸出，进而提高得率。

（2）微波辅助水蒸气蒸馏法提取走马胎中挥发油

娄方明等[15]采用微波辅助水蒸气蒸馏法和传统水蒸气蒸馏法提取走马胎挥发油，发现采用微波辅助水蒸气蒸馏1.5h，从100g药材中提取出1.5mL挥发油，采用GC-MS鉴定出66种成分；而传统水蒸气蒸馏法提取4h得到1.2mL挥发油，只鉴定出22种成分。因此微波辅助水蒸气蒸馏法提取挥发油具有提取充分、效率高、能耗低的优点。

3.6 天然产物工业化溶剂提取设备

传统的天然产物提取罐是在煎药锅的基础上发展起来的一种工业化提取设备，多为不锈钢材质，其结构示意图如图3-6（a）所示。投料后，通入蒸汽进行加热，达到所需温度后，将加热蒸汽通入罐体夹套进行间接加热，以维持罐内提取液的温度。待提取结束后，从罐底排出提取液，从底侧卸渣口卸出料渣。

随着天然产物提取市场的需求增加，在传统提取罐的基础上，发展了多功能提取罐[图 3-6（b）]、带搅拌功能的多功能提取罐[图 3-6（c）]、高压提取罐以及各种动态提取设备，大大提高了提取效率及适用范围，并实现了提取的自动化[16]。图 3-7（a）为扬子江药业提取车间，该车间包含 36 台 6t 高配置多功能提取罐；图 3-7（b）为广东罗浮山国药中药提取车间，该车间可实现提取、浓缩、溶剂回收等生产工段的全过程自动化控制。

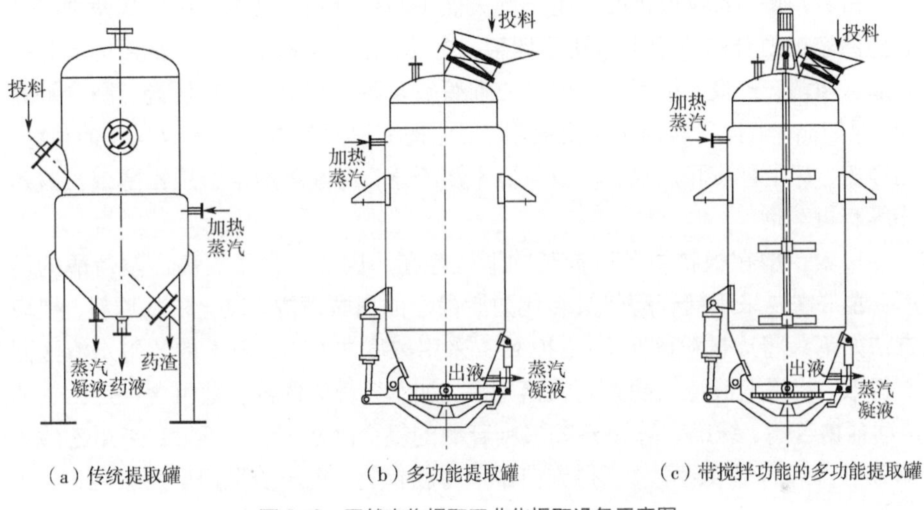

（a）传统提取罐　（b）多功能提取罐　（c）带搅拌功能的多功能提取罐

图 3-6　天然产物提取工业化提取设备示意图

（a）扬子江药业

（b）罗浮山国药

图 3-7　智能化提取车间

3.7 溶剂提取法的工业化应用实例

溶剂提取法是天然产物工业生产中常用的技术，具有提取量大、成本低、便于规模化生产等优势。天然产物有效成分如生物碱、黄酮、萜类、皂苷、多糖等，大多采用溶剂提取法，在生产上最常用的提取溶剂是水（或加入酸或碱的水）和乙醇等。

3.7.1 白藜芦醇的提取

白藜芦醇（resveratrol），是一种天然多酚化合物，常以顺、反式两种结构的游离态或糖苷的结合态存在于葡萄、虎杖、花生等植物中。白藜芦醇具有抗肿瘤、抑菌、抗炎、抗氧化、保护心血管等多种药理活性，在医药、膳食补充剂、保健品、化妆品等领域广泛应用。工业提取白藜芦醇常用的原料有葡萄籽、葡萄皮、花生种皮和虎杖，白藜芦醇不溶于水，提取溶剂常选用乙醇或乙酸乙酯等有机溶剂。

白藜芦醇在植物中多以糖苷的形式存在，因此，为了提高白藜芦醇的得率，通常需要采用糖苷酶将其转化为游离态的白藜芦醇。以虎杖为原料，提取方法如下：将虎杖粉碎至 20 ~ 40 目，采用浓度为 60% ~ 80%的乙醇水溶液回流提取，将提取液浓缩除去有机溶剂后，加水分散浓缩液，采用含一定比例的 β-葡萄糖苷酶、纤维素酶和 β-葡聚糖苷酶的复合酶水解 12 ~ 24 h，采用乙酸乙酯等有机溶剂萃取酶解液，得到白藜芦醇粗提物。进一步采用硅胶柱色谱、十八烷基硅烷键合硅胶 ODS 及结晶法纯化样品，可得到纯度大于 98%的白藜芦醇[17]。

3.7.2 黄芪多糖的提取

黄芪多糖（astragalus polysacharin，APS）由葡萄糖、葡萄糖醛酸、阿拉伯糖、鼠李糖、果糖、甘露糖、半乳糖、半乳糖醛酸、岩藻糖和来苏糖等多种单糖组成，是黄芪的主要活性成分，具有免疫调节、抗病毒、抗肿瘤、降血糖、降血脂等多种生物活性，广泛用于医药保健品、兽药原料、口服液以及饲料添加剂等。

黄芪多糖为白色或棕黄色粉末，味稍甜，有引湿性，易溶于水，不溶于醇。工业提取一般采用水提醇沉法，提取方法如下：将黄芪粉碎至粗粉，投入提取罐，加入 8 倍量（体积/质量）的水，加热煎提 3h，放出提取液。再以 6 倍量的水煎提 2 次，每次 2h，三次提取液合并，滤过，滤液转入多效蒸发器减压浓缩，得到流浸膏，再将流浸膏转入醇沉罐，加5倍量（体积/质量）的95%乙醇，搅匀后静置，滤过，取沉淀于60℃真空干燥，得黄芪粗多糖。以水复溶，加活性炭脱色，醇沉精制，可提高黄芪多糖的含量，改善色度[18]。

3.8 小结

天然产物的提取是一个复杂的过程，影响提取率的因素有多种，基质材料（原料）、提取溶剂、温度和时间等均会影响提取率。因此，天然产物提取工艺优化是天然产物各项研究的关键环节。随着技术的不断发展，在传统溶剂提取技术基础上通过加入辅助技术（超声波、微波、红外等）提高提取效率的研究报道越来越多，大大推进了天然产物的产业化。

参考文献

[1] 周小雅. 药物制剂技术[M]. 2版. 郑州：河南科学技术出版社, 2012.

[2] Contini M, Baccelloni S, Massantini R, et al. Extraction of natural antioxidants from hazel nut (Corylus avellane L.) shell and skin wastes by long maceration at room temperature[J]. Food Chemistry, 2008, 110 (3): 659-669.

[3] Monton C, Settharaksa S, Luprasong C, et al. An optimization approach of dynamic maceration of Centella asiatica to obtain the highest content of four centelloids by response surface methodology[J]. Revista Brasileira de Farmacognosia, 2019, 29 (2): 254-261.

[4] Deng J, Xu Z, Xiang C, et al. Comparative evaluation of maceration and ultrasonic-assisted extraction of phenolic compounds from fresh olives[J]. Ultrasonics Sonochemistry, 2017, 37: 328-334.

[5] 王婉莹，瞿海武，龚行楚. 中药渗漉提取工艺研究进展[J]. 中国中药杂志, 2020, 45(5): 1039-1046.

[6] 郭霞，黄丹�，苟志辉，等. 运用乙醇渗漉法优化三叶鱼藤酮中鱼藤酮提取工艺[J]. 华中师范大学学报（自然科学版）, 2020, 54(1): 61-64.

[7] 黄家佳，龙晓燕，王瑞，等. 白芷中香豆素类成分渗漉提取工艺的优化[J]. 中成药, 2019, 41(9): 2204-2206.

[8] 罗琥捷，杨宜婷，黄寿根，等. 超声提取法与索氏提取法提取陈皮黄酮类

有效成分的分析比较[J]. 中药材, 2016, 39(2): 371-374.
[9] 李秀珍，李学强，卢素丽. 微波辅助索氏提取法提取欧李仁油的工艺参数优化[J]. 生物学通报, 2013, 48(6): 47-49.
[10] 国家药典委员会. 中华人民共和国药典[M]. 北京：中国医药科技出版社, 2020.
[11] Chua L S, Latiff N A, Mohamad M. Reflux extraction and cleanup process by column chromatography for high yield of andrographolide enriched extract[J]. Journal of Applied Research on Medicinal and Aromatic Plants, 2016, 3 (2): 64-70.
[12] 王书宁，祝洪艳，郜玉钢，等. 黄藤总生物碱回流提取工艺的优化[J]. 中成药, 2018, 40(6): 1399-1403.
[13] Rostagno M, Prado J. Natural Product extraction-principles and applications [M]. RSC Green Chemistry, 2013.
[14] 韦小翠，杨书婷，张焱，等. 2 种辅助方法提取川芎挥发油成分 GC-MS 分析[J]. 中成药, 2019, 41(1): 129-134.
[15] 娄方明，李群芳，张倩茹，等. 微波辅助水蒸气蒸馏走马胎挥发油的研究[J]. 中药材, 2010, 33(5): 815-819.
[16] 邓修. 中药制药工程与技术[M]. 上海：华东理工大学出版社, 2008.
[17] 向极钎，程新华，杨永康，等. 一种从虎杖中制备高纯度白藜芦醇的方法[P]: CN 102925497 A. 2013-02-13.
[18] 杜国丰，姜宁. 黄芪多糖的提取研究[J]. 轻工科技, 2020, 36(10): 36-37, 47.

第 4 章 超临界流体萃取技术

早在 1822 年 Charles Cagniard de la Tour 就发现了超临界现象。1869 年 Thomas Andrew 测定了 CO_2 的超临界参数，进一步阐明了 Cagniard dela Tour 发现的超临界现象。1879 年，英国的 Hannay 和 Hogarth 发现无机盐在高压乙醇和乙醚中溶解度显著增加的现象，首次提出超临界流体这一概念，并初步认识到超临界流体的分离能力。直至 20 世纪 50 年代，美国的 Todd 和 Elain 等通过超临界溶剂进行固-液萃取和液-液萃取的研究，从理论上提出超临界流体用于萃取分离的可能性。20 世纪 80 年代随着超临界流体萃取理论和技术的成熟，其研究逐步从实验室走向工业化生产，如采用超临界流体萃取（supercritical fluid extraction，SFE）技术脱除咖啡或茶叶中的咖啡因和提取蛇床中的香味物质，年生产规模分别达到了 30000t 原料和 5000t 原料。随后多国学者在相平衡、理论塔板高度和传质单元高度等的确定，工艺操作条件的选择，萃取柱的设计，过程工艺与设备的数学模拟等方面，取得了一系列具有应用价值的成果，有力地推动了 SFE 技术在食品、医药、香料和化工等领域的广泛应用[1]。

4.1 超临界流体萃取的基本原理

4.1.1 超临界流体

当流体的温度和压力处于其临界温度和临界压力以上时，称该流体处于超临界态。图 4-1 是纯流体的典型压力-温度图，线 AT 表示气-固平衡升华曲线，线 BT 表示液-固平衡熔融曲线，线 CT 表示气-液平衡饱和液体的蒸气压曲线，其中 T 点是气-液-固共存的三相点。将纯组分沿气-液饱和线升温，达到 C 点时，气-液的分界面消失，体系的性质变得均一，不再分为气体和液体，C 点称为临界点，临界点所对应的温度和压力分别称为临界温度 T_c 和临界压力 p_c，图中高于临界温度和临界压力的区域属于超临界流体状态。

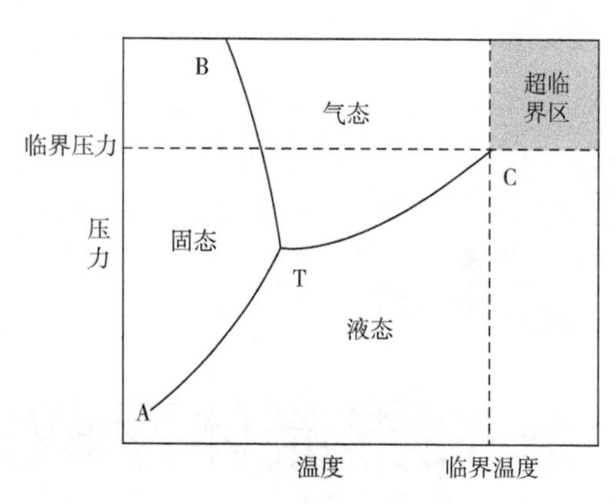

图 4-1　纯流体压力-温度相图

超临界流体（supercritical fluid，SF）是性质介于气液之间的一种状态，即一方面 SF 的扩散系数和黏度接近气体，表面张力为零，渗透力极强；另一方面 SF 的溶解性能类似液体，物质在 SF 中的溶解度由于压缩气体与溶质分子间相互作用增强而大大增加，使某些化合物可以在低温条件下被超临界流体溶出和传递。

表 4-1　气体、液体、超临界流体的物理性质[1]

流体状态	密度/（kg/m^3）	动力黏度/mPa·s	扩散系数/（m^2/s）
气体①	0.6～2	0.01～0.3	10～40
液体①	600～1000	0.2～3	0.0002～0.002
超临界流体	200～900	0.1～0.3	0.07

①测定条件为室温。

由表 4-1 可见，超临界流体的密度接近于液体，黏度接近于气体，扩散系数远大于液体，并且随着压力增大，超临界流体的密度和介电常数也会增大。因此，超临界流体是很好的提取溶剂，其溶解性能可以用溶解度参数 δ 表示：

$$\delta = 1.25\, p_c^{1/2}[\rho/\rho_{liq}]$$

式中，ρ 是气体的密度；ρ_{liq} 是超临界流体在液体时的密度；p_c 是临界压力。由公式可见，压力较低时，气体的密度也较低，因此其溶解能力也较低。当接近临界点时，密度迅速增加，其溶解度也随着压力的增加而增大。

超临界流体萃取（supercritical fluid extraction，SFE）就是在超临界状态下，利用超临界流体与基质中溶质具有的异常相平衡行为和传递性能，将目标成分从基质中萃取出来的一种技术。超临界流体的密度和介电常数随着压力的增加而增加，其极性也在增大，可利用程序升压对不同极性的化学成分进行提取，达到不同极性化学成分粗分离的目的。因此，超临界流体萃取技术可同时用于成分的提取与分离。

4.1.2 常用的超临界流体及其性质

一般情况下，在一定的压力和温度下许多物质都可达到临界状态，如 CO_2、乙醇、水等。表 4-2 为几种常见的超临界流体及其性质。极性溶剂具有较高的临界温度和临界压力，非极性溶剂则相对较低。

在实际提取中，可用于超临界流体萃取的溶剂是有限的。有的溶剂临界压力或临界温度太高，或者在超临界状态下具有氧化性或不稳定性；有的溶剂在超临界状态下易发生爆炸等，因此限制了其应用。非极性溶剂 CO_2 的临界温度为 31.06℃，临界压力为 7.38 MPa，易于室温附近实现超临界流体萃取。同时，CO_2 在室温和常压下为气体，这使得提取物的回收非常简单，并且 CO_2 还具有不可燃、无毒、无污染、廉价易得等优点。因此，超临界 CO_2 在超临界萃取中最为常用[2]。

表 4-2 常用超临界流体溶剂性质

溶剂	临界温度 T_c/℃	临界压力 P_c/MPa
CO_2	31.06	7.38
甲烷	−83.0	4.6
乙烷	32.4	4.89
乙烯	9.5	5.07
丙烷	97	4.26
正丁烷	152.0	3.80
正戊烷	196.6	3.37
正己烷	234.2	2.97
甲醇	240.5	7.99
乙醇	243.4	6.38
异丙醇	235.3	4.76
氨	132.3	11.28
水	374.2	22.00

4.2 超临界流体萃取的基本过程

一般情况下，天然产物化学成分都以物理、化学或机械的方式附着在多孔基质上，这些成分必须首先从基质的束缚中解脱下来，通过多孔结构扩散才能实现成分从基质到提取液的转移[3]。同理，超临界流体萃取天然产物的基本过程主要分为三个阶段[4,5]：

① 超临界流体经外扩散和内扩散进入基体颗粒的微孔表面；

② 溶质与超临界流体发生溶剂化作用而溶解，从基质脱附；

③ 溶解于超临界流体中的成分通过固体孔道，经内扩散和外扩散进入基体和超临界流体相界面，并通过超临界流体滞留膜扩散到超临界流体中，实现成分的萃取。

由于超临界流体的扩散系数较高，比液体大 100 倍以上，具有良好的传质特性，大大缩短了相平衡所需时间，因此，在超临界流体提取过程中步骤②和步骤③是影响提取过程的关键控制步骤。

4.3 夹带剂

超临界 CO_2 是最常用的萃取剂，然而由于纯 CO_2 是弱极性物质，因此对低极性和非极性成分具有优异的溶解性能，而对于中高极性化合物的萃取效率较差。向超临界 CO_2 中加入一定量的溶剂（即夹带剂），可以增加超临界 CO_2 流体对待萃取化学成分的溶解性和选择性；同时在提取热敏性成分时，可通过调整超临界流体与夹带剂的比例，获得合适的提取温度。夹带剂的使用扩大了超临界 CO_2 流体在天然产物萃取中的使用范围。

4.3.1 夹带剂的分类

夹带剂可以是某一种纯物质，也可以是两种或多种物质的混合物，常用的夹带剂有甲醇、乙醇、丙酮、乙酸乙酯等有机溶剂，表 4-3 为常用夹带剂的物性数据[6]。Melo 等[7]对超临界 CO_2 流体萃取常用的夹带剂进行了统计（图 4-2），提取蔬菜基质样品时，乙醇的使用比例高达 53%。

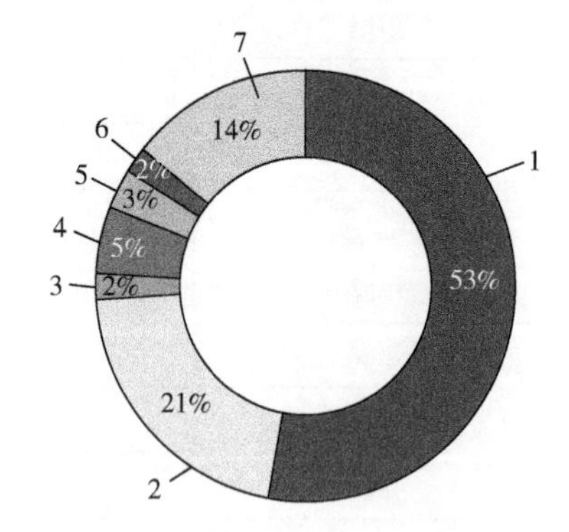

图 4-2 蔬菜基质中夹带剂使用情况

1—乙醇；2—甲醇；3—植物油；4—水；5—二氯甲烷；6—正己烷；7—混合溶剂及其他

表 4-3 常用夹带剂的物性数据

夹带剂	分子量	分子体积 /（cm^3/mol）	偶极矩	氢键给予数	氢键接受数
乙酸乙酯	88.107	98.5	1.9	0	0.45
乙二醇	62.069		2.2		
乙醇	46.069	58.5	1.7	0.83	0.77
正丙醇	60.096	75.2	1.7	0.78	
丙酮	58.080	74.0	2.9	0.06	0.48
丁酮	72.107		3.3		
环己胺	84.162		0	0	0
正己烷	86.178		0	0	0

4.3.2 夹带剂的作用机制

夹带剂主要从溶剂的密度与溶质和夹带剂分子间的相互作用两个方面影响溶质在超临界流体中的溶解度和选择性。一般来说，少量夹带剂对溶剂气体的密度影响不大，而夹带剂与溶质分子间的范德华力、夹带剂与溶质间的特定分子间作用（氢键、化学作用力等）是影响溶解度与选择性的决定因素。另外，在临界点附近，溶质的溶解度对温度、压力的变化最为敏感，加入夹带剂后混合溶剂的临界点相应地发生改变，如能更接近萃取温度，则可增加溶解度对温度、压力的敏感程度[8]。

按照极性进行分类，夹带剂可分为非极性夹带剂和极性夹带剂，这两类夹带剂的作用机理不同。

（1）非极性夹带剂与非极性溶质

非极性夹带剂与非极性溶质之间的分子间作用力主要是色散力，它与分子的极化率有关，极化率越大，色散力越大。非极性夹带剂可大大提高非极性溶质的溶解度，但其选择性几乎没有改善，这是色散力为分子间主要作用力的典型结果。

（2）非极性夹带剂与极性溶质

由于非极性夹带剂与极性溶质间没有特定的分子间作用力，它主要依靠分子间吸引力的增加来提高溶质的溶解度，因此非极性夹带剂对极性溶质的选择性不会有大的改善，溶解度的增加也不明显。

（3）极性夹带剂

极性溶剂的临界温度往往很高，不能单独作为超临界溶剂，可作为夹带剂用于超临界流体萃取。极性夹带剂与极性溶质分子间具有较强的氢键或其他特定的化学作用力，采用极性夹带剂可使溶质的溶解度和选择性都有显著改善。

夹带剂对溶质具有一定的选择性，而且并非所有的夹带剂都可以提高物系的萃取效率。因此，萃取极性物质时夹带剂的种类是超临界流体萃取条件优化的主要因素之一。

4.4 超临界流体萃取的基本流程

超临界 CO_2 流体萃取（SFE-CO_2）是最常用的超临界流体萃取技术。在等温条件下超临界 CO_2 流体萃取过程主要包括四个阶段，即 CO_2 流体压缩、萃取、减压、分离。超临界流体萃取装置主要由气柜（CO_2 储罐）、高压泵、萃取釜、解吸釜、连接管道和阀门组成[9]。

最常见的超临界 CO_2 流体萃取过程如图 4-3 所示。在萃取阶段（装有原料的萃取釜中），将超临界流体的温度、压力调节到超过临界状态的某一点上使其对原料中的目标溶质具有足够高的溶解度，在超临界 CO_2 流体流经提取原料时，其中的成分也溶解在超临界流体中；在分离阶段，先将溶解有溶质的流体进行减压，经过热交换器调节温度使流体变为气体，溶质的溶解度大大降低，此时溶质不溶或微溶而达到过饱和状态，溶质便会析出。当析出的溶质和气体一同进入分离釜后，溶质与气体分离而沉降于分离釜底部。循环流动着的基本不含溶质的气体进入冷凝釜液化，然后经过高压泵升压压缩，经加热器加热后变为超临界流体再次循环使用。

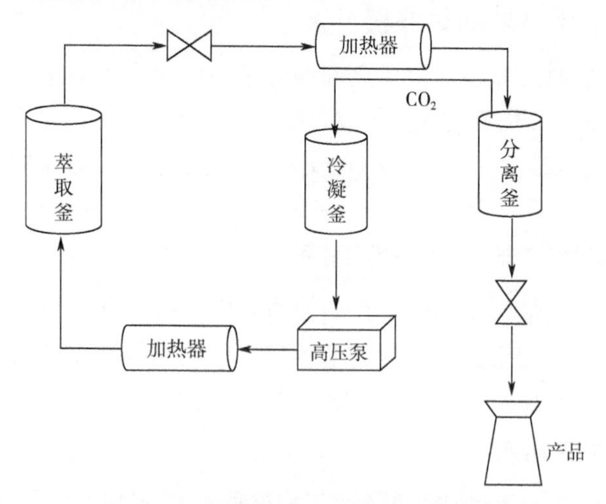

图 4-3 超临界 CO_2 流体萃取过程示意图

4.5 超临界流体萃取方法

根据萃取釜、分离釜温度及压力的不同，超临界流体萃取可分为等温变压法、等压变温法、等温等压法（吸附法）等多种操作方法。

4.5.1 等温变压法

等温变压法是超临界流体萃取最常见的操作方法[图 4–4（a）]。该法主要依靠压力变化进行萃取，而在提取过程中温度不变。等温变压法的特点是萃取釜和分离釜处于相同的温度，而萃取釜的压力高于分离釜。在一定温度下，含有溶质的超临界流体通过膨胀阀进入分离釜后，由于压力降低，溶质在超临界流体中的溶解度降低而析出。该过程易于操作，并且超临界流体循环使用，是超临界萃取普遍采用的萃取方式，适用于脂溶性和热敏性成分的提取。

4.5.2 等压变温法

等压变温法是利用超临界流体在一定范围内对溶质溶解能力随温度的升高而降低的性质建立的一种工艺方法[图 4–4（b）]。该方法在提取和分离阶段的压力基本相同，利用温度改变使溶解度降低从而实现物质的分离，故称为等压变温法。在萃取时，溶解溶质的超临界流体经温度改变后，溶解度降低，溶质在分离釜中析出，与萃取溶剂分离。而气体经冷却、压缩后，返回萃取釜循环使用。

4.5.3 等温等压法

等温等压法，也称为吸附法，在提取过程中萃取釜和分离釜的温度、压力都相同，利用分离釜中填充的吸附剂对目标成分的选择性吸附作用，完成样品的提取[图 4–4（c）]。吸附剂可以是液体（水、有机溶剂等），也可以是固体（活性炭等）。该法一般不用于天然产物的提取，主要用于基质中有害成分及杂质的去除。

4.6 超临界流体萃取的主要影响因素

影响超临界流体萃取的主要因素包括萃取压力、温度、时间、超临界流体流速、溶质的极性、基质的状态和结构等[9,10]。

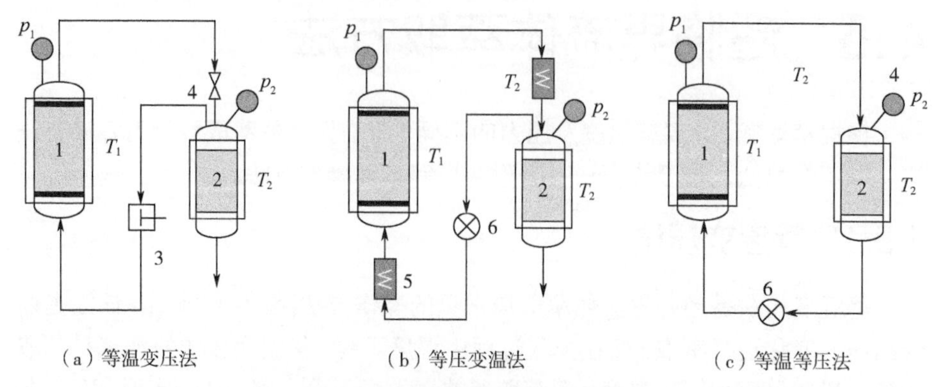

图 4-4　超临界流体萃取流程图

1—萃取釜；2—分离釜；3—加压装置；4—膨胀阀；5—温度调节装置；6—泵

(1)萃取压力和温度

压力和温度决定了超临界流体的密度，因此温度和压力是超临界萃取的关键参数。温度对超临界流体溶解能力的影响比较复杂，主要有两种趋势：温度升高超临界流体密度降低，溶解能力下降，导致提取率降低；温度升高，溶质的蒸气压升高，溶质在超临界流体中的浓度提高，提取率增大。

在一定压力下，温度的改变会引起超临界流体密度的变化，而超临界流体的密度与萃取效果有着密切的关系。压力相对较低时，温度升高，超临界流体的溶解度降低；压力较高时，温度升高，溶解度则提高。主要原因为压力较低时，恒压升温对 CO_2 密度下降的影响较大，导致溶解度下降，因此低压提取时升温不利于提取。而压力较高时，温度升高对 CO_2 密度的影响较小，溶质的挥发性大大增加，导致溶解度提高，此时升高温度有利于提取。

萃取压力可影响流体的密度，一般来说超临界流体的密度增加会提高其对目标产物的溶解性，因此通常在固定温度下，超临界流体中溶质的溶解度随压力的升高而增大。由此可知，压力的增加有助于提高超临界流体的溶解能力。然而，压力过大，会导致扩散系数减小，阻碍传质，从而影响提取效率；压力过大，也会同时萃取出其他杂质，影响提取物的质量。因此在提取时并非压力越高越好。任吉君等[11]在采用超临界 CO_2 流体提取薄荷挥发油时发现，当萃取压力为 8 ~ 12 MPa 时，萃取率随萃取压力的增大而提高，所得挥发油为红棕色的澄清透明油状物。当压力超过 12 MPa 时，薄荷油的颜色为暗绿色，这是由于随着压力的提高，部分叶绿素也一同被萃取出来，从而影响了萃取物的色泽。

综上，压力和温度对超临界流体提取率的影响情况非常复杂，而且是相互的，因此在实际提取中应根据具体情况对提取温度和压力进行优化。

（2）萃取时间

超临界流体萃取的时间分为静态萃取时间和动态萃取时间，其中静态萃取有利于超临界流体与物料的接触，提高溶出效率。一般情况下，提取率随萃取时间的增加而增大，直到待分离组分大部分被萃取出，之后由于溶质减少，传质推动力减小，提取率基本维持不变。张琪等[12]采用超临界流体对茶叶中的香气成分进行萃取，在 1 ~ 3h 内，随着时间的延长，萃取率明显增加，3h 后萃取率增加趋缓，4h 后，萃取率未见增加。同时，萃取时间的长短直接关系到萃取效率和成本，并且随着萃取时间的延长溶解度较小的杂质也会溶出，因此，应综合各因素选定萃取时间。

（3）超临界流体流速

流速是超临界流体萃取的一个重要参数，对提取率的影响情况也比较复杂。一方面，当流速较低时，超临界流体较容易渗透基质，可增加溶质在超临界流体中的溶解量，提高提取效率；另一方面，流速不能太低，这样才能保证溶质以较快的速度被萃取出来。另外，如果流速过高，溶剂与基质之间的接触时间太短，不利于溶质的溶出，并且需要的成本较高。

（4）溶质的极性

根据“相似相溶”原则，超临界 CO_2 流体对低分子、低极性、亲脂性、低沸点的成分具有优良的溶解性，但对具有极性基团的化合物溶解性较差。因此，对于极性相对较高的成分，可加入适当的夹带剂。

（5）基质的状态和结构

基质颗粒的大小、含水量、质地等均会对提取率有一定的影响。一般来说，基质的颗粒越小，表面积越大，越有利于传质，溶质越容易扩散到超临界流体中，提取率较高。然而，粒度过小，传质阻力也相应增大，并且萃取釜内易出现沟流现象，会降低提取率。Sabio 等[13]研究发现，采用超临界流体从番茄皮（种子）中提取脂类、茄红素成分时，粒径由 0.345mm 降低至 0.08 mm 时，提取率显著降低。

基质中含水量对超临界提取效果有着不可忽视的影响。基质中含有一定的水分可促进成分的提取；然而若水分含量超过一定的限值，会造成提取管路堵塞。同时，超临界 CO_2 提取低极性成分时，由于基质中含有一定的水分，提取物中其他杂质的含量较高[2]。

4.7 超临界 CO_2 流体萃取技术的特点

超临界 CO_2 流体萃取天然产物具有许多独特的优点[14]:

① CO_2 无色、无味、无毒，且通常条件下为气体，提取物中无溶剂残留问题。

② 萃取温度接近室温，并且整个提取分离过程在暗场中进行，特别适合对湿、热、光敏感的物质和芳香性物质的提取。

③ 流程简单、步骤少、耗时短，省去了某些分离精制步骤，生产周期短，效率高。

④ 超临界 CO_2 流体的溶解能力和渗透能力强、扩散速率快，且是在连续流动条件下进行的，萃取产物不断被移走，提取完全，适用于贵重药材的提取。

⑤ 超临界 CO_2 流体对溶质的溶解能力可随温度和压力的改变而改变，因此可以通过改变体系的温度和压力来实现成分的选择性提取。

⑥ 超临界 CO_2 流体只对溶质起作用，不改变溶质之外的任何成分或原料基体，提取后的料渣还能得到很好的综合利用。

4.8 超临界流体萃取设备

根据提取规模的不同，超临界流体萃取设备可分为试验型、中试型和生产型。试验型提取器的容积一般在 500mL 以下，主要用于制备分析；中试型提取器的容积为 1 ~ 50L，一般用于工艺研究和小批量样品的生产；生产型提取器的容积大于 50L，主要用于工业化生产。20 世纪 90 年代以前，超临界流体工业化设备生产公司主要分布在德国、奥地利、美国等国家，1982 年德国建成了年处理量达 5000t 的超临界 CO_2 萃取装置，主要用于啤酒花的提取。自 20 世纪 90 年代我国开始了超临界提取工业化设备的研制，成立了多家超临界提取工业化设备生产企业，例如广州美晨分离技术公司、南通市华安超临界萃取有限公司、贵州航天乌江电设备有限责任公司、江苏高科制药设备有限公司等。目前单个提取器的容量可达 3500L，图 4-5 分别为贵州航天乌江电设备有限责任公司生产的 400L 及 3500L 超临界工业化提取设备。

图 4-5　超临界提取工业化设备

4.9　超临界流体萃取技术在天然产物提取中的应用

4.9.1　挥发油的提取

赵鸿峥等[15]采用水蒸气蒸馏法和超临界 CO_2 萃取法对益智叶中挥发油进行了提取，两种提取方法所得挥发油含 55 种共有成分。超临界 CO_2 萃取法益智叶挥发油得率为 3.3%，萃取时间为 2.5h，所得挥发油为棕色，香味厚重；水蒸气蒸馏法挥发油得率为 0.86%，萃取时间为 6.0h，所得挥发油为黄色，透明，淡香味。结果表明超临界 CO_2 萃取法的油得率是水蒸气蒸馏法的近 4 倍，萃取时间却比水蒸气蒸馏法缩短了近一半，因此超临界 CO_2 萃取技术提取益智叶挥发油在萃取时间和得率上均具有明显优势。

王晓等采用超临界 CO_2 流体萃取法提取了丁香中的挥发油，并采用 HPLC 对挥发油的丁香酚的含量进行了测定。通过正交实验优化的提取条件为：温度 50°C，压力 30MPa，样品粒径 40 ~ 60 目。在优化条件下挥发油收率为 17.1%，每克干花蕾丁香酚得率为 94mg[16]。

4.9.2　不饱和脂肪酸的提取

α-亚麻酸是一种含有三个双键的多元不饱和脂肪酸，具有抗血栓、保肝、提高记忆力等多种生物活性，在亚麻籽中含量较高。Rombaut 等[17]采用超临界 CO_2 萃取法对三个不同品种的亚麻籽进行了萃取，最优萃取条件为：萃取压力 42.5MPa，萃取温度 120℃，CO_2 流量 12.5 kg/h。在最优条件下，不仅能萃取出其中的亚麻酸，其中的多酚类成分（表 4-4）也得到萃取。多酚类成分具有良

好的抗氧化性能，能够防止亚麻酸氧化，提高亚麻籽油的稳定性。

表 4-4 萃取物中不同品种亚麻籽成分含量

品种	提取率 /（g/g）	含油量 /（g/g）	水油比 /（g/g）	多酚（FAE） /（mg/kg）	生育酚 /（mg/kg）	酸值 /（mg/g）	亚麻酸 （TAG）
Astral	34.6%	66.1%	0.17	101	0.55	23	64.0%
Baladin	32.0%	59.0%	0.16	46	0.58	3.6	50.3%
Linoal	30.5%	57.0%	0.18	63	0.43	2.5	54.6%

4.9.3 黄酮类成分的提取

Long 等[18]采用超临界 CO_2 流体萃取法对陈皮中的黄酮类成分进行了提取，采用正交实验对超临界条件进行了优化，主要包括提取压力、提取温度、提取时间以及夹带剂的用量。最优提取条件：提取压力为 30MPa，提取温度为 60℃，提取时间为 1.5h，夹带剂乙醇体积为 200mL。在此基础上将提取工艺放大，提取压力为 25MPa，提取温度为 60℃，提取时间为 1.5h，夹带剂乙醇体积为 1.5L，从 2kg 陈皮中得到 37.81g 提取物，其中多甲氧基黄酮的含量为 19.15%。

4.9.4 生物碱类成分的提取

苦参（中药）为豆科植物苦参 *Sophora falvescns* Ait.的干燥根，其中的生物碱具有抗心律失常、抗病毒、抗炎、平喘、抗肿瘤、抗过敏及免疫调节等多种生物活性。Ling 等[19]采用正交实验设计方法优化了超临界 CO_2 流体萃取法对苦参中喹诺里西啶类生物碱的提取工艺。选取萃取压力、萃取温度、CO_2 流速、夹带剂流速（75%乙醇水溶液）为考察因素，每个因素选 3 个水平。最终确定最佳提取工艺为：萃取压力为 25MPa、萃取温度为 50℃、CO_2 流速为 2.0mL/min、夹带剂流速为 0.04mL/min。将优化工艺放大 30 倍，对 165 g 药材进行提取，共得到 12.90g 生物碱萃取物，其中苦参碱、氧化槐果碱和氧化苦参碱的含量分别为 6.65%、17.18%、51.95%。

4.10 超临界流体萃取技术的工业化应用前景

20 世纪 80 年代后期，超临界流体萃取技术开始应用于医药、香料、化工等领域。1994 年，广州南方面粉厂从国外进口了一套容积为 300L 的超临界萃取装置，用于小麦胚芽油的生产。经过几十年的发展，超临界流体萃取技术的工业化应用越来越多。表 4-5 为我国超临界流体萃取技术的工业化生产实例。

表 4-5 部分国内超临界工业化提取企业及应用

企业名称	应 用
广州合诚三先生物科技有限公司	厚朴酚
广州白云山汉方现代药业有限公司	灵芝孢子油
陕西亚宝药业有限公司	丹参酮精油
广州美晨药业有限公司	厚朴和丹参提取物、姜油、沙棘油、川芎油等植物提取物
广州和博香料有限公司	姜油、迷迭香精油、当归油等
云南大东生物制药股份有限公司	大蒜油

超临界流体萃取技术是一种新型萃取分离技术，由于它具有高效、安全、环保、选择性好等优点，在天然产物活性成分提取上得到迅速发展。然而超临界 CO_2 流体萃取技术对设备要求高，且生产中难以连续操作，因此超临界 CO_2 流体萃取技术在工业化生产中成本较高。同时，与中高极性溶剂相比，超临界 CO_2 流体的极性相对较低，目前超临界 CO_2 流体萃取技术主要用于低极性、高附加值天然产物的提取。由于超临界流体萃取获得的产物具有绿色、无污染等诸多优点，目前超临界流体萃取技术获得的天然产物提取物在食品、香料、医药等行业备受欢迎。

参考文献

[1] Rostagno M, Prado J. Natural product extraction-principles and applications[M]. RSC Green Chemistry, 2013.

[2] 李攻科，胡玉玲，阮贵华，等. 样品前处理仪器与装置[M]. 北京：化学工业出版社, 2007.

[3] 贾冬冬，李淑芬，吴希文，等. 超临界 CO_2 萃取植物挥发油的传质模型[J]. 化工学报, 2008, 59(3): 537-543.

[4] 赵跃强，吴争鸣，刘玮炜. 超临界流体萃取天然产物传质模型[J]. 化工学报, 2006, 57(3): 521-525.

[5] Rui P, Rocha-Santos T, Duarte A C. Supercritical fluid extraction of bioactive

compounds[J]. Trends in Analytical Chemistry, 2016, 76: 40-51.
[6] 窦梓铭. 溶质在含与不含夹带剂的超临界二氧化碳中溶解度研究[D]. 北京: 北京化工大学, 2012.
[7] Melo M D, Silvestre A, Silva C M. Supercritical fluid extraction of vegetable matrices: Applications, trends and future perspectives of a convincing green technology[J]. The Journal of Supercritical Fluids, 2014, 92: 115-176.
[8] 罗永明. 中药化学成分提取分离技术与方法[M]. 上海: 上海科学技术出版社, 2016.
[9] 蔡宝昌, 罗兴洪. 中药制剂新技术与应用[M]. 北京: 人民卫生出版社, 2006.
[10] Sarker S D. Natural products isolation[M]. 2nd ed. Humana Press, 2006.
[11] 任吉君, 王艳, 周荣, 等. 薄荷挥发油超临界 CO_2 萃取工艺参数的研究[J]. 湖北农业科学, 2011, 50(1): 148-150.
[12] 张琪, 刘珺, 吕玉宪, 等. 超临界流体工艺萃取茶叶香气成分[J]. 食品研究与开发, 2019, 40(6): 105-110.
[13] Sabio E, Lozano M, Espinosa V M D, et al. Lycopene and β-Carotene Extraction from Tomato Processing Waste Using Supercritical CO_2[J]. Industrial & Engineering Chemistry Research, 2003, 42: 6641.
[14] 于娜娜, 张丽坤, 朱江兰, 等. 超临界流体萃取原理及应用[J]. 化工中间体, 2011(8): 38-43.
[15] 赵鸿峥, 骆骄阳, 孔维军, 等. 益智叶挥发油的化学成分和促透皮作用研究[J]. 中药材, 2017, 40(12): 2864-2869.
[16] Geng Y, Liu J, Lv R, et al. An efficient method for extraction, separation and purification of eugenol from Eugenia caryophyllata by supercritical fluid extraction and high-speed counter-current chromatography[J]. Separation & Purification Technology, 2007, 57(2): 237-241.
[17] Rombaut N, Savoire R, Hecke E V, et al. Supercritical CO_2 extraction of linseed: Optimization by experimental design with regards to oil yield and composition[J]. European Journal of Lipid Science and Techonology, 2017, 119: 1600078.
[18] Long T, Lv X, Xu Y, et al. Supercritical fluid CO_2 extraction of three polymethoxyflavones from Citrireticulatae pericarpium and subsequent preparative separation by continuous high-speed counter-current chromatography [J]. Journal of Chromatography B, 2019, 1124: 284-289.

[19] Ling J, Zhang G, Cui Z, et al. Supercritical fluid extraction of quinolizidine alkaloids from Sophora flavescens Ait. and purification by high-speed counter-current chromatography[J]. Journal of Chromatography A, 2007, 1145: 123-127.

第 5 章

超声波辅助提取技术

超声波是一种机械波，依靠弹性介质以能量的方式进行传播，其频率高于可听见的声波。人类的听觉频率在 16Hz ~ 20kHz，超声波频率在 20kHz ~ 10MHz（图 5-1）。超声波的频率范围较宽，可分为超声波和低频超声波。超声波的频率在 2 ~ 10MHz，超声强度<1W/cm^2，可用于医学成像；低频超声波的频率在 20 ~ 100kHz，超声强度>1W/cm^2，可用于化学成分的提取[1]。Toma 等指出超声在促进水和溶质交换的同时也破坏了植物的细胞结构，从而有效地缩短了提取时间，强化了提取效果[2]。

超声波辅助提取技术是利用超声波具有频率高、功率大、穿透能力强、能量大等特点，将基质中的成分在超声波作用下快速地转移至提取溶剂中，得到多成分混合提取液的一项新技术。天然植物中化学成分多分布在细胞内，破碎细胞壁或细胞膜有利于化学成分的溶出，传统化学和物理方法破碎细胞操作烦琐且耗时较长，影响提取效率。由于其独特的提取机制，超声波辅助提取技术在天然产物提取中受到越来越多的重视。自 20 世纪 50 年代开始，经过半个多世纪的发展，超声波提取技术以其安全、方便、绿色以及廉价等众多优点为化工、食品、生物、医药等学科的研究提供了便利。

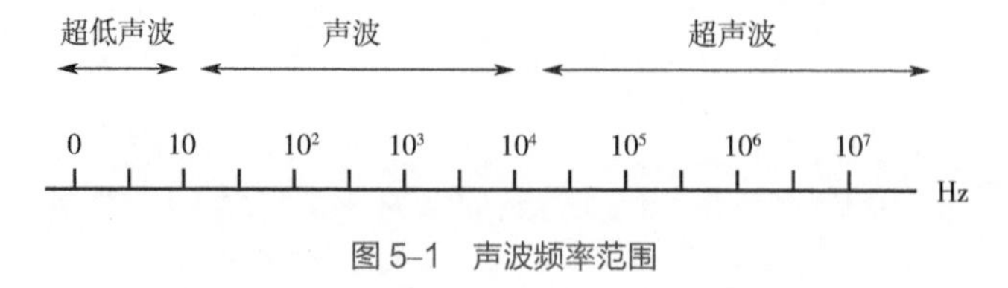

图 5-1　声波频率范围

5.1 超声波提取技术原理

超声波辅助提取（ultrasound assisted extraction，UAE）是利用超声波具有的机械效应、空化效应和热效应等作用，通过增大介质分子的运动速度以及穿透力来破碎植物细胞壁，促进化学成分溶出的一种提取技术[3,4]。

5.1.1 空化效应

空化效应的产生是由于液体中存在一些含有少量气体或水蒸气的小泡，当大量的一定频率的超声波作用于液体时，这些小泡能产生共振现象，即它们在声波的稀疏阶段迅速膨胀，又在声波的压缩阶段被绝热压缩。在声波的作用下气泡能够在稀薄和压缩循环过程中改变大小，经过几个周期的变化这些气泡达到临界点（临界温度约为 5000K，压力为 50 ~ 100atm）时便会破裂而释放出巨大的能量，产生局部高温和高压冲击波（图 5-2）[5]。在天然产物提取中，超声波强烈的冲击作用能造成生物细胞壁及整个生物体破裂，促进细胞内成分的快速释放和扩散。因此，空化效应是超声波提取的主要动力[5]。

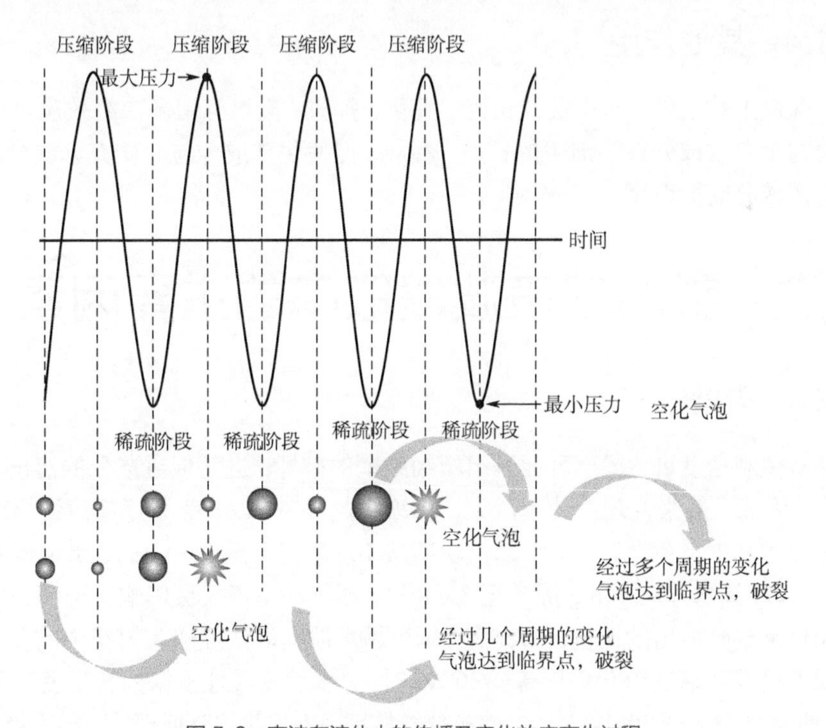

图 5-2　声波在液体中的传播及空化效应产生过程

5.1.2 机械效应

超声波的机械效应是指超声波在传播过程中，介质质点交替地压缩与伸张而产生的压力变化所引起的介质扩散效应。超声波的能量与频率的平方成正比。超声波的巨大机械能量使物质质点产生极大的加速度。当超声作用于溶剂时，这种机械作用使溶剂质点所达到的加速度可能比重力加速度大几十万倍甚至几百万倍，从而引起溶剂质点的急速运动。由于溶剂和被提取物料（如中药材）组织获得的加速度不同，即溶剂分子的速度远大于药材组织的速度，从而使它们之间产生摩擦，这种力量促使基质中的有效成分溶解于溶剂之中。

5.1.3 热效应

超声波在介质中的传播是一个能量传播扩散过程，在这个过程中介质质点不断吸收的超声波能量全部或大部分转变成热能，引起溶剂和基质组织内部温度瞬间升高，增大了化学成分的溶解速度。与其他吸收能量的方式相比，这种吸收的声能所引起的基质组织内部温度升高是短暂的，可以使被提取成分的生物活性保持不变。

5.1.4 其他作用

除以上效应外，超声波的击碎、乳化、扩散、凝聚等诸多次级效应也可加速植物中有效成分在溶剂中的扩散、释放，促使化学成分与介质充分混合，提高有效成分的提取率。

5.2 影响超声波提取率的主要因素

5.2.1 功率

从微观角度讲，超声可促进组织细胞壁的破坏，进而促进成分的溶出（图5-3），因此一般来说超声功率越大，提取率越高[6]。Zou 等采用超声波提取法提取黑木耳中黑色素时发现，超声功率从 100W 提升至 250W 时，黑色素的得率每 100g 黑木耳从 54mg 提升至 85mg[7]。超声功率不仅会影响提取率，也会影响化学成分溶出的比例，Wei 等[8]采用超声波提取法提取茶树花中的多糖，发现当提取功率从 100W 升高至 300W 时，总多糖及酸性多糖的含量变化不明显，而当功率大于 200W 时，中性多糖含量呈现不规律的降低现象。杨秀艳等[9]采用复合酶联合超声法对红芪中多糖进行提取，并考察了超声功率对提取率的影响，当超声功率为75W时，多糖含量最高，增大超声功率多糖含量降低，推测可能是由于增大超声波功率导致了糖苷键的断裂。因此，超声提取时通常需要对提取功率进行优化。

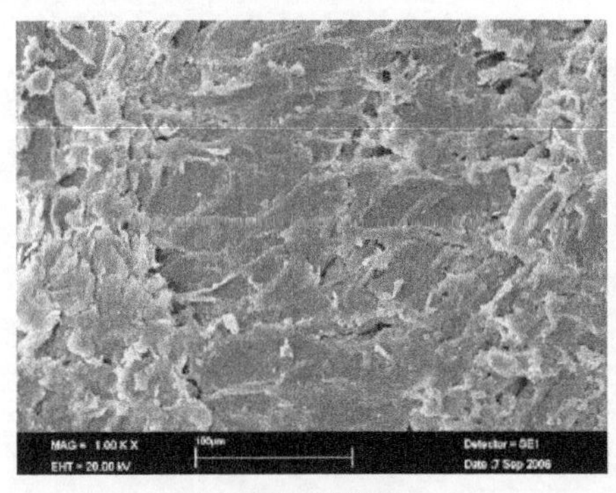
（a）常规溶剂提取

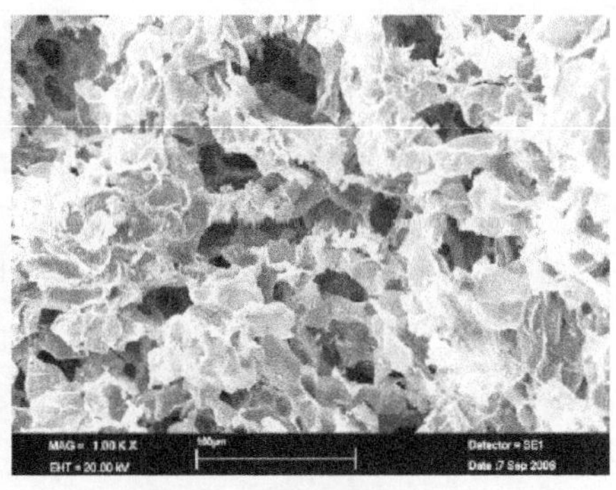
（b）超声波提取

图5-3　扫描电子显微镜图像

5.2.2　频率

超声波的提取作用是其空化效应、机械效应、热效应等共同作用的结果，其中频率影响最为显著。一般来说，超声频率越高，产生的空化效应及粉碎、破壁等作用越强。表5-1为水溶液中超声强度为10W/cm^{2}时不同频率超声波产生的气泡特性[9,10]。

表5-1　不同频率超声波在水溶液中产生的气泡特性

频率/kHz	振幅/μm	声压/atm	波长/cm	崩溃时间/μs	气泡平均直径/μm
20	2.95	5.4	7.42	10	330
500	1.1	5.4	0.29	0.4	13

强烈的空化效应使溶剂中瞬时产生的空化气泡迅速崩溃，促使植物组织中的细胞破裂，溶剂渗透到植物细胞内部，使细胞中的有效成分转移至溶剂。超声频率越高，成分的提取率越高，但超声频率越高，空化作用越强，对植物组织的损伤越强，有可能带来一些不期望的结果。对于某些植物，超声提取使用的频率越低，有效成分提取率却越高。岑志芳等[11]研究了不同超声频率（25kHz、40kHz、59kHz）对川黄柏中盐酸小檗碱提取率的影响，发现在59kHz时，盐酸小檗碱的提取率最高。马亚琴[12]采用20kHz、60kHz、100kHz超声处理橙皮，橙皮苷的提取率随着超声频率的增加出现了先高后低的现象，其中在60kHz时，橙皮苷的提取率最高。这说明超声频率对各有效成分和基质的影响

是不同的，因此应根据目标成分的化学形式、生物形式以及存在的环境选择合适的超声频率。

5.2.3 强度

超声波强度（I_u，W/cm^2）是指单位时间内声波通过垂直于传播方向单位面积的声能量，可用下式表示，即：

$$I_u = P_u / S$$

式中，P_u为超声功率；S为面积[5]。

超声波与介质相互作用时，超声强度起决定性作用。超声波强度越大，其空化作用越强，一般情况下，超声强度为0.5W/cm^2时，就已经能产生强烈空化作用[3]。这说明超声强度的增加有利于有效成分的溶出。韩军岐等[13]考察了不同超声波强度对葵花籽油提取率的影响，发现随着超声强度的增加，提取率增加。然而随着振幅的增加，超声强度增加，高振幅不利于空化效应的形成。因此在提取时并不是强度越高提取率越高。然而对于黏度大的液体，空化气泡的半径越小，空化气泡在超声波负压相吸收的能量就越少，导致气泡在崩溃时所达到的温度和压强也就越低。因此提取溶剂为高黏度液体时，应增加振幅[14]。

5.2.4 时间

超声提取法最大的优点是收率高，不用加热，还能大大缩短提取时间。超声提取时间对提取率和有效成分的影响大致有三种情况：①有效成分的提取率随超声作用时间增加而增加；②提取率随超声时间的增加逐渐增加，一定时间后，延长超声时间，提取率增加缓慢；③随超声作用时间增加，提取率在某一时刻达到一个极限值后，反而减小。

造成有效成分在超声作用达到一定时间后提取率增加缓慢或呈下降趋势的原因可能有：①在长时间超声作用下，有效成分发生降解，致使提取率降低；②超声作用时间太长，提取物中杂质含量增加，有效成分含量反而降低。

5.2.5 温度

一般情况下升高温度有利于提取率的提高，但温度过高易导致溶剂的挥发以及化学成分的破坏，从而降低提取率。因此，对于温度敏感的化学成分应控制整个过程的温度。

5.2.6 溶剂

提取溶剂的性质直接决定对提取物的选择性，因此提取溶剂是超声提取的一个重要因素。有机化合物分子结构中，亲水性基团多，其极性大而疏于油，应该选用极性大的提取溶剂；亲水性基团少，其极性小而疏于水，应该选用极性小的提取溶剂。在天然产物提取中，对于皂苷、花色素、多糖类成分，可根据它们的水溶性选择极性较大的溶剂；对于萜类、脂肪油等成分，可根据它们的脂溶性选择极性较小的溶剂；对于生物碱成分，可根据其在酸溶液中溶解度较大的性质采用酸性溶剂。张海晖等[15]采用超声波辅助提取法对大黄蒽醌类成分进行提取，发现以乙醇作为提取溶剂的提取效率明显高于以水为提取溶剂的提取率。

为了提高提取率，提取溶剂也可采用两种或两种以上的混合溶剂，混合溶剂具有较宽的提取能力，但对提取物的选择性有所降低。另外，近年来有许多采用向提取溶剂中加入离子液体、表面活性剂、酶等方法增加提取率的报道。

5.2.7 浸渍时间

天然产物的超声辅助提取往往需要用一定溶剂将基质浸渍一段时间再进行超声处理，这样可以增加有效成分的溶出，提高提取率。罗珊珊等[16]以蒙山九州虫草子座干粉为材料考察了浸渍时间对黄酮类化合物提取率的影响，发现浸渍后再超声可明显增加黄酮类化合物的提取率。

5.3 超声波辅助提取系统及设备

5.3.1 超声波系统组成

所有的超声波系统都是由换能器组成的，它能将电能以机械振动的形式转化为声能，产生超声波。换能器的种类很多，其中结晶陶瓷换能器的效率较高，能达到95%以上，是目前最常用的超声波发生器[1]。超声波换能器产生超声波后通过超声波发射器发射声波，最常用的超声波发射器有探头式超声波、水浴式超声波和连续型探头式超声波（图 5-4）。对于探头式超声波，探头的形状可影响振幅的大小，因此可以通过选择探头的形状控制超声波的强度[17]。

5.3.2 超声波提取设备

（1）小型超声波辅助提取设备

图 5-5（a）为最早开发的超声波仪器，主要用于固体样品的分散、溶解，及液体的脱气或材料的清洗，这种设备操作简单，价格低廉。但随着使用时间

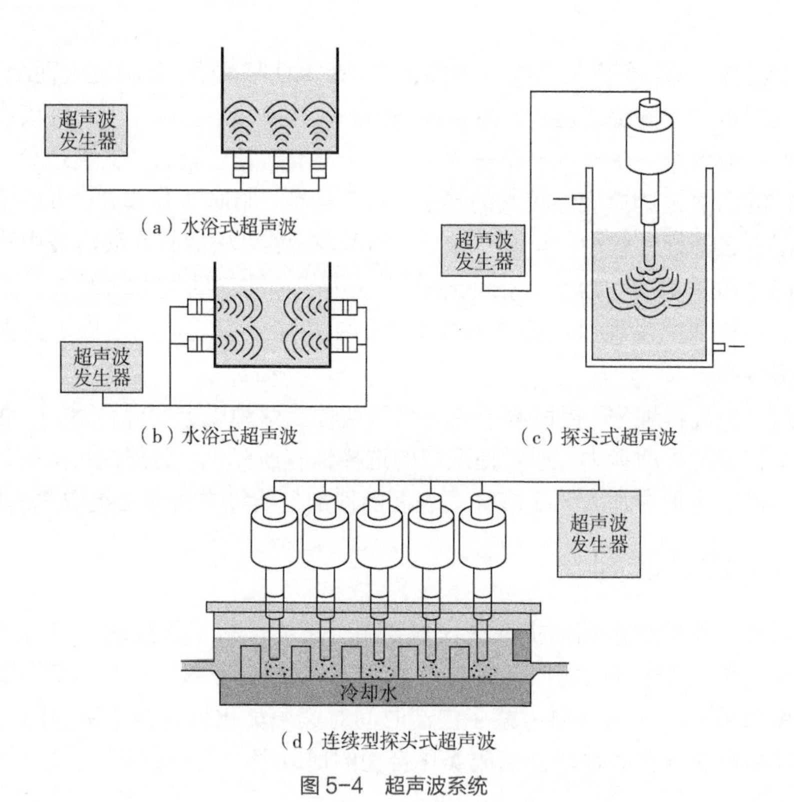

图 5-4　超声波系统

的延长，这种仪器的超声功率会降低，因此提取重复性差。图 5-5（b）为 REUS（Contes，法国）开发的水浴式超声波系统，主要用于天然产物的提取，容器容量为 0.5 ~ 3 L，频率为 25 kHz，强度为 1W/cm^2。水浴系统中容器由不锈钢材质制成，并通过配备循环水来控制温度[1]。

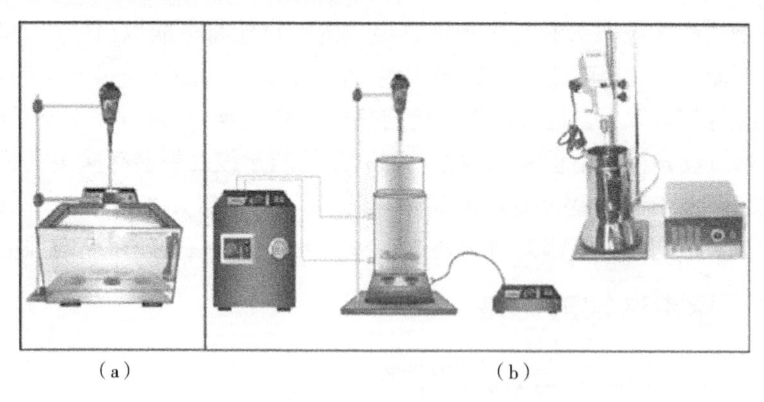

图 5-5　实验室常用水浴式超声提取设备

对于较小体积样品的提取，探头式超声波系统[图 5-6（a）]的适用性更强，在提取时，将超声探头直接浸入提取器中，避免了能量的衰减，效率更高。在提取时，由于空化作用集中在较小的范围内，温度上升较快，因此，此设备通常配有温度控制器[图 5-6 (b)][1]。

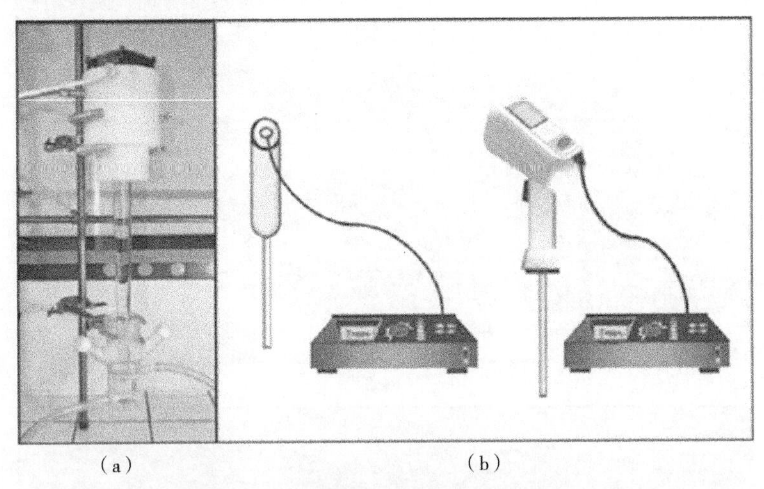

(a)　　　　　　　　(b)

图 5-6　实验室常用探头式超声提取设备

（2）工业化超声波提取设备

图 5-7 为工业使用的探头式超声提取设备及水浴式超声提取设备。Hielscher（德国）、Branson（瑞士）、Vibracell（美国）和 REUS（法国）等公司开发出了各种工业用或实验室用的超声波提取设备，主要是针对超声波传感器、连续处理系统等方面进行改进，有的超声波提取器还加入了搅拌系统，大大提高了超声波辅助提取技术的提取效率[1]。图 5-8 为我国宁波新芝生物科技股份有限公司生产的具有搅拌功能的超声波提取机（SCIENTZ-50T），配有温度控制系统，可用于热敏性成分的高效提取。

5.3.3　超声波联用提取技术

随着天然产物提取技术的发展，人们发现联用技术在天然产物提取中有很大的优势，近年有许多关于超声波辅助与超临界流体、微波辅助技术联用提取天然产物的研究报道。Riera 等将超声波辅助提取技术联合超临界 CO_2 流体萃取技术提取杏仁油脂，在超临界流体提取器中加入了频率为 20kHz 的超声换能器。压力为 280bar，温度为 55℃，挥发油的提取率增加了 20% ~ 30%[18]。Zhang 等[19]采用超声波-微波辅助提取法对番茄中的番茄红素进行了提取，微波提取功率为 800W，频率为 2450MHz；超声波提取功率为 50W，频率为 40kHz，提取溶剂为乙酸乙酯。微波联合超声波提取 6.1min 后，番茄红素的提取率为 97.4%，在最优提取条件下超声波提取 29.1min，提取率仅为 89.4%。与微波辅助提取联合后，提取时间缩短了将近 80%。

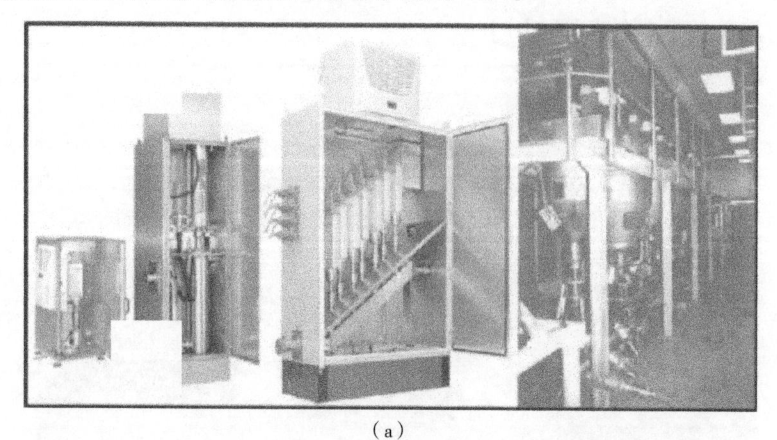

（a）

（b）

图 5-7 工业化超声提取设备

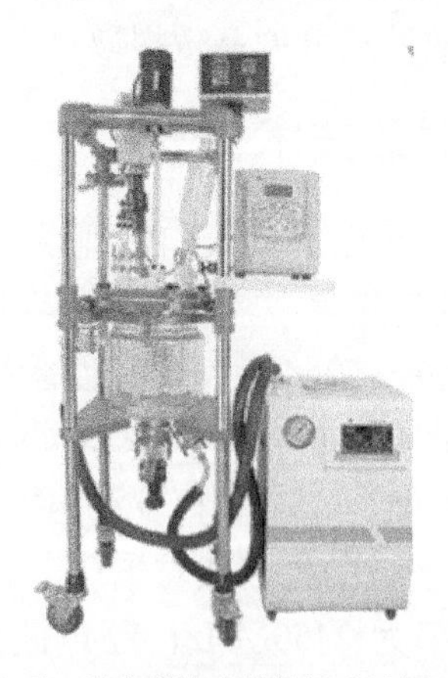

图 5-8 具有搅拌功能的超声波提取器

5.4 超声波辅助提取技术的优点

与常规的煎煮法、连续回流法、水蒸气蒸馏法、溶剂浸提法相比，超声波辅助提取技术具有如下优点：①提取温度低，对热不稳定、易水解或氧化天然产物的活性成分具有保护作用，避免了长时间加热对有效成分的降解，产物生物活性高；②适用范围广，超声波辅助提取化学成分不受成分极性、分子量大小的限制，绝大多数天然产物均可用超声提取；③提取效率高，用时短，超声波能促使植物细胞组织破碎，使基质中的化学成分提取更充分，并且提取时间大大减少，降低了能耗[2, 3]。

5.5 超声波辅助提取技术在天然产物中的应用

（1）多糖类成分的提取

香菇为真菌门伞菌目药食两用真菌，含有丰富的多糖类成分。香菇多糖具有抗肿瘤、抗衰老、降血糖、提高人体免疫力和抗氧化等多种药理活性。目前香菇多糖的提取方法主要为溶剂提取法（热水浸提法、稀碱提取法等）和辅助提取法（超声波提取法、微波提取法、超高压提取法等），每种提取方法都有各自的特点。

以抗氧化活性、分子形态、单糖组成等指标对不同提取方法（回流热水提取法、超声波提取法、微波提取法、高温热水提取法）获得的多糖特性进行了评价。结果表明，在相同的提取时间内，高温热水法所得香菇多糖提取率最高，为14.25%，且所得多糖分子量最小。不同提取方法提取的多糖溶液黏度均随浓度的增大而增大，在相同浓度下多糖溶液的表观黏度大小依次为回流热水提取>微波提取>超声波提取>高温热水提取。不同提取方法会对多糖的聚集度和支链结构产生一定影响，并因此影响其抗氧化活性。4种方法提取的多糖抗氧化活性大小依次为：超声波提取>微波提取>回流热水提取>高温热水提取。不同提取方法提取的多糖中单糖组成均以甘露糖、葡萄糖和半乳糖为主[20]。

（2）生物碱类成分的提取

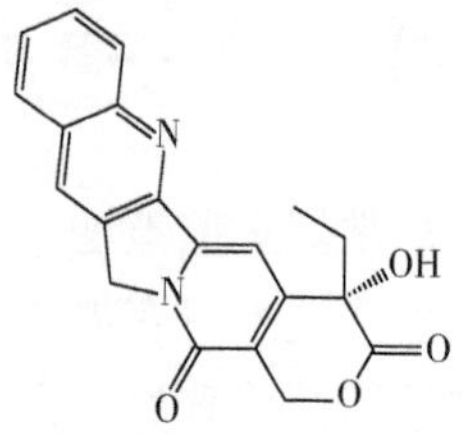

喜树碱（图 5-9）是一类喹啉类生物碱，是迄今为止发现的唯一专门通过抑制拓扑异构酶I发挥细胞毒性的天然成分。喜树碱具有较强的抗肿瘤活性，对胃肠道肿瘤、膀胱癌、肝癌和白血病等恶性肿瘤均有一定疗效。研究表明青脆枝、茎、果实及叶子中均含有喜树碱，含量分别为 0.68%、0.81%、1.22%、0.1%。Dhiraj 等对超声波辅助提取法提取青脆枝、茎中喜树碱的条件进行了优化，最佳提取条件：超声强度为 191W/cm^2，料液比为 1∶60（g/mL），提取温度为 40℃，粒径为 0.42 ~ 0.25mm，提取溶剂为甲醇。在最优条件下，超声提取 18min 后喜树碱的提取率为 78%，而搅拌提取 6h 喜树碱的含量仅为 46.51%[21]。

图 5-9　喜树碱结构式

（3）黄酮类成分的提取

僵蚕（*Bombyx batryticatus*）是一味传统中药材，药用历史悠久，具有息风止痉、祛风止痛、化痰散结的功效。僵蚕提取物具有抗凝血、抗氧化、降血糖等多种药理活性，黄酮是其主要活性成分。邢东旭等[22]采用 Box-Behnken 响应面法对超声波提取僵蚕中黄酮类成分的条件进行了优化，考察了乙醇体积分数、料液比、提取温度、提取时间对总黄酮提取率的影响。最佳提取条件：乙醇体积分数为 63.2%，料液比为 1∶23.2，提取温度为 49.5℃，提取时间为 40.3min，总黄酮提取率为 3.05mg/g。

王晓等应用超声提取技术对牡丹花黄酮进行提取研究，选择超声频率、乙醇浓度、超声时间、料液比为因素进行正交实验，优选出的超声提取最佳工艺：70%乙醇，料液比为 1∶20，在频率为 22kHz 的超声波下处理 10min，提取率可达 91.5%，具有提取效率高、提取时间短、温度低的优点[23]。

（4）核苷酸的提取

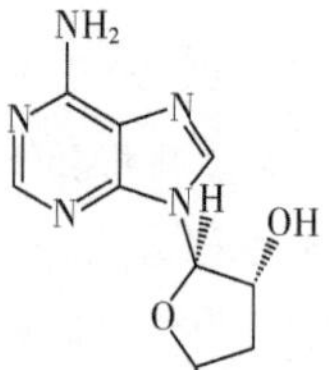

虫草菌素（图 5-10）是由腺苷和具有碳链支链的脱氧戊糖组成的一种核苷酸，因此它也被称为 3′-脱氧腺苷，是第一个从真菌中分离出来的核苷类抗生素。研究发现虫草菌素具有抗病毒、抗肿瘤、抗炎、治疗糖尿病及免疫调节作用。Wang 等采用正交实验方法对超声波提取蛹虫草中虫草菌素的工艺进行了研究[24]。

图 5-10　虫草菌素结构式

对正交实验结果进行多变量分析，比较各

因素的 F 值，发现提取时间、乙醇浓度对虫草菌素提取率有显著性差异，提取温度、超声频率对提取率没有显著性差异。根据正交试验极差分析数据得出虫草菌素的最佳提取工艺为：提取时间为 60min、乙醇浓度为 50%、提取温度为 60℃、超声频率为 56kHz。在最优提取条件下虫草菌素的提取率为 7.04mg/g。

5.6 超声波辅助提取技术应用前景

超声波辅助提取是利用超声波的机械效应、空化效应等作用，增大介质分子的运动速度和穿透力，从而促进化学成分从细胞壁中溶出的一种提取过程，因此超声波辅助提取技术具有高效、低耗的优点。然而由于超声波强度随距离增大而衰减，其有效作用区域为环形，如果提取罐直径过大，会出现超声空白区，从而影响超声波辅助提取效率。近年来，虽然从搅拌、探头形式等方面对超声波仪器进行了改进，但是超声功率与大容积提取罐很难匹配，因此限制了其工业化应用。因此，目前超声波提取的工业化设备规模远远小于回流提取、超临界提取等其他提取方法。随着其他新兴技术的发展，超声波辅助提取与酶辅助提取、超临界 CO_2 提取、微波辅助提取等多种技术协同应用，将拓宽超声波辅助提取在天然产物提取领域的应用范围。

参考文献

[1] Rostagno M, Prado J. Natural Product extraction-principles and applications[M]. RSC Green Chemistry, 2013.

[2] Toma M, Vinatoru M, Paniwnyk L, et al. Investigation of the effects of ultrasound on vegetal tissues during solvent, extraction[J]. Ultrasonics, 2001, 8(2): 137-142.

[3] 万水昌，王志祥，乐龙，等. 超声提取技术在中药及天然产物提取中的应用[J]. 西北药学杂志, 2008, 23(1): 60-62.

[4] 郭立玮. 中药分离原理与技术[M]. 北京：人民卫生出版社, 2010.

[5] Pena-Pereira F, Tobiszewski M. The Application of green solvents in separation processes[M]. Elsevier Science and Technology, 2017.

[6] Zhao S, Kwok K C, Liang H. Investigation on ultrasound assisted extraction of saikosaponins from Radix Bupleuri[J]. Separation and Purification Technology,

2007, 55: 307-312.
[7] Zou Y, Xie C, Fan G, et al. Optimization of ultrasound-assisted extraction of melanin from *Auricularia auricula* fruit bodies[J]. Innovative Food Science and Emerging Technologies, 2010, 11: 611-615.
[8] Wei X, Chen M, Xiao J, et al. Composition and bioactivity of tea flower polysaccharides obtained by different methods[J]. Carbohydrate Polymers, 2010, 79: 418-422.
[9] 杨秀艳，薛志远，杨亚飞，等. 红芪多糖的复合酶联合超声提取工艺、理化特性及抗氧化活性的研究[J]. 中国中药杂志, 2018, 43(11): 2261-2268.
[10] Chemat F, Rombaut N, Sicaire A G, et al. Ultrasound assisted extraction of food and natural products. Mechanisms, techniques, combinations, protocols and applications. A review[J]. Ultrasonics Sonochemistry, 2017, 34: 540-560.
[11] 岑志芳，李海燕. 不同频率超声提取对川黄柏中盐酸小檗碱提出率的影响[J]. 时珍国医国药, 2005, 16 (5): 374-375.
[12] 马亚琴. 超声辅助提取柑橘皮中黄酮、酚酸及其抗氧化能力的研究[D]. 杭州：浙江大学, 2008.
[13] 韩军岐，张有林，李林强，等. 超声波处理提取葵花籽油的研究[J]. 食品研究与开发, 2004, 25(6): 84-89.
[14] 沈阳. 超声空化的理论研究及影响因素的模拟分析[D]. 沈阳：东北大学, 2014.
[15] 张海晖，裘爱泳，刘军海，等. 超声技术提取大黄蒽醌类成分[J]. 中成药, 2005, 27 (9): 1075-1078.
[16] 罗珊珊，凌建亚，陈畅，等. 浸润对超声波提取黄酮类化合物的影响[J]. 上海中医药杂志, 2005, 39(12): 48-50.
[17] Tiwari B K. Ultrasound: A clean, green extraction technology[J]. Trends in Analytical Chemistry, 2015, 71: 100-109.
[18] Riera E, Golás Y, Blanco A, et al. Mass transfer enhancement in supercritical fluids extraction by means of power ultrasound[J]. Ultrasonics Sonochemistry, 2004, 11: 241-244.
[19] Zhang L, Liu Z. Optimization and comparison of ultrasound/microwave assisted extraction (UMAE) and ultrasonic assisted extraction (UAE) of lycopene from tomatoes[J]. Ultrasonics Sonochemistry, 2008, 15: 731-737.
[20] 罗永明. 中药化学成分提取分离技术与方法[M]. 上海：上海科学技术出版社, 2016.

[21] Dhiraj M P, Krishnacharya G A. Ultrasound-assisted rapid extraction and kinetic modelling of influential factors: Extraction of camptothecin from Nothapodytes nimmoniana plant[J]. Ultrasonics Sonochemistry, 2017, 37: 582-591.
[22] 邢东旭，廖森泰，李庆荣，等. 僵蚕总黄酮超声提取工艺的优化[J]. 中成药, 2017, 39(8): 1727-1730.
[23] 王晓，江婷，程传格，等. 超声波强化提取牡丹花黄酮[J]. 山东科学, 2004, 17(003): 13-16.
[24] Wang H, Pan M, Chang C, et al. Optimization of ultrasonic-assisted extraction of cordycepin from Cordyceps militaris using orthogonal experimental design[J]. Molecules, 2014, 19: 20808-20820.

第 6 章
微波辅助提取技术

微波辅助提取（microwave-assisted extraction，MAE）是由 Abu-Samra 等在 1975 年提出的，主要用于生物样品中微量元素的提取。1986 年 Ganzler 等首次采用微波辅助加热方法提取了土壤中的有机物，Gedye 等采用家用微波炉用于有机化合物的提取，发现几分钟就可实现样品的提取，而传统加热方法需要几小时甚至十几小时才能完成。自此越来越多的学者对微波技术进行了广泛的研究。1992 年首届国际微波学会议在荷兰召开，有力地推动了微波技术在化工、医药等多领域的应用。20 世纪 90 年代初，由加拿大环境部和美国 CEM 公司合作开发了微波萃取系统（MARSX），促进了微波萃取技术的快速发展。1995 年，中国两家公司开始发展工业规模的微波萃取技术应用。目前微波萃取技术已在香料、天然色素、化妆品及天然产物等领域广泛应用[1]。

6.1 微波辅助提取的基本原理

6.1.1 微波

微波是一种非电离辐射波，位于电磁波谱的红外辐射和无线电波之间，频率介于 300MHz ~ 300GHz（波长介于 1mm ~ 1m），图 6-1 为电磁波分布范围[2]。微波是一种电磁波，由电场强度 $\boldsymbol{E}$ 和磁场强度 $\boldsymbol{H}$ 两个矢量相互垂直叠加而成，因此微波可以用作信息载体（能量载体），同时电磁波被物质吸收后能转化为热能。

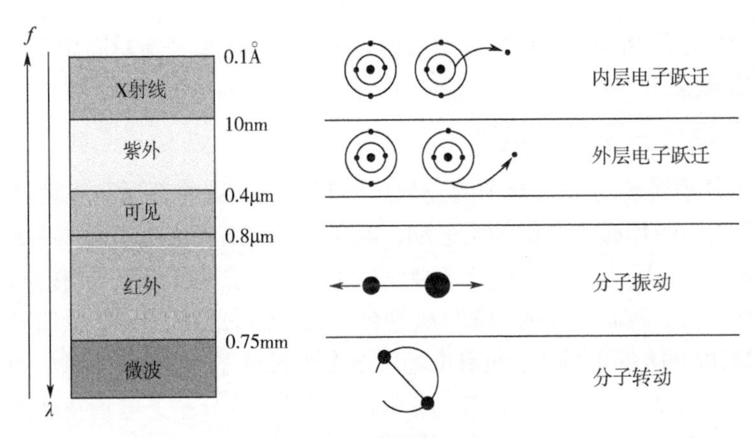

图 6-1　电磁波分布范围

6.1.2　微波辅助提取法的机理

微波提取主要是利用微波的强烈产热效应进行的。微波能是由离子迁移和耦极分子转动而引起分子运动的非离子化辐射能。当它作用于极性分子时，分子便在微波电磁场作用下产生瞬时极化，并以较高的速度做极性变换运动，于是产生键的振动、断裂和离子之间的相互碰撞，同时迅速产生大量的热能，从而使细胞破裂，促进化学成分的快速溶出（图 6-2）[3]。

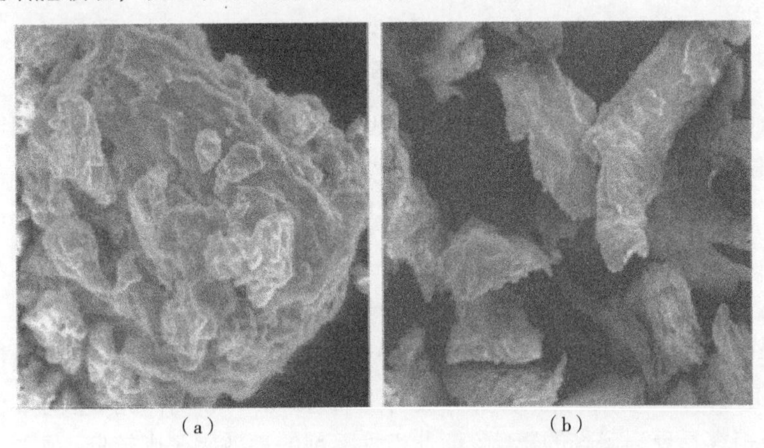

图 6-2　微波辅助提取前后组织扫描电镜图

微波技术用于天然产物提取主要依靠两个方面的作用机理[2,4]:

（1）离子传导机理

离子传导是指在电磁场的作用下可解离离子的导电移动。离子在外电场的作用下会被加速，这些离子在运动中与周围的其他离子发生碰撞，同时将能量传递给被碰撞离子，使其热运动加剧。由于介质对离子流具有阻碍作用，从而产生热效应。

（2）耦极分子转动机理

耦极分子转动与极性分子的交替运动有关。如果将介质放在两块金属板之间，介质内的耦极分子做杂乱运动，当金属板上加直流电压时，两极之间存在直流电场，介质内部的耦极分子会发生重排，形成具有一定取向的有规则排列的极化分子。随着电场的减弱，极性分子又开始做杂乱运动，从而释放出热能。在 2450MHz 的电场中，随着电场的改变耦极分子以 4.9×10^9 次/s 的速度进行快速杂乱运动，迅速产生热量。图 6-3 显示了极性分子无电场及连续或高频电场下的分子偶极矩示意图。分子偶极矩越大，分子在电场中的转动越剧烈。但这种耦极分子转动易破坏氢键，高黏度介质可以降低分子转动。

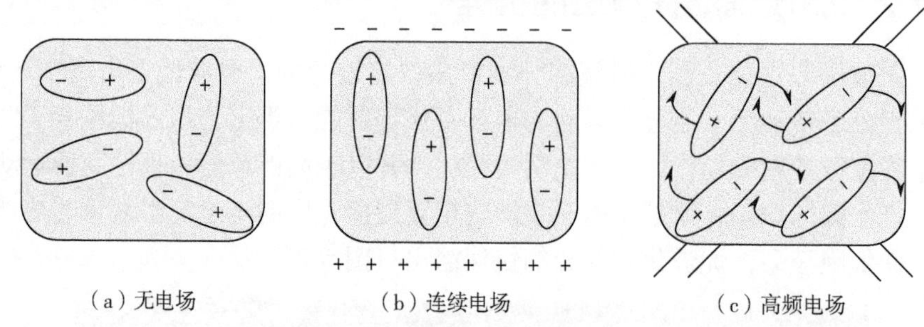

图 6-3 极性分子无电场、连续电场和高频电场下的分子偶极矩示意图

微波加热是将微波电磁能转变成热能的过程，其能量是通过空间或介质以电磁波形式来传递的。微波在传输过程中遇到不同物质时，转化的热量是不同的，主要取决于传输物质（介质）的耗散因子（$\tan\delta$），耗散因子越高产生的热量越高。耗散因子计算公式如下：

$$\tan\delta=\varepsilon'/\varepsilon''$$

式中，ε'为物质的介电常数，即物质被电场极化的能力；ε''为介质损耗因子，即电磁能转化为热能的效率。极性溶剂通常具有较高的耗散因子，例如水的偶极矩容易受到磁场的影响；而非极性溶剂的耗散因子则较低，例如正己烷不会被微波加热，被称为微波透明溶剂。表 6-1 为常见溶剂的介电常数、介质损耗因子及耗散因子。

微波加热不同于一般的常规加热方式，常规加热是由外部热源通过热辐射以由表及里的传导方式加热。微波加热是在电磁场中由介质吸收而引起的内部整体加热（图 6-4）。

表 6-1　常见溶剂耗散因子

溶剂	ε'	ε''/D	$\tan\delta$
正己烷	1.89	<0.1	—
正庚烷	1.92	0	
二氯甲烷	8.9	1.14	
异丙醇	19.9	1.66	0.67
丙酮	20.7	2.69	
乙醇	24.3	1.69	0.25
甲醇	32.6	2.87	0.64
乙腈	37.5	3.44	
水	78.3	1.87	0.157

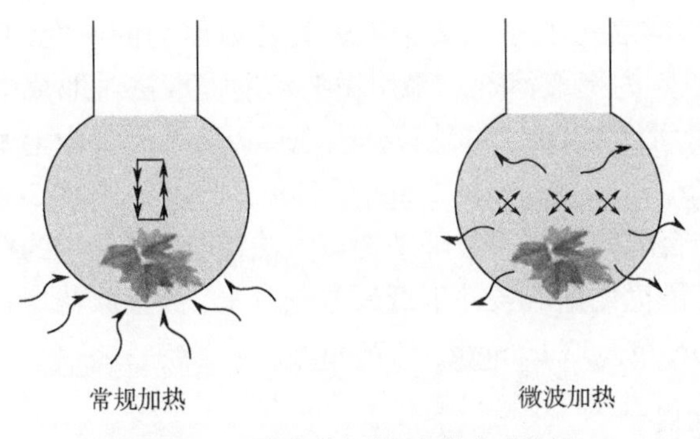

图 6-4　常规加热与微波加热方式比较

6.2　微波辅助提取影响因素

影响微波提取的因素有很多，如提取溶剂、功率、提取时间、温度、压力及溶液 pH 值等，其中溶剂、提取时间、温度、压力对提取效果影响最为明显[5]。

6.2.1　提取溶剂的种类

天然产物化学成分多存在于组织细胞中，要提取这些化合物首先必须使溶剂渗透到组织细胞中并将其溶解。因此，微波辅助提取法的溶剂选择原则与传统溶剂提取方法相似，即溶剂对提取成分要有较强的溶解性，且对后续操作影响较小。当以水为提取溶剂时，微波辅助提取对被提取成分极性的选择性并不明显，提取产率与被提取成分本身的极性并不呈明显的正相关性，这可能是由于水的极性决定了其对微波能的强吸收。因此以水为溶剂时，微波提取法可适用于多种类型天然产物的提取。其他常见的提取溶剂有乙醇、甲醇、丙酮、乙酸、二氯甲烷等有机溶剂。

同时，微波辅助提取法还应考虑提取溶剂的介电常数，因为极性溶剂能吸收微波能，而非极性溶剂则不能，因此如果采用非极性溶剂需要在提取溶剂中加入一定比例的极性溶剂。Sun 等[6]采用微波辅助提取法以正己烷-乙醇（80∶20，体积比）为溶剂对牡丹籽中的脂肪油进行提取，提取 3.72 min，脂肪油得率达 34.49%，能量消耗仅为 14125 J/g。

在提取酸性（碱性）物质时，向提取溶剂中加入一定比例的碱（酸），可促进化学成分的溶出。例如，在提取有机酸、黄酮类以及蒽醌类成分时可以选择不同浓度的碱水提取；提取生物碱类成分时可选择不同浓度的酸水提取。

近年来许多学者报道了以离子液体为提取溶剂的研究。Fan 等[7]以氯化 1-苄基-3-甲基咪唑为提取溶剂，采用微波辅助提取法对地黄中毛蕊花糖苷进行提取，提取时间仅为 10s，鲜地黄、生地黄以及熟地黄中毛蕊花糖苷的含量分别为 0.92mg/g、0.34mg/g、0.22mg/g。Hou 等[8]以 1-丁基-3-甲基溴化咪唑鎓为提取溶剂，结合酶辅助与微波辅助提取方法，对红松果中的挥发油及原花青素进行提取，在最优化提取条件下低聚原花青素、高聚原花青素及挥发油的含量分别为 13.02mg/g、32.19mg/g、7.76mg/g。

6.2.2 料液比

在传统提取过程中，一般随固液比的增加，提取率也会增加。采用微波辅助法提取银杏中槲皮素-3-*O*-*α*-L-鼠李糖苷研究显示，料液比对提取率的贡献率为 86.4%[9]。在优化料液比时发现随着料液比的增加，提取率呈现先升高后下降的趋势[10]，这是由于料液比的提高会较大程度地提高传质推动力。

6.2.3 温度

微波辐射能够加快提取过程，一方面是因为升温速度快，另一方面是因为在密闭微波提取容器中内部压力可达到十几个大气压，溶剂被加热后其沸点比常压下高，随着温度的升高，溶剂的表面张力和黏性都会有所降低，溶剂的渗透力和对样品的溶解力增加，因此，一般情况下随着温度的增加提取率也会提高。采用微波辅助提取法提取女贞子中齐墩果酸的研究表明，温度在 25 ~ 70℃时，齐墩果酸的提取率随着温度的升高而逐渐增加[11]。对于一些在高温下易降解的活性成分，可采用真空微波辅助技术在较低温度下进行提取。

6.2.4 提取时间

与传统提取方法相比，微波辅助提取法耗时短，一般需要几秒或者几分钟即可。例如，提取绿茶中的咖啡因及多酚时，仅需 4min 提取液含量就可达到最高值[12]。不同物质的最佳提取时间也不同，有时候延长提取时间会出现化合物降解的情况，从而降低提取率。从女贞子中提取熊果酸和齐墩果酸时，在 0 ~ 20min 时，提取率随时间逐渐增加，在 20min 时达到最高值；而延长提取时间至 30min 时，提取率明显下降[11]。

6.2.5 微波剂量

微波剂量就是每次微波连续辐射的时间。微波连续辐射时间不能太长，否则会使系统的温度升得很高，引起溶剂的剧烈沸腾，不仅造成溶剂的大量损失，而且会带走溶剂中的部分溶质，影响提取效率。目前，该法常采用非脉冲微波连续加热技术，微波剂量可按照设定的提取温度自动变频控制。在保证系统温度低于溶剂沸点的前提下，当总辐射时间相同时，微波剂量越大，提取效率越高。

6.2.6 提取原料的特性

水是吸收微波最好的介质，含水的非金属物质和各种生物体都能吸收微波。基质中微量的水可有效吸收微波能并转化为热能，促使细胞壁溶胀破裂，促进有效成分溶出，提高产物提取效率。李核等[13]考察了虎杖水分含量对白藜芦醇提取率的影响，当水分含量达到 20%时，白藜芦醇产率最高。因此植物样品中含水量对提取产率和提取时间都有很大的影响，含水量少的原料需要较长的提取时间。提取干燥的原料时，可采取再润湿的方法使其具有足够的水分。

基质的粒度也是影响提取率的主要因素之一，提取平衡是受分子内扩散控制的，提取速率往往与化学成分在颗粒内部的扩散有关。一般情况，药材粉碎后粒度越小，扩散越快，提取产率越高。但样品颗粒太细容易黏结在一起，在没有强力搅拌的情况下会降低提取率。

6.3 微波辅助提取设备结构、分类及发展

6.3.1 微波辅助提取设备的结构与分类

微波提取设备主要由微波装置和提取器两部分组成。最早采用的微波辅

助提取都是在家用微波炉内完成的，反应器只能密闭或敞口放置，采用易挥发、易燃烧的溶剂非常危险。随着微波提取设备需求的增长，意大利迈尔斯通、美国 CEM 等公司设计出了可自动精密控温、控制加热功率和加热时间的微波装置。

微波提取装置一般由磁控管、炉腔、提取罐、压力和温度监控装置及其他电子元件组成，工作频率均为 2450MHz。目前，微波提取设备主要有微波提取罐和连续微波提取线两类装置，两者的区别为前者是分批处理物料，而后者是连续工作的工业化提取设备，目前以提取罐为主。根据提取罐的类型，可分为密闭式和开放式微波提取装置两大类[5]。

（1）密闭式微波提取装置

密闭式微波提取罐主要由内提取腔、进液口、回流口、搅拌装置、微波加热腔、排料装置、微波源、微波抑制器等结构组成，备有自动调节温度和压力的装置，可实现温度和压力的可控调节。此类装置的炉腔中可容放多个密闭提取罐，因此该系统一次可制备多个样品（图 6-5）。同时，在密闭提取条件下，可控制提取压力（0 ~ 100bar），在高压情况下溶剂的温度比沸点高得多，更有利于物料中组分的溶出，表 6-2 为常用提取溶剂在 12 bar 时可达到的温度。

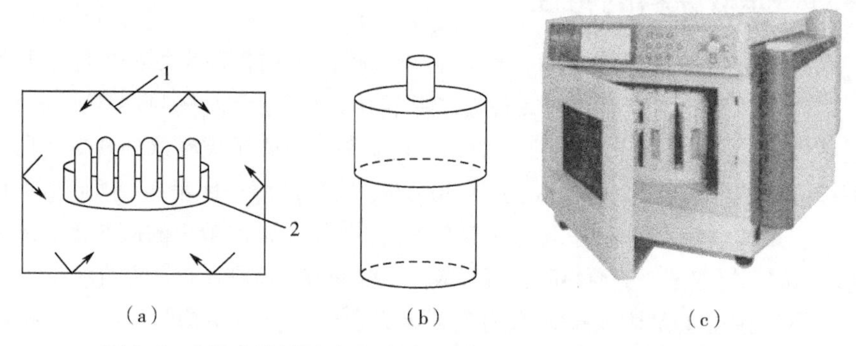

（a）　（b）　（c）

图 6-5　密闭式微波提取装置（a）、提取罐（b）及密闭微波提取仪（c）

1—微波；2—旋转盘

表 6-2　常用提取溶剂在 12 bar 提取压力下可达到的温度

溶剂	沸点/℃	12 bar 下的温度/℃
二氯甲烷	39.8	140
丙酮	56.2	164
甲醇	64.7	151
乙醇	78.3	164
乙腈	81.6	194
异丙醇	82.4	145

（2）开放式微波提取装置

开放式微波提取装置如图 6-6 所示，微波通过波导管聚焦在提取系统上，提取罐与大气是相通的。与密闭式设备相比，由于在常压下提取，开放式微波提取操作安全性更高，尤其在使用有机溶剂作为提取溶剂时；一次不能提取多个样品，但提取样品量大，最大可用于 100kg 原料的提取；提取罐可使用多种材料，如石英玻璃、硼化玻璃、聚四氟乙烯（PTFE）等[2]。

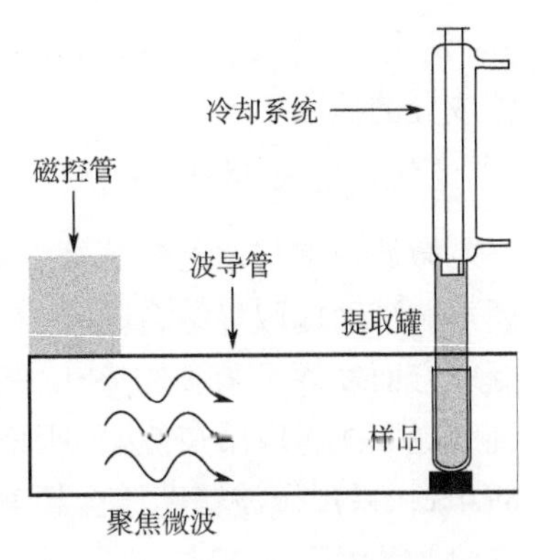

图 6-6　常压开放式微波提取装置

6.3.2　微波辅助提取设备的发展与改进

微波辅助提取具有许多优势，例如提取时间短、溶剂消耗少，因此微波辅助提取法被认为是绿色提取技术之一。基于微波辅助加热技术，对多种提取技术进行了功能改进，主要包括真空/氮气保护微波辅助提取用于热敏性物质的提取、微波加热与索氏提取、超声波辅助提取等技术联用，等等[14]。

（1）真空、氮气微波辅助提取

高强度、长时间微波辐射以及高温提取限制了微波辅助在不稳定成分提取中的应用，为了克服这些缺点，开发了氮气保护微波辅助提取（nitro-protected microwave-assisted extraction，NPMAE）以及真空微波辅助提取（vacuum microwave-assisted extraction，VMAE）技术。Yu 等[15]采用氮气保护微波辅助提取法（图 6-7）对番石榴、辣椒等多种蔬菜、水果中的维生素 C 进行提取，与微波辅助提取相比，在氮气保护下维生素 C 的提取率更高。Wang 等[16]考察了热回流与真空微波辅助提取法（图 6-8）对不同化学成分的提取率，发现采用真空微波辅助法提取杨梅黄酮、红花黄色素 A（热敏性成分），得率明显高于热回流提取法；而对于大黄素和槲皮素（非热敏性成分）没有明显差

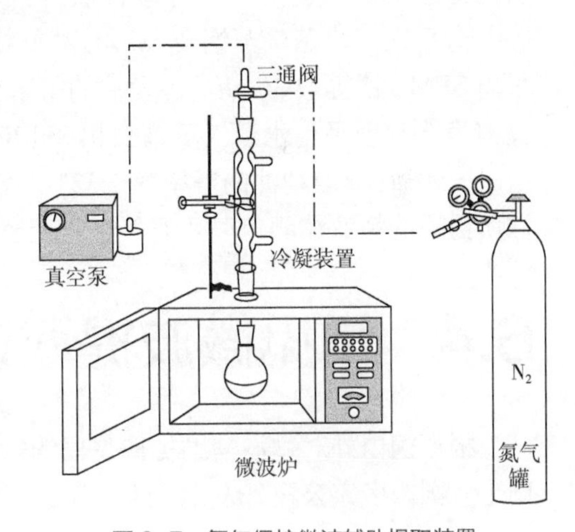

图 6-7　氮气保护微波辅助提取装置

异，说明真空微波辅助提取法有利于热敏性成分的提取。

（2）微波联用技术

微波经常与水蒸气蒸馏、索式提取、超声波辅助提取等结合起来，在天然产物提取方面发挥了诸多优势[2]。采用超声波辅助提取法提取番茄红素，提取率最高为89.4%，采用微波辅助结合超声波辅助提取法，得率可达97.4%[17]。采用常规水蒸气蒸馏法从迷迭香中提取挥发油，提取210min，挥发油的得率为0.026mL/g，微波辅助水蒸气蒸馏法提取75min，挥发油的得率可达到0.026mL/g，提取时间减少了近65%[18]。

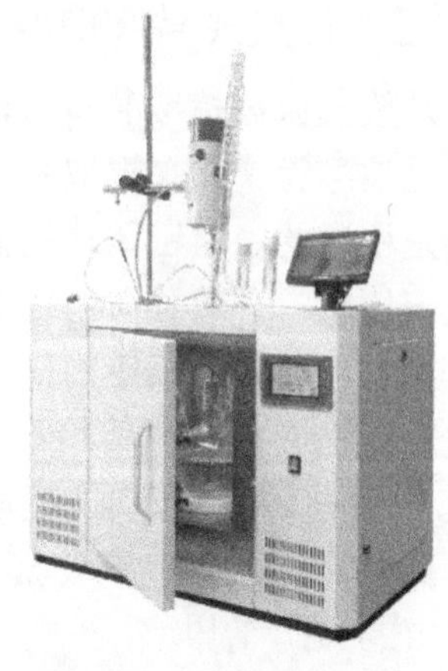

图6-8 小型微波萃取仪

（3）无溶剂微波辅助提取

无溶剂微波辅助提取（solvent-free microwave extraction，SFME）是利用新鲜材料中的水分或者干原材料经过润湿后含有一定的水分来吸收微波能，从而促进成分溶出的一种提取方法，常用于挥发性成分的提取。Aboudaou等[19]分别采用水蒸气蒸馏及SFME法对橙子皮中的挥发性成分进行了提取，采用SFME法提取30min，挥发油的得率可达0.4%，而水蒸气蒸馏法需要3h。吴恒等[20]分别采用水蒸气蒸馏法和SFME法对小叶杜鹃花中的挥发油进行提取，SFME法提取精油的得率为1.32%，比水蒸气蒸馏法高0.2%。另外，SFME法所提取的精油在颜色以及香气上与杜鹃花更为相近。

6.4 常见微波提取设备

根据国内外对微波辅助提取仪器的需求，在吸收、引进国外微波技术的基础上，国内多家公司开发出了5种不同类型的微波辅助提取设备[5]。

6.4.1 小型微波提取设备

主要用于实验室小批量样品的提取，此设备为开放式微波加热装置，物料不需要像使用常规微波炉那样放置在微波加热腔体内，而是如同将一只锅放在电炉上，在萃取过程中，可直接观察提取的情况，图6-8为南京苏恩瑞干燥设备有限公司生产的小型微波萃取仪。这类设备不仅微波泄漏量低，而且可用于醇类物料的处理。

6.4.2 低温微波提取中试设备

低温微波辅助提取结合了冷浸提取技术和微波辅助提取技术的特点，整个提取过程在较低温度下进行，可避免热敏性易氧化成分分解氧化。同时，在微波的作用下，可加快热敏性成分的提取速度。因此，低温微波提取技术不仅具有提取速度快、提取效率高的特点，而且能避免热敏性成分降解，大大提高了热敏性成分的提取效率。此类设备主要用于提取生产线的工艺条件摸索，可用于水、醇类物料的处理[21]。

6.4.3 微波真空提取设备

根据不同气压条件下液体沸点不同的原理，将微波提取和真空技术结合，最低可在 20 ~ 30℃条件下实现样品的提取。提取温度较低，有利于提高提取物的纯度，同时在真空条件下可避免物料在提取过程中发生氧化。此设备可用于水、醇类物料的处理。

6.4.4 微波动态提取设备

主要用于各类多功能提取罐，这类设备可在常压下进行水煎、醇提处理。与常规提取罐相比，能提高近 10 倍的提取效率。

6.4.5 连续式微波提取设备

连续式微波提取设备的日处理能力从 1t 到 500t 不等，可用于工业化生产。其特点是实现了连续提取，可通过设置适宜的操作参数（功率、时间、溶剂、流速等）选择性提取目标成分。

6.5 微波辅助提取法在天然产物中的应用

（1）黄酮类成分的提取

山竹（*Garcinia mangostana* L.）又名莽吉柿，为藤黄科藤黄属常绿乔木，分布于东南亚和我国海南、广东等地。山竹果壳呈深紫色或红紫色，约占整果重量的 70%。紫色果壳外衣含有大量的花色苷、黄酮等有效物质，具有抗氧化、着色等多种功能，无毒，是食品、化妆品的良好添加剂。王晓等采用密闭微波辅助提取设备对山竹果壳中的黄酮进行了提取[22]。通过正交实验优化的最佳提取条件为：提取溶剂 95%乙醇，温度 70℃，提取时间 10min，料液比 1：10[质量(g)：体积(L)]，提取的 α-倒捻子素（α-mangostin）和 γ-倒捻子素（γ-mangostin）含量分别为 27.03mg/g 和 5.56mg/g。

（2）生物碱类成分的提取

辣椒素是从辣椒属植物中得到的一种生物碱类成分，具有促进肾上腺素分泌、抑菌、镇痛、止痒等多种药理活性，在食品、医药等领域应用广泛，具有较高的药用价值和经济价值。游国叶等[23]采用密闭微波辅助提取设备对辣椒中的辣椒素进行提取。以 75%乙醇为提取溶剂，料液比为 1：43[质量(g)：体积(L)]，85℃微波提取 18min，微波功率为 550W，辣椒素的得率为 7.59mg/g。

（3）多糖类成分的提取

灰树花多糖具有抗病毒、免疫调节以及抗肿瘤等多种生物活性，是灰树花具有保健作用的主要活性成分之一。申红林等[24]采用复合酶协同微波辅助提取法对灰树花中的多糖进行提取，发现采用复合酶水溶液为提取溶剂，料液比为 1：27 [质量(g)：体积(L)]、酶料比为 0.02（质量比），微波提取时间为 7min，多糖的提取量为 73.25mg/g。

（4）木脂素类成分的提取

周立锦等[25]采用微波辅助提取法对连翘中连翘酯苷 A 进行提取，采用低共熔溶剂为提取溶剂，液固比为 25mL/g，提取功率为 1000W，提取温度为 95℃，提取时间为 330s，连翘酯苷 A 的得率为 137.62mg/g。提取率明显高于热回流提取法和超声波辅助提取法（表 6-3）。

表 6-3　不同提取方法中连翘酯苷 A 的提取率　　单位：mg/g

提取方法	提取溶剂				
	DES-4	100%甲醇	100%乙醇	70%甲醇	水
热回流	—	98.89	90.62	101.21	78.11
超声波辅助	—	84.25	73.56	112.67	77.97
微波辅助	137.62	112.95	90.55	116.07	102.95

（5）三萜类成分的提取

齐墩果酸、熊果酸为五环三萜类化合物，具有降血脂、改善认知功能障碍等多种生物活性。郑丹丹等[26]采用微波辅助提取法对柿蒂中的齐墩果酸、熊果酸进行提取。采用70%甲醇为提取溶剂，微波功率700W，提取6.5min，齐墩果酸和熊果酸得率分别为0.170%和0.368%。

6.6 微波辅助提取技术的应用前景

与传统提取技术相比，由于其可促进细胞中化学成分溶出，微波辅助提取技术在天然产物提取方面具有提取时间短、溶剂消耗少、提取效率高等诸多优点。随着仪器的改进，目前已经实现了天然产物的低温微波萃取，可用于热敏性成分的提取。因此，微波辅助提取在天然产物提取方面具有良好的应用前景。然而，目前微波提取的工业化设备水平较低，是微波辅助提取未来需要克服的难题之一。

参考文献

[1] 谢明勇，陈奕. 微波辅助萃取技术研究进展[J]. 食品与生物技术学报，2006, 25(1): 105-114.

[2] Rostagno M, Prado J. Natural product extraction-principles and applications[M]. RSC Green Chemistry, 2013.

[3] Al-Dhabi N A, Ponmurugan K. Microwave assisted extraction and characterization of polysaccharide from waste jamun fruit seeds[J]. International Journal of Biological Macromolecules, 2019, 152: 1157-1163.

[4] 焦士龙. 微波提取中药有效成分实验研究[D]. 天津：天津大学, 2006.

[5] 罗永明. 中药化学成分提取分离技术与方法[M]. 上海：上海科学技术出版社, 2016.

[6] Sun X, Li W, Li J, et al. Process optimisation of microwave-assisted extraction of peony (*Paeonia suffruticosa* Andr.) seed oil using hexane-ethanol mixture and its characterization[J]. International Journal of Food Science & Technology, 2016, 51(12): 2663-2673.

[7] Fan Y, Xu C, Li J, et al. Ionic liquid-based microwave-assisted extraction of verbascoside from Rehmannia root[J]. Industrial Crops and Products, 2018, 124 (15): 59-65.

[8] Hou K, Bao M, Wang L, et al. Aqueous enzymatic pretreatment ionic liquid-lithium salt based microwave-assisted extraction of essential oil and procyanidins from pinecones of Pinus koraiensis[J]. Journal of Cleaner Production, 2019, 236: 117581.

[9] Tsague R, Kenmogne S B, Tchienou G, et al. Sequential extraction of quercetin-3-O-rhamnoside from Piliostigma thonningii Schum. leaves using microwave technology[J]. SN Applied Sciences, 2020, 2: 1230.

[10] 杜超，张雄，成刚. 微波辅助提取猕猴桃籽油的工艺[J]. 食品工业，2020(6): 153-155.

[11] Xia E, Wang B, Xu X, et al. Microwave-assisted extraction of oleanolic acid and ursolic acid from ligustrum lucidum ait[J]. International Journal of Molecular Sciences, 2011, 12: 5319-5329.

[12] Pan X, Niu G, Liu H. Microwave-assisted extraction of tea polyphenols and tea caffeine from green tea leaves[J]. Chemical Engineering and Processing, 2003, 42: 129-133.

[13] 李核，李攻科，张展霞. 密闭系统中微波辅助萃取基质探讨[J]. 分析测试学报, 2004, 23(5): 12-16.

[14] Bagade S B, Patil M. Recent advances in microwave assisted extraction of bioactive compounds from complex herbal samples: a review[J]. Critical Reviews in Analytical Chemistry, 2019, 51(2): 138-149.

[15] Yu Y, Chen B, Chen Y, et al. Nitrogen-protected microwave-assisted extraction of ascorbic acid from fruit and vegetables[J]. Journal of Separation Science, 2009, 32: 4227-4233.

[16] Wang J, Xiao X, Li G. Study of vacuum microwave-assisted extraction of polyphenolic compounds and pigment from Chinese herbs[J]. Journal of Chromatography A, 2008, 1198-1199: 45-53.

[17] Zhang L, Liu Z. Optimization and comparison of ultrasound/microwave assisted extraction (UMAE) and ultrasonic assisted extraction (UAE) of lycopene from tomatoes[J]. Ultrasonics Sonochemistry, 2008, 15(5): 731-737.

[18] Karakaya S, El S N, Karagozlu N, et al. Microwave-assisted hydrodistillation of essential oil from rosemary[J]. Journal of Food Science and Technology, 2014, 51(6): 1056-1065.

[19] Aboudaou M, Ferhat M A, Hazzit M, et al. Solvent free-microwave green extraction of essential oil from orange peel (*Citrus sinensis* L.): effects on shelf

life of flavored liquid whole eggs during storage under commercial retail conditions[J]. Journal of Food Measurement and Characterization, 2019, 13: 3162-3172.

[20] 吴恒, 吴雨松, 殷沛沛, 等. 西双版纳小叶杜鹃花挥发性成分研究[J]. 江西农业学报, 2015, 27(5): 71-74.

[21] 肖小华. 低温微波辅助萃取天然产物中热敏性成分及其机理研究[D]. 广州: 中山大学, 2010.

[22] Lei F, Liu Y, Zhuang H, et al. Combined microwave-assisted extraction and high-speed counter-current chromatography for separation and purification of xanthones from Garcinia mangostana.[J]. J Chromatogr B, 2011, 879(28): 3023-3027.

[23] 游国叶, 史琼, 杜晶. 星点设计-响应面法优化密闭微波辅助提取辣椒素工艺[J]. 中国现代应用药学, 2021, 38(08): 959-965.

[24] 申红林, 王凤玲. 灰树花多糖复合酶协同微波辅助提取工艺及抗氧化性研究[J]. 食品研究与开发, 2020, 41(22): 124-131.

[25] 周立锦, 董哲, 张立伟, 等. 基于低共熔溶剂的微波辅助法提取连翘酯苷A[J]. 山西大学学报（自然科学版）, 2020, 43(3): 571-580.

[26] 郑丹丹, 李福帅, 张超, 等. 柿蒂中齐墩果酸、熊果酸微波辅助提取工艺的优化[J]. 中成药, 2019, 41(10): 2296-2302.

第 7 章

其他类型提取新技术

7.1 加速溶剂萃取技术

加速溶剂萃取（accelerated solvent extraction，ASE）也称为加压萃取、高压溶剂萃取、高压热溶剂萃取、高温高压溶剂萃取等，它是由 Richter 等在 1995 年提出的一种全新的高效萃取技术，并由美国 Dionex 公司首次实现商品化。其原理是通过升高温度（50 ~ 200℃）和压力（10.3 ~ 20.6 MPa）增加物质溶解度和溶质扩散效率，从而提高有机溶剂对固体、半固体样品的萃取效率。目前，加速溶剂萃取技术已成为最具开发潜力、选择性较强的萃取技术，已经广泛用于土壤污染物、农药残留及植物活性成分的萃取。

7.1.1 加速溶剂萃取的原理及特点

加速溶剂萃取的工作原理是在密闭容器内，通过增大压力来提高溶剂的沸点，使溶剂在高于正常沸点的温度下仍处于液态，以提高目标成分的溶解度；同时，温度升高可以降低溶剂黏度，有利于溶剂分子向基质扩散。样品基质对被萃取物的作用随温度升高而降低，被萃取物与基质之间的作用力减弱，加速了被萃取物从基质中脱离并快速转移至溶剂。

加速溶剂萃取技术的效率取决于样品基质的性质、目标物的性质和目标物在基质中的位置。萃取效率主要受温度和压力变化的影响。一般情况下，加速溶剂萃取技术较常规提取方法具有耗时少、溶剂消耗少、提取效率高、操作模式多样化以及操作过程自动化等优点。

7.1.2 加速溶剂萃取仪及其操作流程

加速溶剂萃取系统主要由溶剂瓶、泵、加热炉、不锈钢萃取池、收集瓶和气路等部件构成[图 7-1（a）]。它的一般工作流程如图 7-1（b）所示，具体为手动将待萃取基质装入萃取池，放到圆盘式传送装置上后，按照以下步骤全自动进行：①泵将溶剂输送到萃取池中；②萃取池在设定的温度和压力下被加热、加压；③静态萃取；④多步小量溶剂清洗萃取池；⑤萃取液自动经过滤膜后进入收集瓶；⑥氮气清洗，萃取液全部进入收集瓶[1]。仪器共有四个溶剂瓶，每个瓶子可装入不同的溶剂，针对萃取成分的特点，可选择不同溶剂依次对样品进行萃取。同时可装入 24 个萃取池和 26 个收集瓶。Dionex ASE 350 加速溶剂萃取仪（图 7-2）可配备 1mL、5mL、10mL、22mL、34mL、66mL、100mL 的萃取池。

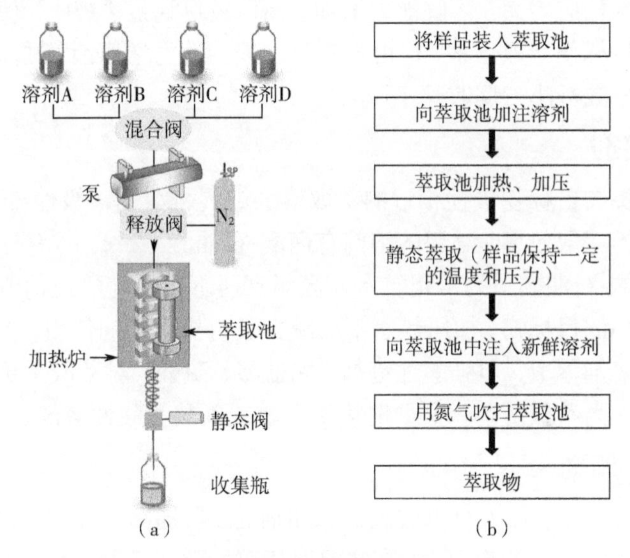

图 7-1 加速溶剂萃取系统（a）及流程（b）

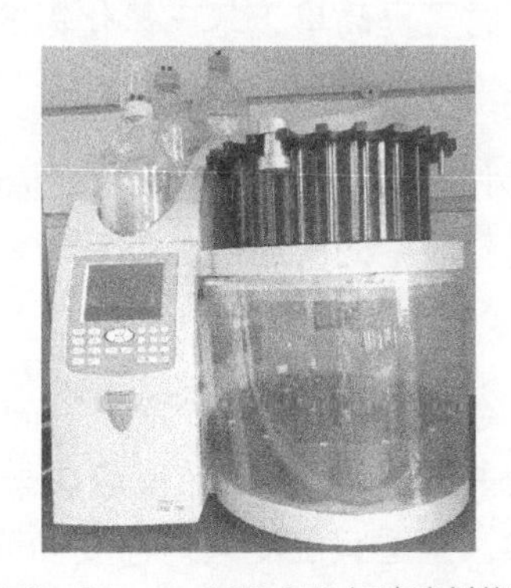

图 7-2 Dionex ASE 350 加速溶剂萃取仪

7.1.3 加速溶剂萃取效率的影响因素

（1）温度

温度是加速溶剂萃取重要的影响因素之一。在萃取过程中，提高萃取温度可增加目标物在溶剂中的溶解度；高温可破坏目标物与基质之间的作用力（如范德华力、氢键）及黏着力；较高温度下溶剂性质的改变，如黏滞度减小，更容易渗透到基质中从而提高萃取效率。但是，高温在提高溶解度及传质速率的同时，会降低选择性。此外，高温可使热敏性成分发生分解或水解[2]。

（2）压力

在高压下，溶剂的沸点升高，使溶液在高温下仍保持液态，压力不断增大，溶剂的密度也相应增大，溶解能力增加。高压还可通过“挤压”使溶剂进入样品细孔中将目标物萃取出来。但由于萃取过程的动力学原因，过高的溶剂密度会导致扩散系数减小、回收率下降。

（3）溶剂

一般选择与目标物极性相近的萃取溶剂或混合溶剂，极性-低极性混合溶剂具有较高的萃取效率。常用的溶剂有丙酮-石油醚、二氯甲烷-石油醚、苯-丙酮，其中丙酮-石油醚最为常用。水在高温高压下极性与醇类相似，可溶解中性及极性较小的目标物。加压热水萃取减少了有机溶剂的使用。缓冲溶液也能应用于加速溶剂萃取，但强酸性溶剂（如盐酸、硫酸）对萃取系统具有腐蚀作用，一般不作为萃取溶剂。必要时可用乙酸或磷酸等酸性溶剂。

（4）添加剂

在萃取过程中，加入有机或无机添加剂后，可提高目标物的溶解度，增强目标物与萃取溶剂间的作用力，在高温时还可能改变溶剂的物理化学性质。如环庚三烯酚酮作为添加剂时可提高单丁基三氯化锡的萃取回收率。

（5）基质

基质的类型、颗粒大小、理化性质直接影响目标物的吸附和保留能力。在相同的萃取条件下，不同基质中的同种目标物可能具有不同的萃取效率。

（6）萃取模式

加速溶剂萃取分为静态模式和动态模式两种。静态模式中，温度和萃取时间是影响目标物溶解度的关键因素，萃取效率取决于目标物的溶解度。对样品池加热后，静态萃取开始，至适宜温度大约需要 5min，目标物在稳定的静态条件下分离出来。若单次循环的回收率较低，可多次循环。动态模式可加快目标物的转移速率，但需大量溶剂，因此动态模式较少使用。

（7）萃取时间

有些样品基质能将目标物束缚在基质的小孔或结构内，升高温度后增加静态萃取时间，可使目标物充分扩散到萃取溶剂中，萃取更加完全。

（8）萃取循环

针对高浓度样品及难渗透样品，在萃取过程中可采用多个静态循环。

7.1.4 加速溶剂萃取在天然产物中的应用

（1）海龙中水溶性成分的提取

海龙（中药）是海龙科动物刁海龙（*Solenognathus hardwickii*）、拟海龙（*Syngnathoides biaculeatus*）或尖海龙（*Syngnathus acus*）的干燥体，为传统名贵中药材，具有温肾壮阳、散结消肿、镇静安神的功效。其所含化学成分主要为甾体、核酸、蛋白质、氨基酸、微量元素等，具有性激素、抗肿瘤、提高机体免疫力等药理作用。

王晓等采用加速溶剂萃取法对海龙中水溶性成分的提取制备条件进行了系统优化，研究表明当提取温度为 110℃，提取时间为 10min，提取 1 次时，尖海龙水提物中活性成分已基本提取完全[3]。

（2）丹参中酚酸类成分的萃取

丹参（中药）为唇形科植物丹参（*Salvia miltiorrhiza* Bge.）的干燥根及根茎，具有活血祛瘀、通经止痛、清心除烦、凉血消痈的功效。其药效物质分为脂溶性成分和水溶性成分，脂溶性成分主要为丹参酮ⅡA、隐丹参酮、二氢丹参酮等，具有消炎、杀菌等作用；水溶性成分包括丹参素、原儿茶醛、迷迭香酸和丹酚酸 B 等，具有抗凝血、抗血栓及细胞保护作用。

仇朝红等[4]采用加速溶剂萃取法对丹参中酚酸类成分进行了提取。采用水为萃取剂，温度为 67℃，压力为 1311 psi（1psi=6.9kPa）,提取时间为 11.7 min，提取液中迷迭香酸、丹参素钠、原儿茶醛、丹酚酸 B 的提取率理论值分别为 2.726mg/g、0.012mg/g、1.186mg/g、47.205mg/g。

（3）黄芪中黄芪甲苷的萃取

黄芪（中药）（*Astragalus propinquus*）为豆科植物蒙古黄芪或膜荚黄芪的干燥根，具有补气固表、利尿脱毒、排脓、敛疮生肌等功效。黄芪甲苷是黄芪质量控制的主要指标，但其含量低，一般在千分之一左右。杨红梅等[5]建立了黄芪破壁饮片中黄芪甲苷的加速溶剂萃取新方法，系统地考察了溶剂、提取温度、提取时间和循环次数对提取效果的影响，并与传统提取方法进行了比较。最终确定以水饱和正丁醇为溶剂，萃取温度为 100℃，静态萃取时间为 10min，循环 3 次，样品平均得率为 0.129%。而传统的索氏提取平均得率为 0.090%。结果显示，加速溶剂萃取法具有萃取效率高、溶剂用量少和自动化程度高的优点，可替代索氏提取法对黄芪破壁饮片中黄芪甲苷进行提取。

（4）红曲中莫那可林 K 的萃取

红曲是我国的传统发酵产品，内含红曲色素、莫纳可林、γ-氨基丁酸等生物活性组分，在食品、酿造和医药等方面有广泛的应用。药理学研究和临床试验表明，红曲能有效降低体内总胆固醇以及甘油三酯、低密度脂蛋白水平，具有显著的降胆固醇及降血脂作用。其中以莫那可林 K 的活性最为显著。王晓等采用加速溶剂萃取法（ASE）从红曲米中提取莫纳可林 K（monacolin K）[6]。采用 DIONEX ASE 300 系统，通过正交试验优化，确定了最佳提取条件为提取温度 120℃、静态提取时间 7 min，循环 3 次。干红曲米的提取物和莫纳可林 K 含量分别为 5.35%和 9.26mg/g。加速溶剂萃取法具有提取速度快、效率高的优势。

7.2 超高压提取技术

超高压技术（ultra-high pressure process，UHP）又称为高静水压技术（high hydrostatic process，HHP），是指在密闭的超高压容器内，以水或油为介质在常温或加热的条件下加压到 100 ~ 1000MPa 对样品进行处理，以达到杀菌、灭酶等效果的一种加工技术。超高压加工技术始于 19 世纪末，最早应用于食品杀菌：1895 年，Royer 进行了超高压处理杀死细菌的研究；1899 年，美国科学家 Bert Hite 发现在 450MPa 下处理后的牛奶保鲜期会延长；1914 年，美国物理学家 Biagman 发现静水压下蛋白质变性和凝固；1986 年，日本东京大学林力丸教授率先开展高压食品研究，提出超高压技术在食品工业中应用，并于 1990 年生产出世界上第一个超高压食品——果酱。

超高压提取（ultra-high pressure extraction，UPE）技术于 2004 年被首次提出[7]，超高压提取是利用 100 ~ 800MPa 的流体静压力作用于溶剂和物料的混合液，保压几分钟（有效成分达到溶解平衡）后卸压，完成溶质向提取液的转移。与传统提取方法相比超高压技术具有提取时间短、提取得率高、能耗低的优点。超高压提取可以在室温条件下进行，故不会因热效应而使热不稳定活性成分的提取率降低。目前，超高压技术已在多糖、黄酮、皂苷、生物碱、萜类及挥发油、酚类等多种易氧化成分的提取中得到了广泛应用。

7.2.1 超高压提取的基本原理

天然产物中活性成分的提取就是目标成分从细胞内扩散到溶剂中的传质过程。超高压提取流程主要由以下几个步骤组成：样品预处理、升压、保压、卸压、分离纯化等（图 7-3）。提取过程一般分 3 步：①溶剂渗透到基质内部；②天然产物中活性成分的溶解；③活性成分从基质内部扩散至周围溶液。其中，过程③决定整个提取过程的速率。超高压能够快速、高效地提取天然产物中的活性成分，主要是由于超高压能改变基质材料的组织结构，大大减小目标成分的扩散阻力。同时，超高压力差是目标成分扩散的传质动力，其独特的提取机理可以从 3 个阶段加以说明。

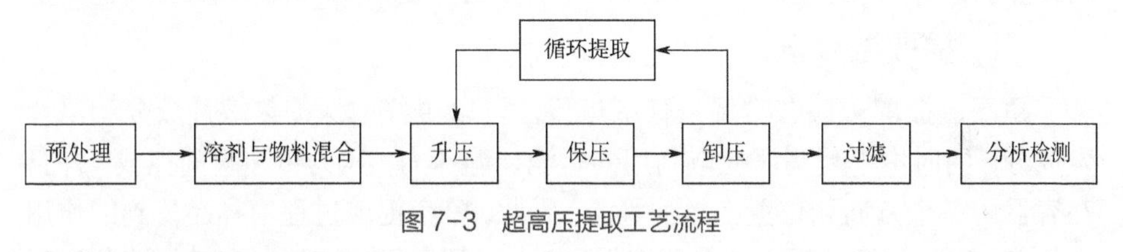

图 7-3 超高压提取工艺流程

（1）升压阶段

压力在极短的时间内（一般小于 1min）由常压升到几百兆帕，而细胞内部的压力却很小（1 个大气压），细胞内外产生很大的渗透压差，溶剂的扩散动力很大，渗透速率很快，溶剂在短时间内就会充满细胞内部。由于渗透压差极大，在渗透过程中溶剂易形成湍流，使细胞边界层变薄、细胞膜发生疏松、破碎等结构变化，增大了固液接触面积，减小了有效成分由细胞内部向外扩散的传质阻力。

（2）保压阶段

升压阶段引起压力的快速变化，可以改变体系的体积，进而推动了化学平衡发生移动。快速渗透到细胞内部的溶剂与有效成分充分接触，在较短的时间内实现有效成分溶解平衡，因此保压阶段一般在几分钟内完成。

（3）卸压阶段

组织细胞的压力从几百兆帕迅速减小为零（卸压在几秒内完成），溶解了活性成分的溶液在超高反向压力差的作用下形成强大的湍流。卸压时间越短，细胞内流体扩散时产生的冲击力越强，湍动效应越强，活性成分扩散的传质阻力越小，溶解了活性成分的溶剂快速转移到细胞外，达到快速、高效提取的目的。

7.2.2 超高压提取技术的特点

与其他提取技术相比，超高压提取具有如下三个独特的优势。

（1）提取时间短

超高压提取时，无论升压时间还是卸压时间都是极短的（1min 以内）。压力剧变形成的超高压力差和反向压力差等传质动力有效地促进了溶剂的溶入、活性成分的溶解和提取液的向外扩散，因此显著地缩短了提取时间。

（2）溶剂消耗少

超高压提取过程在一个完全封闭的体系中进行，不会发生溶剂的挥发损耗。同时，目标成分的提取不只依赖于浓度梯度，其最主要的是靠压力差提供的传质动力，因此料液比较其他方法都要小，可显著地降低溶剂的消耗。

（3）提取温度低

超高压提取一般在常温条件下进行，可以更好地保护热敏性成分和易挥发成分，同时由于超高压提取利用的是流体静压力，压力传递瞬间完成，并且在容器内各个方向和位置上是均等的，因此，整个提取过程中样品受到的作用力均匀一致，与微波提取或热回流提取相比，超高压提取可以有效地避免目标成分在微波提取或热回流提取过程中因局部受热不均而造成的结构变化和损失，更好地保证了活性成分的生物活性。

超高压提取还具有提取效率高、节能、工艺操作简单、安全、提取液稳定性好等优点。

7.2.3 影响超高压提取的主要因素

超高压提取工艺可以从溶剂种类、料液比、压力，以及保压、升压和卸压时间几个方面进行优化。

（1）提取溶剂

超高压提取过程是一个完全封闭的过程，提取温度为室温，提取过程中细胞内外具有较高的浓度差，溶剂分子的快速运动加快了活性成分的溶解扩散，在较高压力差的作用下，样品组织细胞结构发生了变形，更有利于活性成分的溶解扩散。超高压提取对提取溶剂的选择是比较宽泛的，没有溶剂沸点、密度、介电常数等的限制要求，选择对某一种样品进行超高压提取前，可以通过了解样品中活性成分的特性，依据相似相溶的原理来选择适合该样品的提取溶剂。如果被提取的组分是混合组分，可以选择使用混合溶剂。超高压提取所用的溶剂选择性比较广，沸点较低、易挥发、强酸强碱性溶剂都可以选择。

（2）提取压力

提取压力在超高压提取过程中起着重要的作用，压力会影响提取溶剂与溶质之间的渗透、扩散、溶解。此外，还对传质阻力有一定的影响。在一定范围内提高提取压力，会对流体的密度、活度、药材组织细胞结构有不同程度的影响，可提高提取率。

（3）提取时间

超高压的提取过程中，在强大的压力下，在极短时间内，样品细胞内外溶剂、活性成分之间的快速转移会达到一个动态平衡。据理论分析，无论是升压时间还是卸压时间，时间越短压力的变化率越大，可更有效地提高提取率。

（4）料液比

超高压提取过程中，在一定范围内增大料液比会提高提取率，但是当超过一定范围后，样品中活性成分在提取溶剂中的浓度就会变低。

7.2.4 超高压提取的操作流程、设备与生产线

（1）超高压提取操作流程

按操作方式的不同超高压提取设备可划分为间歇式、半连续式、连续式和脉冲式 4 种类型[8]。

① 间歇式超高压提取设备操作流程：主要由低压泵、增压器、高压容器和控制系统组成。操作时，将原料按照一定的料液比混合后装在耐压、无毒、柔韧并能传递压力的软包装内密封，然后放入高压容器内；启动低压泵，首先将容器内的空气排出，然后开启增压器升高到所需的压力，并在此压力下保持一定的时间；卸除压力，取出高压处理后的料液，进行分离、纯化、测试。

② 半连续式超高压设备操作流程：在前述间歇式超高压设备的高压容器底部加上活塞，该活塞将高压容器分割成两部分。工作时，将原料和提取溶剂按照一定的料液比混合后，首先用低压泵在活塞的上部注入预处理的物料，待活塞上部充满后，启动增压器，向活塞下部注入高压传压介质，推动活塞向上运动，使活塞上部液体物料的压力升高，在设定的压力下保压一段时间；然后卸压，打开顶盖，取出料液。

③ 连续式超高压设备操作流程：由多台间歇式或半连续式超高压设备组成，通常是 3 台，一台在升压阶段工作，一台在保压阶段工作，一台在卸压阶段工作。虽然每台设备都是间歇式的工作，但整体是连续的。

④ 脉冲式超高压设备操作流程：使用间歇式或半连续式超高压设备对同

一批物料做多次升压、保压、卸压。每个循环的升压时间、保压时间、卸压时间以及工作压力可以相同或不同。

（2）超高压提取设备

根据使用需求，国内外厂家研发了多种规模的超高压提取设备，包含小型家用、小型商用、中试和生产型等多种类型。图 7-4 分别为天津华泰森淼生物工程技术股份有限公司生产的 M2 系列立式超高压生产设备和小型家用超高压设备，其中立式超高压设备的最大容积为 200L。

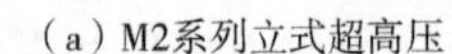

（a）M2系列立式超高压　（b）小型家用超高压

图 7-4　超高压设备

（3）连续式超高压提取生产线

目前已经建立了以超高压提取为核心的工业化生产线（图 7-5），该生产线可以生产液体、粗提物和精制品 3 种类型的产品，与其他提取工艺相比，该生产线具有如下优点：

① 没有沉淀除杂过程，减少了化学药品使用及相关污染物的排放。

② 使用了膜分离技术，减少了能量消耗，且不会发生膜堵塞问题。

③ 实现了全部工艺过程在常（低）温下完成。

④ 除超高压提取外，其余环节可实现全部自动或智能控制。

⑤ 液体产品无需进行灭菌，提取完成后，可使用无菌灌装设备灌装后出厂。

闫洪森[9]等设计了常温超高压白花蛇舌草注射液生产线，结合大孔吸附树脂和膜分离技术，进一步采用超高压技术进行灭菌，整个生产工艺都在常温下完成。与现行白花蛇舌草工艺流程相比，本工艺没有增溶和絮凝物质的加入，也没有经过高温灭菌工艺，具有较好的应用前景。

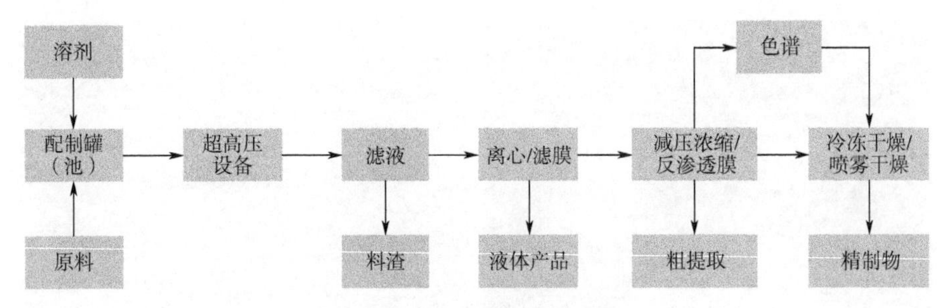

图7-5 超高压提取生产线示意图

7.2.5 超高压提取技术在天然产物中的应用

（1）黄酮类化合物

Li 等[10]采用超高压技术从山楂叶中提取黄酮类成分，选择 50%乙醇为提取溶剂、料液比为 1∶45[质量(g)∶体积(mL)]，控制温度为 60℃，在 400MPa 高压下提取 3min，结果证明超高压提取技术具有效率高、时间短、杂质少等优点。骆晓沛等[11]采用超高压技术对山楂果实中的总黄酮进行了提取研究，并同超声波提取法、微波提取法、索氏提取法进行了比较。超高压提取山楂中总黄酮的最佳工艺：50%乙醇作为提取溶剂、料液比为 1∶40[质量(g)∶体积(mL)]、浸泡 2h、300MPa 高压下提取 3min，在此工艺条件下总黄酮有最高的提取率（5.44%）；采用索氏提取法提取 3h，提取率为 5.12%；超声波提取法的提取率为 4.66%；微波提取法的提取率为 3.76%。由此可见，超高压提取法具有耗时极短、提取率高的优势。另外，超高压提取后的提取液十分澄清，而索氏提取法、超声波提取法和微波提取法处理后的提取液都比较混浊，这说明超高压提取法选择性好，更有利于山楂中黄酮类成分的进一步分离纯化，可操作性强。

王晓等利用超高压辅助离子液体提取法，从丹参中提取了 5 种丹参酮类成分，并与热回流提取法和超声波提取法进行了比较，结果显示：提取压力 200MPa，保压时间 2 min，料液比为 1∶20[质量(g)∶体积(mL)]的条件下，二氢丹参酮、隐丹参酮、丹参酮Ⅰ、丹参酮ⅡA 和丹参新酮的提取量分别为 4.06mg/g、9.30mg/g、20.3mg/g、37.4mg/g 和 0.593mg/g，提取效率明显高于热回流和超声提取法[12]。通过扫描电镜研究对比（图 7-6）发现，超高压破坏了根组织结构，因此加快了溶剂向药材内部的渗透和药材的浸润，而且加快了溶质的溶解和向周围溶液的扩散。

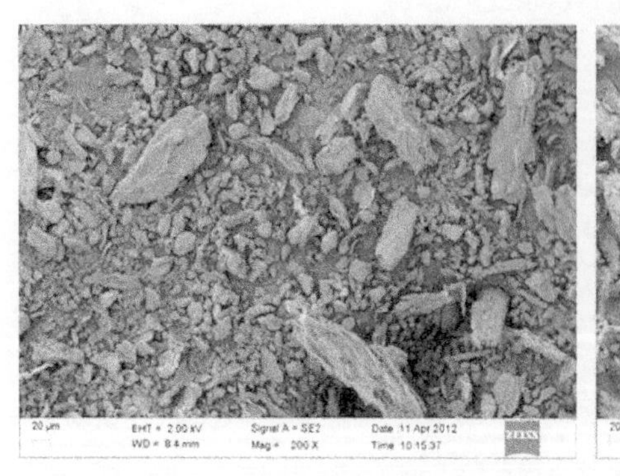

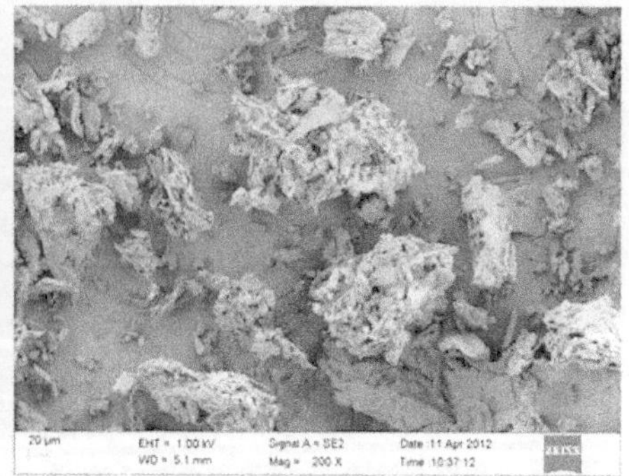

图 7-6 未处理和经超高压处理的丹参样品的扫描电镜图

（2）糖苷类化合物

Chen 等[13]利用超高压法从人参中提取人参皂苷，通过对溶剂的浓度、料液比、压强和提取时间的优化，获得最佳体系：70%乙醇作为提取溶剂、提取压强 200MPa、提取时间 5min、料液比为 1∶50（g/mL），在此工艺条件下，人参皂苷的提取率为 4.42%，与传统热回流提取的提取率（4.33%）相比，提取率没有明显的提高，但是时间显著缩短，省时、节能。

Wang 等[14]采用低共熔溶剂与超高压提取相结合的方法，以摩尔比 1∶1 的氯化胆碱∶乳酸为低共熔溶剂，含水量 40%，提取压力 400MPa、提取时间 4min、料液比为 1∶110 [质量(g)∶体积(L)]，黄芩苷提取率达到 116.8mg/g，明显高于传统的 70%乙醇为溶剂的加热回流和微波提取法。

（3）多糖类化合物

Bai 等[15]采用酶法辅助超高压提取桂圆肉多糖，酶解 1.7h 后，提取压力 407MPa，提取时间 6min，料液比 1∶42 [质量(g)∶体积(mL)]条件下，多糖提取率达到 8.55%；同等条件下的酶解辅助热回流法多糖提取率仅为 4.81%。

王晓等采用超高压技术提取瓜蒌多糖，研究得到的最佳提取工艺为：以水为提取溶剂，提取压力 100MPa，保压时间 3min，料液比 1∶40[质量(g)∶体积(mL)]，瓜蒌多糖的提取率达 19.11%。同加热回流提取和超声波辅助提取法相比，超高压提取得率明显高于超声提取，略低于加热回流提取，但其提取时间分别为加热回流提取和超声波辅助提取的 1/10 和 1/20，提取时间短，是提取瓜蒌多糖的适宜方法[16]。

（4）生物碱类化合物

王晓等利用超高压辅助胶束提取、富集了荷叶中的四种生物碱，最佳提取工艺为：5% OP-10 为溶剂，提取压强 400MPa，提取时间 1min，料液比 1∶20

[质量(g)：体积(mL)]。浊点萃取阶段，最佳萃取工艺为10%的OP-10溶液，加入NaCl使其浓度达到15%，在55℃条件下平衡15min，两相分离后*O*-去甲荷叶碱、*N*-去甲荷叶碱、荷叶碱和莲碱的萃取回收率分别为91.2%、92.7%、93.1%、94.8%[17]。与超声提取、热回流提取比较发现，超高压提取率最高。同时，提取时间是超声提取的1/30、热回流提取的1/60，大大提高了提取效率。

7.2.6 超高压提取技术应用前景

与传统技术相比，超高压技术可以大大缩短提取时间、降低能耗、减少杂质成分的溶出、提高有效成分的收率，避免因热效应引起的有效成分结构变化、损失以及生理活性的降低，有很好的应用前景。但超高压技术能够影响蛋白质、淀粉等生物大分子的立体结构，不适于提取的活性成分主要为蛋白质类的基质，且当基质中含有大量淀粉时，压力过高可能引起淀粉的糊化，从而阻碍有效成分向提取液的转移。该提取技术的应用研究还处于起步阶段，提取工艺参数之间的协同效应等问题以及成熟的工业化设备尚需深入研究。

7.3 酶辅助提取技术

酶由生物活细胞产生，绝大多数以蛋白质形式存在，是受多种因素调控的可在细胞内或细胞外起催化作用的生物催化剂。与一般催化剂相比有共性，又有显著的特点，即酶具有催化效率高、专一性强、反应条件温和等特点，因而受到重视并得到广泛应用。酶法早期被广泛应用于食品、饲料工业及天然产物的提取。20世纪90年代，国内外许多学者开始将酶的特性与生物细胞的结构联系起来，陆续开展了将生物酶用于天然产物的辅助提取。

天然产物化学成分复杂，有生物碱、黄酮、萜类、多糖等多种有效成分，也有植物纤维、果胶等非药用成分，这些成分影响细胞中活性成分的浸出。传统的提取方法（如煎煮、回流、浸渍、渗漉等）需要有机溶剂处理，具有成本高、周期长、安全性差等缺点。选用合适的酶将植物组织分解，不仅可加速活性成分的释放，也可将提取物中果胶、淀粉等非药用成分分解去除。近年来，有关酶在天然产物提取中的应用报道逐渐增多，取得了较好的效果。

7.3.1 酶辅助提取的基本原理

（1）破壁作用

植物细胞由细胞壁及原生质体组成，细胞壁是由纤维素、半纤维素、果胶质、木质素等物质构成的致密结构。植物细胞壁的特殊结构及其屏障作用对活性成分的提取有一定的影响。在提取过程中，细胞原生质体中的成分向提取介质扩散时，必须克服细胞壁及细胞间质的双重阻力。通过选用一些合适的酶类，如纤维素酶、半纤维素酶、果胶酶等作用于植物细胞，可使细胞壁及细胞间质中的纤维素、半纤维素、果胶等物质降解，破坏细胞壁的致密结构（图 7-7）[18,19]。破坏后的细胞壁及细胞间质结构发生局部疏松、膨胀、崩溃等变化，减小了细胞壁、细胞间质等传质屏障对成分从胞内向提取介质扩散的传质阻力，从传质角度促进了有效成分提取率的提高。化学成分溶出过程如图 7-8 所示[20]。

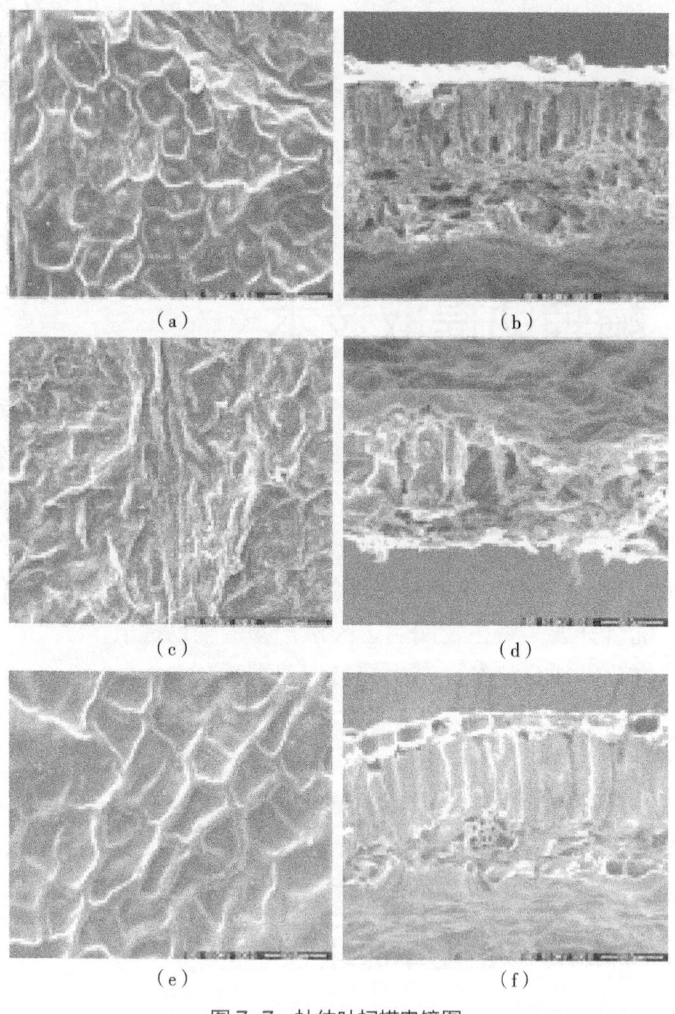

图 7-7　杜仲叶扫描电镜图

[(a)(b)] 未提取；[(c)(d)] 酶辅助提取；[(e)(f)] 溶剂提取

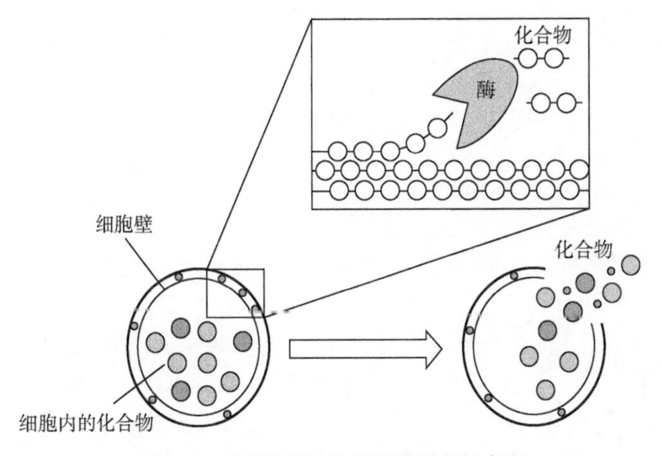

图 7-8　酶辅助提取法促进溶质溶出过程

（2）除杂作用

植物组织中成分复杂，常含有淀粉、果胶、黏液质、蛋白质及鞣质等，这些物质不仅影响活性成分的溶出，还使提取液呈混悬状态，影响提取液的进一步加工及纯化。根据天然产物提取液中杂质的种类、性质，针对性地采用相应的酶将它们分解或去除，可改善提取液的澄明度。常用木瓜蛋白酶、菠萝蛋白酶等多重酶的复合体来改善提取液的澄明度。

（3）成分转化作用

通过定性酶促反应，进行成分的酶促转化，可提高目标活性成分的含量。常用的酶有葡萄糖苷酶、转化糖苷酶等。涉及的反应类型有氧化、还原、羟基化、甲基化、乙酰化、异构化、糖基化和酯化等，图 7-9 为部分化合物的酶促转化反应[21]。

7.3.2　常用的提取酶及其特性

酶反应具有高度专一性的特点，并且不同原料其生物体细胞结构和有效成分有很大的差异，因此在提取时必须根据实际情况选用合适的酶类，以达到最佳的提取效果。天然产物提取常用的酶有纤维素酶、半纤维素酶、果胶酶等。

（1）纤维素酶

纤维素酶是降解纤维素生成葡萄糖的一组酶的总称，主要包含内切葡聚糖酶、纤维二糖水解酶和 β-葡萄糖苷酶，具有分解纤维素、破坏细胞壁、增加植物细胞内容物的溶出量及软化纤维素的作用。其酶解机理为内切葡聚糖酶作用于纤维素的非结晶区，使其露出许多末端供外切酶作用；纤维二糖水解酶

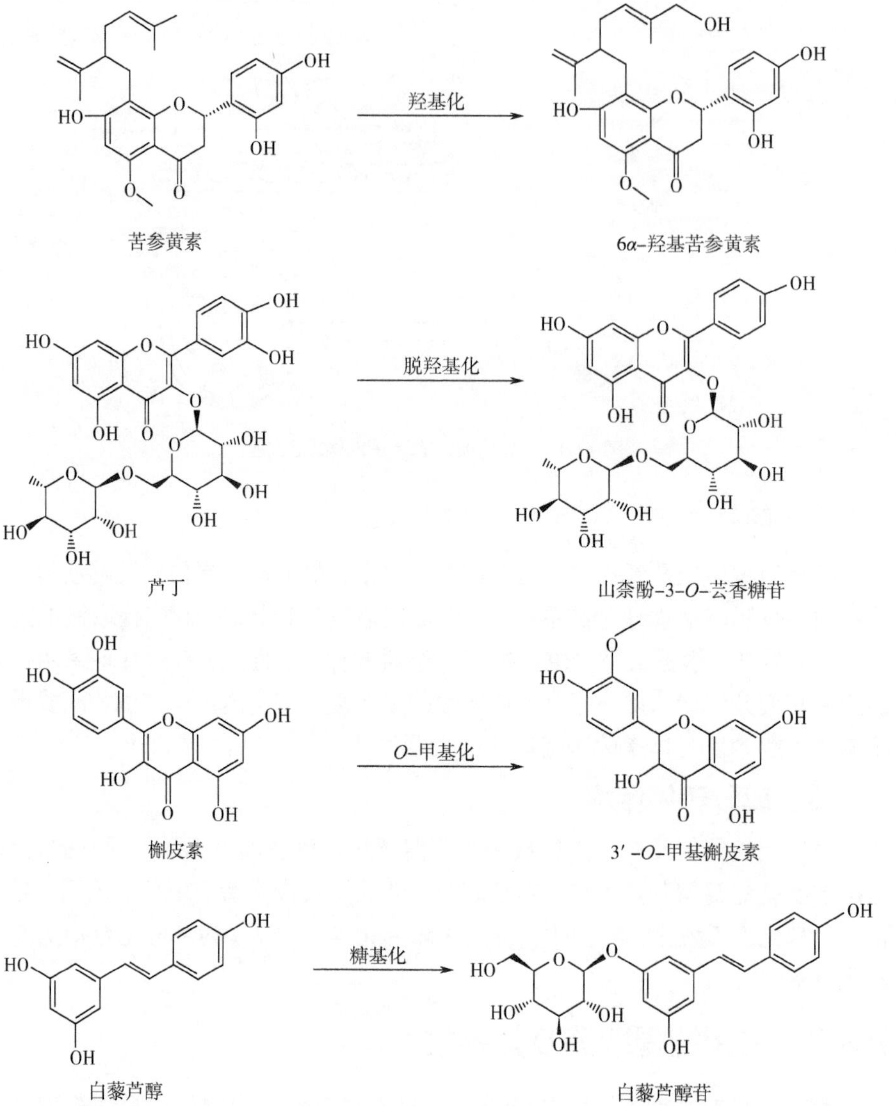

苦参黄素 —羟基化→ 6α-羟基苦参黄素

芦丁 —脱羟基化→ 山柰酚-3-O-芸香糖苷

槲皮素 —O-甲基化→ 3′-O-甲基槲皮素

白藜芦醇 —糖基化→ 白藜芦醇苷

图 7-9　化合物酶促转化反应

从非还原区末端依次分解，产生纤维二糖；部分降解的纤维素进一步由内切葡聚糖酶和纤维二糖水解酶协同作用，分解生成纤维二糖、三糖等低聚糖，最后再由 β-葡萄糖苷酶作用分解成葡萄糖。

纤维素酶的最适 pH 大多偏酸性，一般 pH 值为 4 ~ 5，最适温度为 40 ~ 60℃。

（2）半纤维素酶

半纤维素酶也是多种酶的复合体，由 β-甘露聚糖酶、β-木聚糖酶等内切型酶，β-葡萄糖苷酶、β-甘露糖苷酶、β-木糖苷酶等外切型酶，以及阿拉伯糖苷酶、半乳糖苷酶、葡萄糖苷酸酶和乙酰木聚糖酶等组成，主要用于消化植物细胞壁。其酶解机理主要为 β-甘露聚糖酶作用于甘露聚糖主链的甘露糖苷键水解甘露聚糖，β-木聚糖酶作用于木聚糖主链的木糖苷键水解木聚糖。这两种酶可随机切断主链内的糖苷键而生成寡糖，然后由不同的糖苷酶（β-葡萄糖苷酶、β-甘露糖苷酶、β-木糖苷酶）以外切型机制作用于寡糖，阿拉伯糖苷酶、半乳糖苷酶、葡萄糖苷酸酶和乙酰木聚糖酶等除去半纤维素中的侧链取代基（如阿拉伯糖残基、半乳糖残基、葡萄糖醛酸残基和乙酰残基等）。

（3）果胶酶

果胶酶是聚 α-1, 4 半乳糖醛酸的聚糖水解酶与果胶质酰基水解酶的一类复合酶，是分解果胶质的多种酶的总称。固体果胶酶呈浅黄色，易溶于水。液体果胶酶为棕褐色，允许混有少许凝聚物。酶解机理在于果胶酶对果胶具有水解作用，使其生成半乳糖醛酸和寡聚聚糖醛酸，从而分解植物组织中的果胶质。

7.3.3 酶提取法工艺流程

酶法提取植物有效成分主要分为 2 个步骤，首先是酶解处理，即采用酶降解细胞壁和胞间连接物或者使产物进行转化；其次是提取有效成分，即通过提高温度使酶失活后，采用合适的溶剂浸提有效成分。酶法提取技术很少单独使用，需要结合其他提取技术，如微波、超声、红外、超临界等技术。Lin 等[22]采用酶法与超声波辅助提取技术相结合提取了虎杖中白藜芦醇，白藜芦醇的提取率高达 11.88mg/g。王晓等采用酶法提取了山楂叶中的总黄酮,与传统工艺相比，提取率提高了 16.9%。实验确定的最佳提取条件为:酶浓度为 0.2mg/mL 的纤维素酶和 0.1mg/mL 的果胶酶，酶解温度为 50℃，提取温度为 90℃，提取 pH 为 4.5，提取时间为 90min[23]。

7.3.4 酶提取技术的优点

（1）提取效率高

酶法预处理可有效减少中药材中有效成分的溶出及溶剂提取时的传质阻力，缩短提取时间，提高提取率。食品工业中所用类胡萝卜素大多是从万寿菊花中提取的，万寿菊花经过储藏干燥和有机溶剂萃取，所含的类胡萝卜素会损失 50%左右。Barzana 等[24]首先用酶浸泡新鲜的万寿菊花，再以有机溶剂进行萃取，在适宜的条件下，类胡萝卜素的提取率达到 97%，大大降低了类胡萝卜素的损失。

（2）反应条件温和，产品不易变性

酶作用于植物细胞壁，具有反应条件温和、选择性高的特点，同时酶的专一性能保持天然产物的构象，因此有利于保持成分的原有药效。比如有些植物药经过醇处理以后，成分会发生不同程度的改变或丢失。再如，在有些含特定立体旋光的真菌类多糖的提取中，有时需要用酸处理，但酸能破坏多糖的苷键，导致多糖含量降低。

（3）环保节能，节约成本

可利用相关的酶制剂来提高提取物的极性，从而减少有机溶剂的使用，降低成本。

（4）工艺简单可行，能耗低

在原工艺条件的基础上，酶法提取仅增加酶反应操作单元，反应条件温和易得，不需要对原有工艺设备进行过多改变，用常规提取设备即可实现，并且易于工艺放大。

7.3.5 酶辅助提取法在天然产物中的应用

（1）黄连中生物碱的提取

小檗碱是黄连中的主要有效成分，不仅具有广谱抗菌作用，还可用于治疗心律失常、高血脂、糖尿病等疾病。梁柏林等[25]对酶法提取小檗碱工艺进行了优化，将黄连粗粉与纤维素酶（10U/g）充分混匀，加 3 倍量水，加 0.3%硫酸调节 pH=5，40℃水浴恒温 90min。将药材及溶剂转移至渗漉筒中，以 0.3%硫酸为溶剂，浸渍、渗漉，收集渗漉液 500mL，用石灰乳调 pH 至 10 ~ 12，沉淀，抽滤。滤液用浓盐酸调 pH 至 1 ~ 2，加精制食用盐使其含量达到 7%，充分搅拌，溶解，静置 24 h 后，过滤，得沉淀。将沉淀在 60℃下干燥得生物碱粗品，经测定粗品中小檗碱的含量为 4.2%。而未经酶处理时，小檗碱的含量仅为 2.5%。

（2）红豆杉叶中紫杉醇的提取

紫杉醇对白血病、卵巢癌、乳腺癌、肺癌等多种肿瘤细胞具有良好的抑制作用，红豆杉叶中紫杉醇的含量极少，为 0.01% ~ 0.06%。Zu 等[26]采用酶法从红豆杉叶中提取了紫杉醇，考察了 pH 值、酶的种类、酶的浓度、水浴时间、水浴温度对红豆杉提取率的影响。红豆杉叶中紫杉醇的最佳提取工艺为：pH=4，纤维素酶浓度为 1mg/mL，0.1mol/L 盐酸溶液中振摇 24 h 后，超声提取 30min，紫杉醇的得率为未经酶处理的 1.78 倍，显著高于超声波辅助提取法。

（3）银杏叶中黄酮的提取

银杏叶提取物为多种功能食品的原料，富含黄酮类成分。Chen 等[27]利用斜卧青霉纤维素酶辅助提取法对银杏叶中黄酮类成分进行了提取，发现斜卧青霉纤维素酶不仅可以促进银杏叶细胞壁的溶解，也可促进银杏叶中难溶于水的黄酮苷元转化成易溶于水的黄酮苷。采用酶辅助提取法提取银杏叶总黄酮，其提取率可达 28.3mg/g，与不加酶法相比，提取率提高了 1 倍。

（4）多糖的提取

人参具有改善身体机能、治疗癌症和免疫相关疾病的功能，其中的多糖具有免疫调节功能。Song 等[28]采用酶辅助提取法对韩国人参中的多糖进行了提取，分别采用纤维素酶、α-淀粉酶及热水提取法对其多糖进行了提取。热水提取法、纤维素酶、α-淀粉酶及纤维素酶和 α-淀粉酶混合酶提取多糖的得率分别为 3.2%、2.7%、1.5%、2.2%。免疫刺激活性研究发现其活性顺序为纤维素酶和 α-淀粉酶混合酶提取物≥α-淀粉酶提取物≥纤维素酶提取物≥热水法提取物。

（5）促进天然产物活性成分的转化

有效成分一般在原基质中含量较低，在提取过程中以酶为催化剂可使一些生物活性不高或大量非活性物质转变为活性高的成分。通过酶的定向改造可以提高该类物质的得率，从而大大提高提取物的生物活性及应用价值，降低生产成本。为了获得生物活性更高的糖苷，目前已经有人参皂苷、白头翁皂苷、薯蓣皂苷、大豆皂苷、淫羊藿黄酮苷等通过相关的酶催化水解，使其中的某些苷转化成低糖苷或者苷元，或者通过糖苷转化酶使苷元、低糖苷与一定的糖分子结合的报道。如利用人参皂苷糖苷酶处理人参中含量较高的皂苷 Rb、Rc、Rd 等产生具有较强抗肿瘤活性的人参稀有皂苷 Rh_2，经过酶处理产生 Rh_2 等人参皂苷的转化率在 60%以上，效率比从红参中的提取效率提高了 500 ~ 700 倍[8]。

Chen 等[29]采用酶辅助提取法及原位水解法提取了杜仲皮中的京尼平，首先采用纤维素酶辅助提取法对杜仲皮进行了提取（料液比为 19.81mL/g、酶浓度为 5.15mg/mL、pH=5.0、反应时间为 140min）；再采用葡萄糖苷酶对提取液进行原位水解。与传统提取法相比京尼平的提取量增加了 0.64mg/g。

7.3.6 酶辅助提取法应用前景

酶辅助提取法在天然产物提取中的应用已经显现出明显的优势，并且逐渐受到人们的重视。虽然酶解法技术尚不完善，但相对其他提取方法而言还是有许多优点的，如可以提高产物提取率，保证产物的纯度、稳定性及活性，对天然产物活性成分影响小，可缩短提取时间、降低能耗，操作和设备简单，成本低廉等。目前需要进一步通过基因工程等技术构建高产、高酶活的产酶菌株，降低酶法提取成本，这对天然产物的开发至关重要。另外，把酶法与其他一些新的提取技术如膜分离、超声提取、微波提取、大孔吸附树脂等相结合，形成耦合工艺，将成为下一步的发展方向，为天然产物提取开辟一条新的途径。

7.4 亚临界水提取技术

亚临界水提取是以亚临界水为溶剂，通过控制温度和压力来提取极性或非极性物质的一种比较新的提取方法。1994 年，Háwthorne 等首次报道了用亚临界及超临界水从土壤中提取极性和弱极性化学污染物[30]。1998 年英国的 Basile 等首次采用亚临界水提取迷迭香叶子中的挥发油。随后，该技术逐步应用于食品及天然产物的萃取中[31]。20 世纪 80 年代中期兴起的超临界 CO_2 提取技术，由于 CO_2 临界点低和极性低的特点，适合热敏性和非极性活性成分的提取与分离。而亚临界水提取以安全、低廉和环境友好的水作为唯一提取溶剂，并且高温改变了亚临界水的性质，使其极性降低、对非极性物质的溶解能力增强，可以高效破坏目标物质与其他物质之间的分子间氢键，具有环保、提取率高和提取速度快的特点，在生物质处理、材料制备和天然产物提取等方面受到广泛关注。

7.4.1 亚临界水提取技术原理

（1）亚临界水

超临界水（supercritical water，SCW），是指温度和压力分别高于其临界温度（T_c = 374.15℃）和临界压力（p_c = 22.1MPa），且密度高于其临界密度（ρ=0.315g/cm^3）的水。此时，水的液态和气态完全互溶在一起，成为一种新的流体。亚临界水（subcritical water）是温度低于其临界温度，而密度高于其临界密度的水，也被称为过热水或者高温水。在天然产物的提取过程中，由于温度过高，活性成分可能会发生降解，因此实际提取过程中大多采用亚临界水。不同状态下水的性质如表 7-1 所示。

表 7-1 各种状态水的性质比较

性质	室温水（25℃，0.1MPa）	亚临界水（250℃，5MPa）	超临界水		过热水蒸气（400℃，0.1MPa）
			（400℃，25MPa）	（400℃，50MPa）	
密度/(g/cm^3)	0.997	0.80	0.17	0.58	0.0003
介电常数	78.5	27.1	5.9	10.5	1
黏度/mPa・s	0.89	0.11	0.03	0.07	0.02

（2）亚临界水的物理化学性质

亚临界水在结构上不同于室温液态水，特别是在超临界状态下。通过各种实验和计算技术，已经确定了升温和加压条件下纯水的结构和物理性质[32,33]。

① 氢键：氢键是液态水独特性质的来源。通常，随着温度的升高和水密度的降低，水中的氢键变弱。多年来，虽然温度和密度与氢键的精确关系存在争议，但是大量的实验和计算机模拟都证实非零程度的氢键存在。虽然亚临界水的结构不像室温液态水中的有序结构排列，但它仍然保持着一些液态水的微观层次结构。

② 密度：研究表明，越接近临界温度，超（亚）临界水的密度越接近简单气体的密度。图 7-10（a）显示随着温度的升高，水的密度逐渐下降；在临界点附近，水的密度迅速下降。

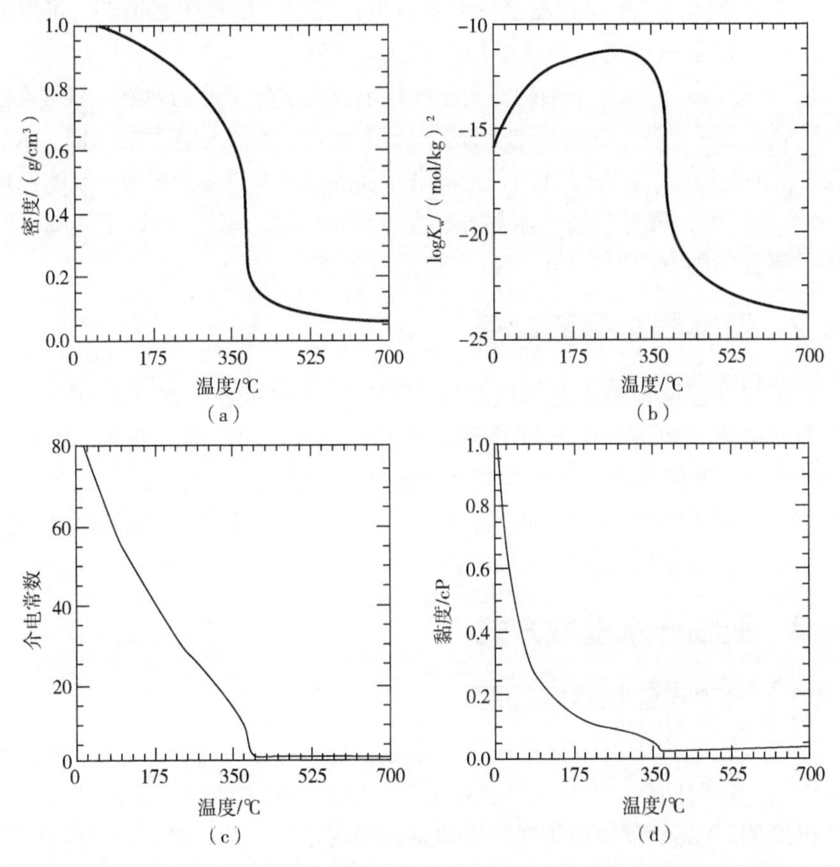

图 7-10　250bar 压力下水的密度、离子积、介电常数、黏度随温度的变化曲线

1bar=10^5Pa；1cP=10^{-3}Pa·s

③ 离子积：图 7-10（b）显示了水的另一个重要特性即离子积随着温度的变化。当 $K_w > 10^{-14}$ 时，离子反应占主导地位，当 $K_w < 10^{-14}$ 时，自由基反应占主导地位。自由基反应和离子反应之间的竞争随着水密度的变化而变化，当水密度大于 0.03 g/cm³ 时，更有利于叔丁基氯的离子反应。

④ 介电常数：水的静态介电常数随温度的变化如图 7-10（c）所示。室温下水的介电常数是 78，在 500℃和 0.30g/cm³ 时，水的介电常数是 4.1。随着介电常数的降低，亚临界水表现得更像极性有机溶剂。因此，有机小分子在亚临界水中高度可溶，在超临界水中完全互溶；然而，无机盐的溶解度通常要降低。因此许多弱极性物质都能溶解到亚临界水中。

⑤ 黏度：在正常情况下，液体黏度一般是随着温度升高而降低，气体黏度是随着温度升高而增大。随着温度的升高，水的黏度逐渐下降，如图 7-10（d）。黏度降低，水在反应基质中有更好的渗透性，质量传递增加，可以提高提取速率，提取量更高，并且溶剂可以大量回收。

⑥ 扩散能力：水分子结构的变化同样也影响水分子的动力学，氢键网络结构的断裂降低了平移和旋转运动的能力。随着温度的升高和密度的降低，水分子的自扩散能力增加。这些变化可以影响非平衡的溶剂笼效应或扩散控制的反应。

⑦ 热导率：常温常压下水热导率是 0.598W/（m·K），当处于超临界时水的热导率大约为 0.418W/（m·K），变化不明显。

7.4.2 亚临界水提取设备

亚临界水提取设备主要由压力泵、恒温炉、不锈钢加热器、不锈钢萃取罐、冷却器及收集器组成。图 7-11 为简易的亚临界水提取设备示意图。物料篮为外加热方式，连接温度和压力传感器。在进行提取时，去离子水经脱气后通过压力泵注入加热装置中，在预定的温度下提取一段时间后，提取液经过冷却装置冷却后，在收集器中得到目标产物[34]。

7.4.3 亚临界水提取方式

（1）间歇式亚临界水提取

间歇式亚临界水提取是指在一定温度、压力下亚临界水与提取物在提取器中作用一定时间后，冷却后打开提取器，将水与提取物进行分离或者进行液相分析检测。Yang 等[35]利用亚临界水从四种样品（土壤、催化剂和两种泥浆）中选择性地萃取极性、中等极性和非极性化合物。在 250°C 或者 300°C 时，液态水可以有效地提取多环芳香烃，但是分子量高的烷烃提取率较低。

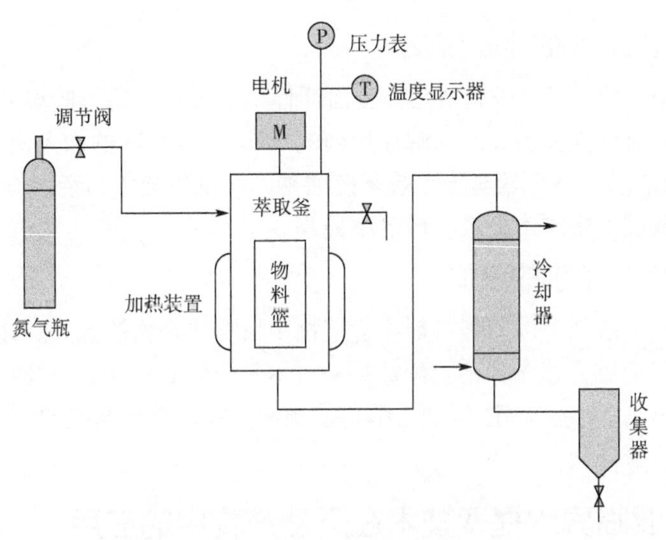

图 7-11　简易的亚临界水提取设备示意图

（2）连续式亚临界水提取

连续式亚临界水提取是指提取物加入提取器后，用泵将水连续通入提取器中，控制一定的压力，在一定的温度条件下进行提取，此种方式不但可以提高提取效率，还可实现选择性连续提取[36]。

7.4.4　亚临界水提取技术的主要工艺参数

（1）提取温度

温度是亚临界水提取过程中一个关键参数，它对目标物的选择性和提取率都有较大影响。温度增加，溶质溶解度和扩散速率均提高，溶剂溶质间相互作用增强。但是提取温度过高会导致一些提取出的热敏性成分降解。通常，适当优化的亚临界水提取比传统的溶剂萃取能有更高的萃取率，且节能环保。

（2）提取时间

提取时间是亚临界水提取过程的另一个重要影响因素。理论上在提取过程中，提取时间越长，提取率越高。但对于一些热敏性成分，提取时间太长会发生氧化或者降解导致提取率下降。

（3）提取压力

在亚临界水提取过程中提取压力对提取率的影响较小。压力的主要作用是维持水呈液体状态，防止水在超高温下沸腾，压力对介电常数影响也较小，在特定的温度下维持合适的压力即可。因此，通常采用 5 ~ 10MPa 的压力。

（4）表面活性剂的添加

Muharja 等[37]综合研究了三种表面活性剂（聚乙二醇、吐温 80 和十二烷基硫酸钠）对椰壳亚临界水水解还原糖的影响。吐温 80 的加入使糖产量显著增加，低于浊点。木质素与十二烷基硫酸钠同时发生疏水和亲水作用，使得单体糖在提取过程中脱木素量和增溶率最高。

（5）有机溶剂的添加

添加有机溶剂可以增强溶剂溶解植物中目标化合物的能力。Klinchongkon 等[38]研究了亚临界水条件下乙醇添加量（体积分数 0 ~ 30%）对西番莲果胶多糖产量的影响。实验表明，添加乙醇可使果胶多糖具有较高的 DPPH 自由基清除活性和总酚含量。

7.4.5 亚临界水提取技术在天然产物中的应用

实践证明，亚临界水提取技术适用于天然产物中有效成分的提取，并且可以大大缩短时间，提高有效成分的提取率。

（1）丹参素的间歇式提取工艺

丹参（中药）为唇形科植物丹参的干燥根和根茎，具有活血化瘀，通经止痛，清心除烦，凉血消痈的功效。丹酚酸 B、丹酚酸 A、丹酚酸 C 和丹参素等都是丹参中的主要活性成分，药理活性显著。但是，除了丹酚酸 B，其他几种化合物在丹参中含量都很低。王晓等以丹参素得率为指标，依次改变提取温度、提取时间、提取液的 pH 值和料液比，采用响应面法优化亚临界水提取丹参素的提取工艺。得到的最佳条件为：提取温度为 190℃，提取时间为 40min，溶液 pH=13.0，料液比为 0.13mg/mL，丹参素最高得率为 3.22%。回流提取时，回流时间为 9h，提取率最高为 0.89%；超声提取在提取时间为 120min 时得率最高，为 0.31%。因此，亚临界水更适合于提取丹参素[39]。

（2）熊果酸的连续式提取工艺

枇杷叶（中药）为蔷薇科植物枇杷的干燥叶，具有化痰止咳、和胃降逆的功效，三萜酸类和黄酮类是其主要有效成分。秦霞等[40]采用连续提取方式对枇杷叶中多种功能性成分进行分级提取，并对亚临界水动态提取工艺进行了研究。提取泵的流速为 5L/h，熊果酸提取率为 70.62%，与 3 L/h 提取 75min 提取率相近，随着时间的增加，提取率没有较大变化。考虑到生产成本和时间等因素，选择 5L/h、提取时间 60min 为最佳提取条件，并测得此时提取的熊果酸纯度为 15.13%。

参考文献

[1] 牟世芬, 刘勇建. 加速溶剂萃取的原理及应用[J]. 现代科学仪器, 2001(3): 18-20.

[2] Richter B E , Jones B A, Ezzell J L, et al. Accelerated solvent extraction: a technique forsample preparation. Journal of Analytical Chemistry, 1996, 68(6): 1033-1039.

[3] 赵恒强, 东沙沙, 王晓, 等. HILIC-ESI-TOF/MS 测定海龙中的多种成分及其特征指纹图谱研究[J] . 中草药, 2013, 43(13): 1836-1841.

[4] 仇朝红, 陈兴莉. 丹参中酚酸类成分快速溶剂萃取的最佳条件优选研究[J]. 中国药师, 2018, 21(11): 1967-1970.

[5] 杨红梅, 赵钟兴, 高松花, 等. 加速溶剂萃取法提取黄芪破壁饮片中黄芪甲苷[J]. 时珍国医国药, 2017, 28(2): 310-312.

[6] Liu Y, Guo X, Duan W, et al. Accelerated solvent extraction of monacolin K from red yeast rice and purification by high-speed counter-current chromatography[J]. Journal of Chromatography B, 2010, 878(28): 2881-2885.

[7] Zhang S, Zhu J, Wang C. Novel high pressure extraction technology[J]. International Journal of Pharmaceutics, 2004, 278 (2): 471-474.

[8] 罗永明. 中药化学成分提取分离技术与方法[M]. 上海: 上海科学技术出版社, 2016.

[9] 闫洪森.白花蛇舌草有效成分的超高压提取工艺及提取物研究[D].长春: 吉林大学, 2009.

[10] Li H, Zhang S, Dou J,et al. High hydrostatic pressure extraction of flavonoids from Haw thorn leaves[J].Journal of Jilin University (Engineering and Technology), 2006 (3): 438-442.

[11] 骆晓沛, 张守勤, 张格, 等. 不同提取方法对山楂总黄酮含量的影响[J]. 农机化研究, 2008 (9): 145-146.

[12] Liu F, Wang D, Wang X, et al. Ionic liquid-based ultrahigh pressure extraction of five tanshinones from Salvia miltiorrhiza Bunge[J]. Separation science and technology, 2013 (110): 86 92.

[13] Chen R, Meng F, Zhang S, Liu Z. Effects of ultrahigh pressure extraction conditions on yields and antioxidant activity of ginsenoside from ginseng[J]. Separation Science and Technology, 2009 (66): 340-346.

[14] Wang H, Ma X, Cheng Q, Wang L, Zhang L. Deep eutectic solvent-based ultrahigh pressure extraction of baicalin from scutellaria baicalensis Georgi[J]. Molecules, 2018, 23: 3233.
[15] Bai Y, Liu L, Zhang R, et al. Ultrahigh pressure-assisted enzymatic extraction maximizes the yield of longan pulp polysaccharides and their acetylcholin-esterase inhibitory activity in vitro[J]. International Journal of Biological Macromolecules, 2017, 96: 214-222.
[16] 王新新，王晓，段文娟，等. 超高压提取瓜蒌多糖工艺及其黏度特性的研究[J]. 食品科技, 2015, 40(7): 191-196.
[17] Liu F, Zhu R, Lin X, et al. Cloud point extraction and pre-concentration of four alkaloids in Nelumbo nucifera leaves by ultrahigh pressure-assisted extraction[J]. Separation Science and Technology, 2014, 49: 981-987.
[18] 潘映桥，黄义云，徐娉，等. 响应面法优化酶辅助提取千层金精油的工艺及其体外活性评价[J]. 中药材, 2019, 42(03): 617-621.
[19] Liu T, Sui X, Li L, et al. Application of ionic liquids based enzyme-assisted extraction of chlorogenic acid from Eucommia ulmoides leaves[J]. Analytica Chimica Acta, 2016, 903: 91-99.
[20] Gligor O, Mocan A, Moldovan C, et al. Enzyme-assisted extractions of polyphenols—A comprehensive review[J]. Trends in Food Science & Technology, 2019, 88: 302-315.
[21] Saran S, Babu V, Chuabey A. High value fermentation products[M]. Wiley, 2019.
[22] Lin J, Kuo C, Chen B, et al. A novel enzyme-assisted ultrasonic approach for highly efficient extraction of resveratrol from Polygonum cuspidatum[J]. Ultrasonics Sonochemistry, 2016, 32: 258-264.
[23] 王晓，李林波，马小来，等. 酶法提取山楂叶中总黄酮的研究[J].食品工业科技, 2002,23(03): 37-39.
[24] Barzana E, Rubio D, Santamaria R I, et al. Enzyme-mediated solvent extraction of carotenoids from Marigold Flower[J]. Journal of Agricultural and Food Chemistry, 2002, 50: 4491-4496.
[25] 梁柏林，周民杰.酶法提取小檗碱工艺研究[J].应用化工，2006, 35(5): 373-378.
[26] Zu Y, Wang Y, Fu Y, et al.Enzyme-assisted extraction of paclitaxel and related taxanes from needles of Taxus chinensis[J]. Separation and Purification

Technology,2009, 68: 238-243.
[27] Chen S, Xing X, Huang J, et al. Enzyme-assisted extraction of flavonoids from Ginkgo biloba leaves: Improvement effect of flavonol transglycosylation catalyzed by Penicillium decumbens cellulase[J]. Enzyme and Microbial Technology, 2011, 48: 100-105.
[28] Song Y, Sung S, Jang M, et al. Enzyme-assisted extraction, chemical characteristics, and immunostimulatory activity of polysaccharides from Korean ginseng (Panax ginseng Meyer). International Journal of Biological Macromolecules, 2018, 116: 1089-1097.
[29] Chen G,Sui X, LiuT, et al. Application of cellulase treatment in ionic liquid based enzyme-assisted extraction in combine within-situ hydrolysis process for obtaining genipin from Eucommia ulmoides Olive barks[J]. Journal of Chromatography A, 2018, 1569: 26-35.
[30] Hawthorne S B, Yang Y, Miller D J. Extraction of organic pollutants from environmental solids with sub-and supercritical water[J]. Analytical Chemistry, 1994, 66: 2912-2920.
[31] Herrero M, Cifuentes A, Ibanez E. Sub- and supercritical fluid extraction of functional ingredients from different natural sources: Plants, food-by-products, algae and microalgae: A review[J]. Food Chemistry, 2006, 98: 136-148.
[32] Akiya N, Savage P E. Roles of water for chemical reactions in high-temperature water[J]. Chemical Review, 2002, 102: 2725-2750.
[33] Mountain R D. Molecular dynamics investigation of expanded water at elevated temperatures[J]. The Journal of Chemical Physics, 1989, 3: 1866-1870.
[34] 张亚杰. 人参亚临界水提取物的化学成分及抗氧化活性研究[D]. 北京: 北京林业大学, 2018.
[35] Yang Y, Hawthorne S B, Miller D J. Class-selective extraction of polar, moderately polar, and nonpolar organics from hydrocarbon wastes using subcritical water[J]. Environmental Science & Technology, 1997, 31: 430-437.
[36] Singh P P, Saldana M D. Subcritical water extraction of phenolic compounds from potato peel[J]. Food Research International, 2011, 44: 2452-2458.
[37] Muharja M, Umam D K, Pertiwi D, et al. Enhancement of sugar production from coconut husk based on the impact of the combination of surfactant-assisted subcritical water and enzymatic hydrolysis[J]. Bioresource Technology, 2019, 274: 89-96.

[38] Klinchongkon K, Chanthong N, Ruchain K, et al. Effect of ethanol addition on subcritical water extraction of pectic polysaccharides from Passion fruit peel[J]. Journal of Food Processing and Preservation, 2016: 2452-2458.
[39] 李怀志. 丹酚酸B在亚临界水中的转化机制及转化产物的制备[D]. 济南: 山东中医药大学, 2017.
[40] 秦霞, 刘红, 任晓燕, 等. 应用亚临界水技术对枇杷叶中熊果酸的提取工艺优化研究[J]. 黑龙江工程学院学报, 2016, 30: 41-44.

第 8 章 色谱分离技术

色谱法起源于 20 世纪初，1906 年俄国植物学家 Tswett 以碳酸钙为固定相，石油醚为流动相，首次用于植物色素的分离。由于植物色素被分离为不同的色带，因此 Tswett 将这种分离方法命名为色谱法（chromatography）。1931 年德国化学家 Kuhn 和 Lederer 将色谱法应用于 α-、β-和 γ-胡萝卜素的分离研究。1940 年英国生物化学家 Martin 和 Synge 提出了色谱分离的塔板理论，并发明了以液体为固定相的液-液分配色谱（liquid-liquid partion chromatography，LLC）。20 世纪 60 年代末期高压泵和化学键合固定相逐渐用于色谱分离，相继出现了高效液相色谱（high-performance liquid chromatography，HPLC）以及超高效液相色谱（ultra performance liquid chromatography，UPLC）。20 世纪 90 年代以后，色谱法与多种检测技术的联用推动了高效液相色谱法在复杂样品的分析、分离中的应用。

8.1 色谱分离的基本概念

色谱分离法是指在常温、常压条件下，流动相依靠重力或毛细作用将样品混合物中各成分依次洗脱下来的方法。根据组分在流动相和固定相之间的作用原理不同，可分为吸附色谱法、分配色谱法、体积排阻色谱法、离子交换色谱法、亲和色谱法等。按照操作方式分为柱色谱法、薄层色谱法、纸色谱法等，其中，柱色谱法操作方便，技术要求简易，无需高温、高压等特殊条件，在天然产物分离、纯化中应用最为广泛。装有固定相的柱子称为色谱柱，而流动相进入色谱柱，冲洗固定相上成分并将其带出色谱柱的过程，称为洗脱。洗脱过程中，流出色谱柱并含有化学成分的流动相，称为洗脱液。在柱色谱分离过程中，当两相做相对运动时，样品中的各组分随流动相一起运动，并在两相间进行反复多次的分配，分配系数大的组分迁移速度慢，反之迁移速度快，从而使各组分实现分离（图 8-1）[1,2]。

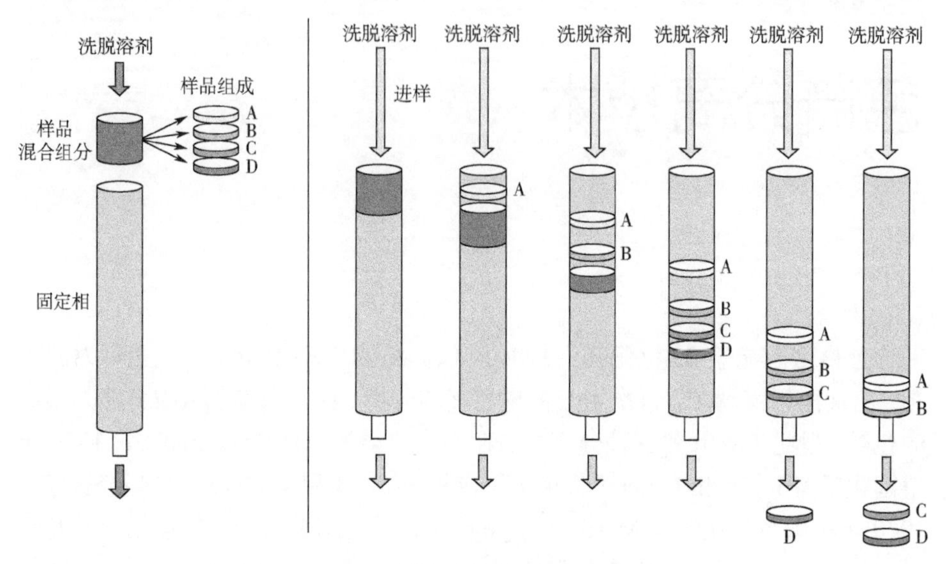

图 8-1　经典柱色谱分离基本原理图

8.2　吸附色谱

8.2.1　吸附色谱的分离原理

根据吸附原理的不同，吸附现象主要有物理吸附、化学吸附和半化学吸附。物理吸附是由溶液中所含分子（包括样品分子和溶剂）和吸附剂表面分子的相互作用引起的，其特点是无选择性，吸附与解吸附过程可逆且快速，故在成分分离中应用最为广泛。物理吸附中常见的吸附剂有硅胶、氧化铝、活性炭等。化学吸附是溶液中所含分子与吸附剂表面分子形成吸附化学键的吸附，其特点是具有选择性，如生物碱与酸性硅胶的吸附等，由于这类吸附十分牢固，有时甚至不可逆，因此较少应用；半化学吸附是介于物理吸附与化学吸附之间的吸附过程，如聚酰胺与黄酮类、蒽醌类等成分间的氢键吸附，其吸附力介于化学吸附和物理吸附之间，也有一定的应用。

吸附色谱法（adsorption chromatography）是利用载体对混合样品中各组分吸附能力的不同而实现分离的方法，是流动相分子与样品分子竞争固定相吸附中心的过程。在吸附柱色谱中，吸附剂是固定相，洗脱剂是流动相，各组分与吸附剂间在柱色谱上反复进行吸附、解吸附、再吸附、再解吸附的过程，从而完成各组分间的分离。由于混合样品中各组分与吸附剂的吸附作用强弱不同，因此各组分随流动相在柱中的移动速度也不同，最终各组分按顺序从色谱柱中流出，通过分步接收洗脱液，实现混合物的分离。一般与吸附剂作用较弱的成分被先洗脱出，与吸附剂作用较强的成分被后洗脱出。成分之间的化学性质差异越大，吸附作用差异越大，分离效果越好。如图 8-2 所示，a、b 的混合物在通过吸附柱色谱时，固定相对化合物 a 的吸附力较强，对化合物 b 的吸附力较弱，洗脱过程中 b 的洗脱速度快于 a，则 b 比 a 先流出色谱柱[3]。

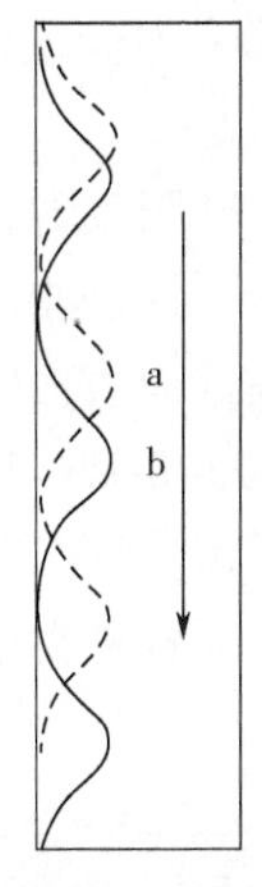

图 8-2　a、b 混合物的色谱分离示意图

8.2.2　常用的吸附色谱固定相及其性质

（1）硅胶

硅胶为一种坚硬、无定形链状和网状结构的硅酸聚合物，分子式为 $SiO_2 \cdot nH_2O$，分子中具有硅氧烷的交联结构，同时在颗粒表面具有多个硅醇基（图 8-3），可与极性化合物或不饱和化合物形成氢键或产生其他形式的作用。硅胶是一种酸性吸附剂，其吸附作用的强弱与所含硅醇基的数量有关，适用于中性或酸性成分的分离。被分离组分由于极性和不饱和程度不同，与硅醇基的吸附作用不同，进而得以分离。同时硅胶又是一种弱酸性阳离子交换剂，其表面的硅醇基能释放弱酸性的氢离子，当遇到较强的碱性化合物，则可因离子交换反应而吸附碱性成分[4]。

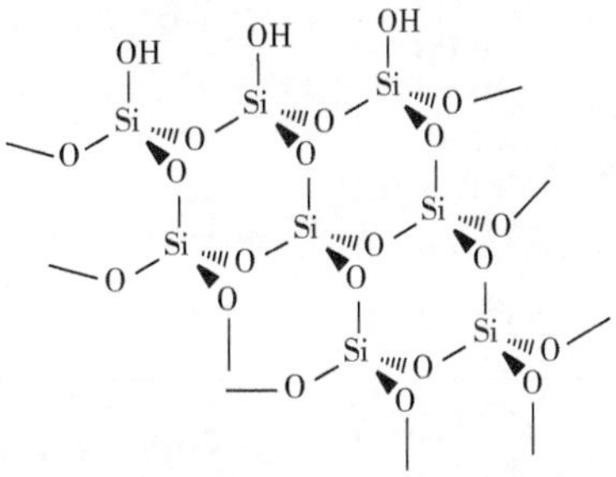

图 8-3　硅胶的化学结构

硅胶的分离效率与其粒度、孔径及表面积等有关。硅胶的粒度越小，均匀性越好，分离效率越高，硅胶表面积越大，则与样品的相互作用越强，吸附力越强。硅胶表面的硅醇基可与水形成氢键，致使硅胶的吸附力降低。当硅胶的

"自由水"超过17%时，吸附力极低，不能作为吸附剂；当硅胶加热至100～110℃时，硅胶表面因氢键所吸附的水分可被除去，活性得以恢复；当硅胶加热至500℃时，硅胶结构内的水（结构水）不可逆失去，硅胶表面的硅醇基脱水缩合为硅氧烷键，致使其不再有吸附性能，因此硅胶的活化不宜在高温下进行。

硅胶吸附容量大，分离范围广，适用于极性和非极性化合物的分离，如有机酸、挥发油、蒽醌、黄酮、氨基酸、皂苷等，但不宜分离碱性物质。此外，可在硅胶表面键合不同基团来改变硅胶的性质，化学键合相的类型及应用范围见表8-1，其中十八烷基硅烷键合硅胶填料（octadecylsilyl，简称ODS）最为常用，该填料由于C_{18}（ODS）是长链烷基键合相，有较高的碳含量和疏水性，对各种类型的化合物均具有较好的适应性。

表8-1 化学键合相的类型及应用范围

类型	键合官能团	性质	色谱分离方式	应用范围
烷基C_8、C_{18}	$—(CH_2)_7—CH_3$ $—(CH_2)_{17}—CH_3$	非极性	反相、离子对	中等极性化合物，溶于水的高极性化合物
苯基$—C_6H_5$	$—(CH_2)_3—C_6H_5$	非极性	反相、离子对	非极性至中等极性化合物
醚基 $—HC—CH_2$（环氧，O）	$—(CH_2)_3—O—CH_2—CH—CH_2$（环氧，O）	弱极性	反相或正相	酚类、芳硝基化合物
二醇基 $—CH(OH)—CH_2(OH)$	$—(CH_2)_3—O—CH_2—CH(OH)—CH_2(OH)$	弱极性	反相或正相	有机酸及其聚合物，还可作为分离肽、蛋白质的凝胶过滤色谱固定相
芳硝基 $—C_6H_5—NO_2$	$—(CH_2)_3—C_6H_5—NO_2$	弱极性	反相或正相	具有双键的化合物，如芳香族化合物、多环芳烃
腈基—CN	$—(CH_2)_3—CN$	极性	正相、反相	正相相似于硅胶吸附剂，适于极性化合物，溶质保留值比硅胶低；反相可提供与C_8、C_{18}不同的选择性
氨基$—NH_2$	$—(CH_2)_3—NH_2$	极性	正相、反相、阴离子交换	正相可分离极性化合物；反相分离单糖、双糖和多糖等碳水化合物；阴离子交换可分离酚、有机酸和核苷酸

续表

类型	键合官能团	性质	色谱分离方式	应用范围
二甲胺基—$N(CH_3)_2$	—$(CH_2)_3$—$N(CH_3)_2$	极性	正相、阴离子交换	正相相似于氨基柱的分离性能；阴离子交换可分离弱有机碱
二胺基—$NH(CH_2)_2NH_2$	—$(CH_2)_3$—$NH(CH_2)_2NH_2$	极性	正相、阴离子交换	正相相似于氨基柱的分离性能；阴离子交换可分离有机碱

（2）氧化铝

氧化铝由 $Al(OH)_3$ 在 400 ~ 500℃灼烧而成（图 8-4），对成分的吸附作用主要是依靠分子间作用力，且无选择性，吸附与解吸附过程可逆、快速。氧化铝稳定性高、价格低、吸附能力强，化学性质偏碱性，可与酚性和酸性官能团结合而降低分离效果，故其常用于除酚、酸性化合物外的成分分离。氧化铝可分为碱性氧化铝、中性氧化铝和酸性氧化铝[4]。

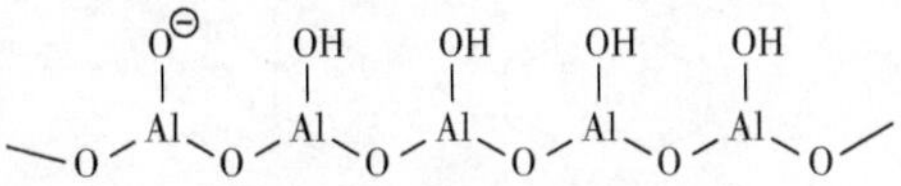

图 8-4 氧化铝的化学结构

① 碱性氧化铝（pH=9 ~ 10），因其中混有 Na_2CO_3 等成分而显碱性，适于分离碱性成分，如生物碱类成分，但不宜用于醛、酮、酯等类型成分的分离，因易与上述成分发生氧化、异构化、消除等次级反应。

② 中性氧化铝（pH = 7.5）通过碱性氧化铝除去碱性杂质后用水冲洗至中性而得到，适用于分离生物碱、萜类、甾体、挥发油及在酸碱中不稳定的苷类、内酯类等成分。

③ 酸性氧化铝（pH = 4 ~ 5）是氧化铝用稀硝酸和稀盐酸处理得到的产物，中和了氧化铝中含有的碱性杂质，使氧化铝颗粒表面带有 NO_3^- 或 Cl^- 等阴离子，从而具有离子交换剂的性质，适用于分离酸性成分。

（3）聚酰胺

聚酰胺为高分子聚合物，不溶于水、甲醇、乙醇、乙醚、氯仿及丙酮等，对碱稳定，对酸尤其是无机酸稳定性较差。聚酰胺对天然产物的吸附属于氢键吸附，通常为分子中的酰胺羰基与酚类、黄酮类化合物的酚羟基，或酰胺上的游离氨基与醌类、脂肪羧酸上的羰基形成氢键缔合而产生吸附。主要用于分离黄酮类、蒽醌类、酚类、有机酸类、鞣质类等成分[4]。聚酰胺的吸附规律如下。

① 形成氢键的基团（如：酚羟基、氨基、酪基、硝基等）越多，则吸附力越强。

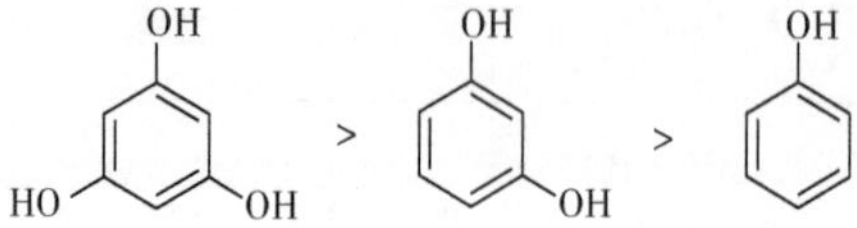

② 形成氢键的位置与吸附力有关，对位、间位酚羟基使吸附力增大，邻位使吸附力减小，若形成分子内氢键则吸附能力相应减弱。

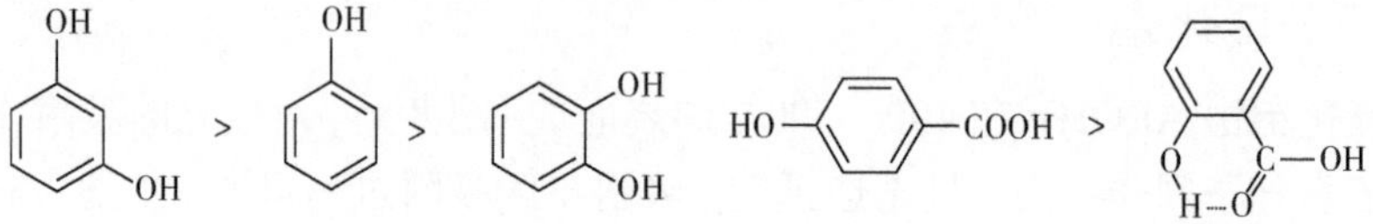

③ 形成氢键与分子的芳香化程度有关，程度越高，吸附力越强；反之，则越弱。

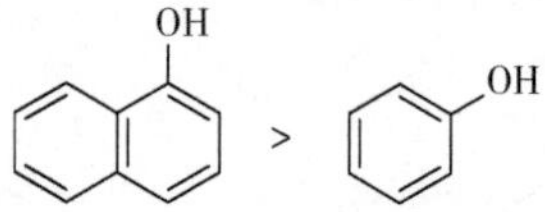

（4）大孔吸附树脂

大孔吸附树脂是一类不含交换基团的大孔结构高分子树脂，具有良好的大孔网状结构和较大的比表面积，兼有吸附性和筛选性。大孔吸附树脂的吸附作用是由范德华力或氢键引起的，同时树脂的多孔性结构对分子大小不同的物质具有筛选作用。通过吸附和筛选作用，实现物质在大孔吸附树脂上的分离[4]。

大孔吸附树脂一般为白色球状颗粒，粒度为 20 ~ 60 目。大孔吸附树脂按其极性大小和所选用的单体分子结构的不同，可分为非极性、中极性和极性三类[5]。非极性大孔吸附树脂由偶极矩较小的单体聚合而成，孔表的疏水性较强，可吸附非极性物质，例如聚苯乙烯型大孔树脂；中极性大孔吸附树脂是含酯基的吸附树脂，以多功能团的甲基丙烯酸酯作为交联剂，其表面兼有疏水和亲水两部分，既可在极性溶剂中吸附非极性物质，又可在非极性溶剂中吸附极性物质，例如聚丙烯酸酯型大孔树脂；极性大孔吸附树脂是指含酰氨基、氰基、酚羟基等极性功能基的吸附树脂，可吸附极性物质，如聚丙烯酰胺型大孔树脂。大孔树脂根据孔径、比表面积和树脂结构可分为多种类型，表 8-2 为国内外常见大孔树脂的型号和性质[6]。

表 8-2 常见大孔树脂型号及性质

吸附剂	树脂结构	极性	骨架密度/（g/mL）	比表面积/（m^2/g）	孔径/nm	孔度/%
Amberlite XAD-1	苯乙烯	非极性	1.07	100	20	37
Amberlite XAD-2	苯乙烯	非极性	1.07	330	9	42
Amberlite XAD-6	丙烯酸酯	中极性		498	6.5	49
Amberlite XAD-7	2-甲基丙烯酸酯	中极性	1.24	450	8	55
Amberlite XAD-9	亚砜	极性	1.26	250	8	45
Amberlite XAD-10	丙烯酰胺	极性		69	35.2	
Amberlite XAD-11	氧化氮类	强极性	1.18	170	210	41
Amberlite XAD-12	氧化氮类	强极性	1.17	25	1300	45
HPD100	苯乙烯	非极性		550	35	
HPD300	苯乙烯	非极性		650	27	
HPD400	苯乙烯	弱极性		550	83	
HPD500	苯乙烯	极性		520	48	
HPD600	苯乙烯	极性		610	28	
D101	苯乙烯	非极性		480～520	13～14	
D201	苯乙烯	弱极性		150		
AB-8	苯乙烯	弱极性		480～520	13～14	
NKA-9	苯乙烯	极性		250～290	15～16.5	
GDX-104	苯乙烯	非极性		590		
GDX-401	乙烯、吡啶	强极性		370		

影响大孔吸附树脂对化合物吸附、分离的主要因素包括以下几个方面。

① 化合物的极性大小：极性较大的化合物一般选择中极性树脂进行分离；极性较小的化合物一般选择非极性树脂进行分离；对于未知化合物的分离，可通过预实验确定树脂的型号。

② 化合物的分子大小：在一定条件下，化合物分子越大，吸附作用越强。对于体积大的化合物，通常选择大孔径的树脂，树脂孔径的大小影响不同大小化合物的自由出入，对分子大小不同的化合物具有选择性。在合适的孔径条件下，树脂的比表面积越大，分离效果越好。

③ 洗脱溶剂及 pH 值：通常采用低级醇、酮或其水溶液解吸附，所选溶剂应能使大孔树脂溶胀，以减弱被分离化合物与大孔树脂间的吸附作用；同时溶剂应较易溶解被分离化合物，以保证其扩散到吸附中心后快速溶于溶剂。由于 pH 值影响某些化合物的解离度，从而影响大孔树脂对化合物的吸附，因此，酸性化合物易在酸性溶液中被吸附，碱性化合物易在碱性溶液中被吸附。

8.2.3 吸附柱色谱的操作方法

硅胶柱色谱是天然产物分离中最为常用的吸附色谱分离方法，以硅胶柱色谱为例，对吸附色谱的操作方法进行详细介绍[4]，具体如下。

（1）色谱柱的选择

硅胶柱色谱通常使用玻璃柱，下端带有玻璃筛板和活塞，一般柱内径与高度比为 1∶（10～40）。若柱粗而短则样品分离效果差，若柱过长而细，虽分离效果好，但耗时长。

（2）色谱柱的装填

通常装填硅胶的用量为被分离样品量的 30～50 倍。若被分离样品中各成分的性质相近，则硅胶用量需增至 100 倍或更多。装柱方法主要包括以下两种方式。

① 干装法：在分离柱上端放置漏斗使硅胶填料经漏斗均匀不间断地倒入柱内，轻敲分离柱，使装填均匀。上端加少许棉花或石英砂，以保持表面平整，使分离样品色层边缘整齐。随后打开下端活塞，沿管壁慢慢倒入溶剂直至硅胶润湿。若柱内有气泡存在，可通过加压或减压除去。

② 湿装法：先将最初使用的洗脱剂装入管内，然后将硅胶与相同洗脱剂混合均匀，缓慢并连续不断地倒入柱内，将柱下端活塞打开，使洗脱剂慢速流出，填料均匀下沉，填料加完后，继续用洗脱剂冲洗至硅胶层面不再沉降。此时在硅胶上端加少许棉花或石英砂，并放出多余洗脱剂。

（3）色谱柱的加样与冲洗

① 加样：加样前，首先将柱上端多余溶剂放出，直至柱内液面与硅胶齐平，然后将被分离样品溶于一定体积的溶剂中，沿柱管壁加入样品溶液。溶解样品的溶剂应极性低、体积小，若体积太大则使色层分散。若被分离混合物样品为难溶性固体，可选择合适的溶剂溶解，再加入适量的硅胶于样品溶液中（样品与硅胶比例约为 1∶5），用旋转蒸发仪减压蒸去溶剂至干或用水浴锅加热除去溶剂，让样品均匀涂布在硅胶表面，然后装填于色谱柱上端。

② 洗脱：样品溶液加完后，打开色谱柱下端活塞，加入洗脱剂开始收集流出液。洗脱过程中，需不断加入洗脱剂，使液面保持一定高度，确保洗脱剂通过柱时流速稳定。洗脱剂所用的试剂纯度应高，必要时予以蒸馏处理；与样品和吸附剂不发生化学反应；能溶解样品中的各成分；黏度小，易于流动，以免冲洗液流速太慢，冲洗时间过长。

③ 洗脱溶剂的选择：对于混合组分的分离，洗脱剂通常由单一溶剂或混合溶剂组成，洗脱剂的选择对组分分离影响较大，需根据被分离物质的性质进行选择。分离极性强的成分，选用活性低的吸附剂，强极性溶剂为洗脱剂，反之则选用活性高的吸附剂，弱极性溶剂为洗脱剂；中间极性组分则选用中间条件进行分离。单一溶剂的极性大小顺序为：石油醚<环己烷<四氯化碳<三氯乙烯<苯<甲苯<二氯甲烷<氯仿<乙醚<乙酸乙酯<乙酸甲酯<丙酮<正丙醇<甲醇<吡啶<乙酸。以上洗脱顺序仅适用于硅胶、氧化铝等极性吸附剂，而对活性炭等非极性吸附剂，则顺序相反。混合溶剂通常为高极性和低级性溶剂组成的二元或三元混合溶剂。小极性组分的分离可采用石油醚-乙酸乙酯、石油醚-丙酮、石油醚-乙醚、石油醚-二氯甲烷等二元溶剂系统进行梯度洗脱；大极性组分的分离可采用二氯甲烷-乙酸乙酯、乙酸乙酯-甲醇、氯仿–甲醇等二元及氯仿-甲醇-水等三元溶剂系统。对于不同溶剂的混溶性，通常根据相似相溶原理，若极性相差大的两种溶剂混合则难以混溶，如正己烷与甲醇，则需要通过第三种溶剂来调和。

④ 洗脱方式：溶剂洗脱方式包括等度洗脱和梯度洗脱。等度洗脱是指洗脱时流动相比例恒定不变，常用于简单样品的分离；梯度洗脱是指洗脱时由小极性溶剂开始，逐渐调整洗脱剂的极性，使吸附在色谱柱上的各组分依次洗脱下来，适用于复杂样品的分离。但是若梯度洗脱过程中洗脱剂极性变化太快，则无法获得良好的分离结果。

(4) 洗脱液收集与检测

洗脱液一般采用等体积连续收集，每份流出液体积相当于 2% ~ 5%的柱体积，可手动收集也可用自动流分接收装置收集。若待分离成分为有色物质，可根据色谱柱上分离出的色带进行收集；若待分离成分结构类似，洗脱剂洗脱能力强，每份收集液体积可减少，以保证各成分充分分离。收集液可用薄层色谱（TLC）或高效液相色谱（HPLC）检测，将 Rf 值或色谱保留时间相同者合并，进一步纯化。

整个操作过程须注意硅胶表面的洗脱剂不应流干，一旦洗脱剂流干再添加时会产生气泡或裂缝，影响分离。为此应控制洗脱剂的流速，若流速过快柱中交换未达到平衡则影响分离效果；若流速过慢，由于硅胶表面活性较大，会吸附某些成分而造成死吸附，故应在适当的时间内完成一个柱分离。

8.2.4 硅胶柱色谱分离法应用实例

皂角刺为豆科植物皂荚（*Gleditsia sinensis* Lam.）的干燥棘刺，具有消肿托毒、排脓、杀虫、抗癌等功效，中医用于治疗乳腺癌、肺癌、肠癌、宫颈癌等多种癌症。王晓等研究发现皂角刺乙醇提取物的乙酸乙酯萃取部分具有一定的抗肝癌细胞活性，并采用硅胶柱色谱对该部分进行分离得到了 6 个化合物，分别为胡萝卜苷（1）、阿魏酸二十六醇酯（2）、(*E*)-3,3′-二甲氧基-4,4′-二羟基二苯乙烯（3）、*β*-谷甾醇（4）、芥子醛（5）和 3-吲哚甲醛（6）（图 8-5）[7]。

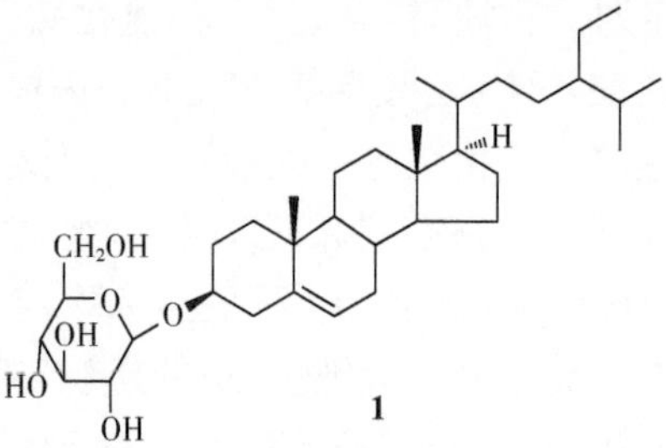

1 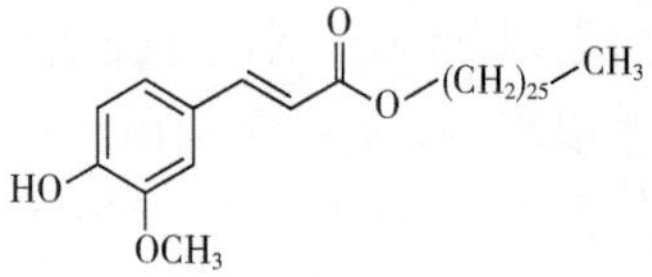　2 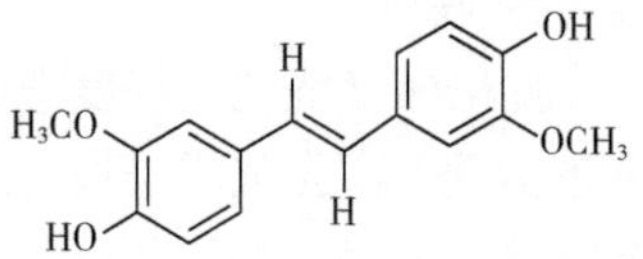　3 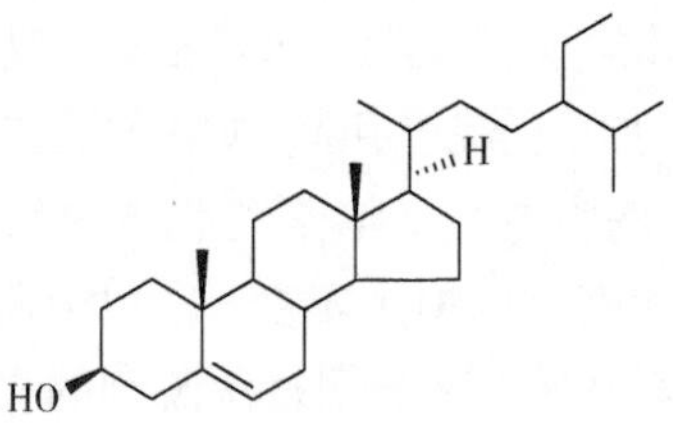　4 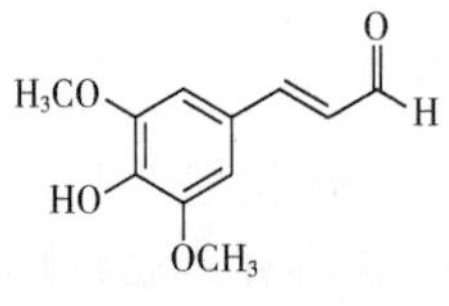　5 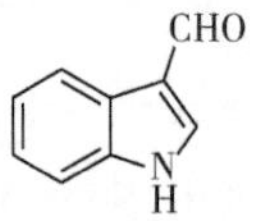　6

图 8-5　皂角刺中所得化合物的结构式

分离过程如下：皂角刺粉碎，95%乙醇加热回流提取三次（每次 2h），提取液过滤、合并、浓缩，得乙醇提取物；依次用石油醚、乙酸乙酯等体积萃取 3 次，合并乙酸乙酯萃取液，浓缩得乙酸乙酯部位。乙酸乙酯部位采用硅胶柱色谱进行分离，以二氯甲烷-甲醇溶剂系统梯度洗脱（100∶0，50∶1，25∶1，15∶1，10∶1，5∶1，3∶1，1∶1），收集洗脱液体积为 1000mL，浓缩得各流分，用 TLC 检测，成分相似部分合并，共分 15 段（E1 ~ E15）。E2 部分继续采用硅胶柱色谱进行分离，以石油醚-乙酸乙酯混合溶剂梯度洗脱（100∶0，50∶1，25∶1，15∶1），分为 9 部分，第 4 和第 6 部分分别为化合物 **1** 和 **2**。E4 部分继续采用硅胶柱色谱进行分离，以石油醚-乙酸乙酯溶剂系统梯度洗脱（50∶1，25∶1，15∶1，10∶1，5∶1），分为 13 个部分，第 7 部分继续采用硅胶柱色谱进行分离，以石油醚-乙酸乙酯溶剂系统梯度洗脱（100∶0，50∶1，25∶1，15∶1，10∶1），得到化合物 **3**；第 8 部分继续采用硅胶柱色谱进行分离，以石油醚-乙酸乙酯溶剂系统梯度洗脱（25∶1，15∶1，10∶1，5∶1，3∶1，1∶1），得到化合物 **4**；第 11 部分利用石油醚-乙酸乙酯重结晶，得到化合物 **5**。E5 部分利用石油醚-乙酸乙酯重结晶得化合物 **6**。

8.3 分配色谱

8.3.1 分配色谱的分离原理

分配色谱（partition chromatography）又称液-液色谱，其固定相和流动相均为液体，液态固定相又称固定液，被涂渍在惰性载体上形成固定相，这种惰性载体主要起支持固定液的作用，称为支持剂。分配色谱法的分离原理是利用被分离的各个组分在互不相溶的固定相和流动相中溶解度不同，在样品组分随流动相移动通过色谱柱的过程中，组分在两相中不断建立、打破和重新建立分配平衡。平衡时组分在固定相中浓度（c_s）和流动相中浓度（c_m）之比称为分配系数（partition coefficient，K）[4]。

$$K = \frac{c_s}{c_m}$$

因天然产物中不同组分的分配系数不同，在柱中分离时经多次分配平衡后，产生差速迁移，从而使样品中各组分彼此分离。组分间分配系数 K 相差越大，越易分离。

8.3.2 分配色谱的分类

根据固定相和流动相极性的差别，又可分为正相分配色谱（normal phase chromatography）和反相分配色谱（reversed phase chromatography）。

① 正相分配色谱是指流动相极性小于固定相极性的色谱法。固定相极性大，流动相则为各种有机溶剂。正相分配色谱可用于分离强极性化合物，各组

分按极性由小到大的顺序先后流出。

② 反相分配色谱是指流动相极性大于固定相极性的色谱法。固定相极性小，流动相为强极性溶剂，如甲醇-水、乙腈-水等溶剂。反相分配色谱各组分按极性由大到小的顺序先后流出。

早期分配色谱法是将固定液涂覆在支持剂上，但在进行色谱分离时固定相易流失，影响分离效果。为了减少固定相的流失，目前通常采用化学键合固定相的填料，即将固定液与载体通过化学反应的方法相结合。这种化学键合固定相的填料具备多种优点，包括良好的化学稳定性、可选用流动相的范围广、使用寿命长、固定相不易损失等。

化学键合固定相的载体一般为薄壳型或全多孔型硅胶，将硅胶表面的硅羟基进行键合（图 8-6），键合上不同碳数的烃基（R），在载体上形成一层亲油性表层（固定相）。R 通常为乙基（—C_2H_5）、辛基（—C_8H_{17}）和十八烷基（—$C_{18}H_{37}$），即 reverse phase-2 (RP-2)、RP-8 和 RP-18，其亲脂性由强到弱依次为：RP-18>RP-8>RP-2。

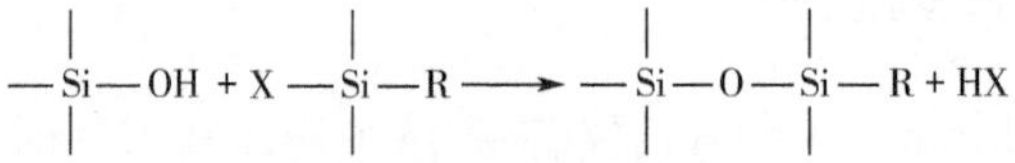

$$-\overset{|}{\underset{|}{Si}}-OH + X-\overset{|}{\underset{|}{Si}}-R \longrightarrow -\overset{|}{\underset{|}{Si}}-O-\overset{|}{\underset{|}{Si}}-R + HX$$

（X=卤原子、烷氧基）

图 8-6 反相硅胶键合固定相的键合反应[4]

8.4 体积排阻色谱

体积排阻色谱法（size exclusion chromatography）又称凝胶色谱法，是 20 世纪 60 年代初发展起来的一种按分子量大小分离物质的色谱方法，对高分子物质具有较好的分离效果，主要用于高聚物的分子量分级分离及分子量分布测定。目前已广泛应用于生物化学、分子生物学、生物工程学、分子免疫学以及医学等领域。

根据待分离物质是水溶性或有机溶剂可溶解的性质，体积排阻色谱法又分为凝胶过滤色谱（gel filtration chromatography，GFC）和凝胶渗透色谱（gel permeation chromatography，GPC）。凝胶过滤色谱一般用于分离水溶性大分子，如多糖类化合物，代表性凝胶填料是葡聚糖系列，洗脱溶剂主要为水。凝胶渗透色谱法主要用于有机溶剂可溶性高聚物（聚苯乙烯、聚氯乙烯、聚乙烯、聚甲基丙烯酸甲酯等）的分子量分布分析及分离，常用的凝胶为交联聚苯乙烯凝胶，洗脱溶剂为四氢呋喃等有机溶剂。体积排阻色谱法不但可用于分离测定高聚物的分子量及其分布，同时根据所用凝胶填料不同，可分离油溶性和水溶性物质，分离分子量的范围从几百万到 100 以下[5]。

8.4.1 分离原理

体积排阻色谱法的基本原理是分子筛效应，即样品中各分子在凝胶色谱柱内同时进行着两种不同的运动：垂直向下的移动和无定向的扩散运动。大分子物质由于直径较大，无法进入凝胶颗粒内部的静止相，仅留在凝胶颗粒间的流动相，可快速洗脱出，而小分子物质则能出入凝胶颗粒内外，在流动相和静止相间形成动态平衡，小分子物质的洗脱速度小于大分子物质，从而使样品中大分子最先流出，中等分子随后流出，小分子最后流出，这种现象称为分子筛效应（图 8-7）[8]。若物质分子直径比凝胶最大孔隙直径大，则全部被排阻在凝胶颗粒外，称为全排阻；若物质分子直径比凝胶最小孔隙直径小，则全部进入凝胶内孔隙。两种全排阻的分子即使大小不同，也无法分离。若两种分子均全部进入凝胶孔隙，即使大小有差别，也无法分离。因此，不同分子大小样品的分离应选择合适的凝胶填料。

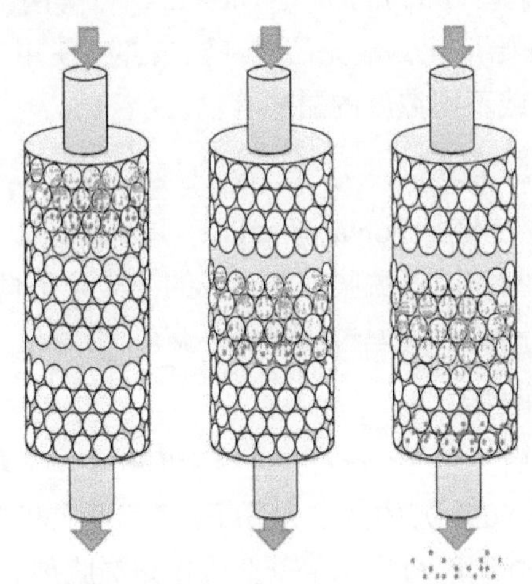

图 8-7 体积排阻色谱法的分子筛效应原理图

8.4.2 常用的凝胶固定相分类

（1）交联葡聚糖凝胶

常用交联葡聚糖凝胶包括葡聚糖凝胶（Sephadex G）以及羟丙基葡聚糖凝胶（Sephadex LH-20）。葡聚糖凝胶含有大量羟基官能团，易在水和电解质溶液中溶胀，不同规格型号的葡聚糖用英文字母 G 表示，G 后面的阿拉伯数为凝胶吸水值的 10 倍。例如，G-25 为每克凝胶膨胀时吸水 2.5g，同样 G-200 为每克凝胶吸水 20g。交联葡聚糖凝胶的种类有 G-10、G-15、G-25、G-50、G-75、G-100、G-150 和 G-200。葡聚糖凝胶常用蒸馏水及上柱时的缓冲液洗脱。

羟丙基葡聚糖凝胶（Sephadex LH-20）是 Sephadex G-25 的羧丙基衍生物，与葡聚糖凝胶相比，凝胶所含羟基的数目未改变，但碳原子所占比例相对增加，因此该类型凝胶不仅可在水中应用，也可在极性有机溶剂或与水组成的混合溶剂中使用。此类型凝胶除保留葡聚糖凝胶的分子筛特性外，还可在由极性与非极性溶剂组成的混合溶剂中起到反相分配色谱的作用。羟丙基葡聚糖凝胶可根据样品的性质选择洗脱剂，若样品极性大，选用反相溶剂洗脱（甲醇-水）；若样品极性小，选用正相溶剂洗脱（氯仿-甲醇）。

（2）琼脂糖凝胶

琼脂糖凝胶依靠糖链之间的次级链（氢键）来维持网状结构，网状结构的疏密依赖于琼脂糖的浓度，洗脱剂通常为水和 pH = 4 ~ 9 范围内的盐溶液，适于分离用交联葡聚糖凝胶无法分离的大分子物质。琼脂糖凝胶商品名很多，常见的有 Sepharose（瑞典，Pharmacia）、Bio-Gel-A（美国，Bio-Rad）等。琼脂糖凝胶在 40℃以上开始熔化，故无法在高温条件下使用。琼脂糖凝胶可用的洗脱剂包括甲醇、水或不同浓度的醋酸等。

（3）聚丙烯酰胺凝胶

聚丙烯酰胺凝胶（PAM，polyacrylamide）是一种人工合成凝胶，是以丙烯酰胺为单位，由亚甲基双丙烯酰胺交联而成的，其分子量为 100 万 ~ 500 万。控制交联剂的用量可制成各种型号的凝胶，交联剂越多，孔隙越小。

（4）聚苯乙烯凝胶

聚苯乙烯凝胶（商品名 Styrogel）具有大网孔结构，机械强度好。可用于分离分子量 1600 万 ~ 4000 万的生物大分子，适用于有机多聚物的分子量测定和分级分离。聚苯乙烯凝胶可用二甲基亚砜作为洗脱剂。

8.4.3 体积排阻色谱的操作方法

以凝胶柱色谱为例进行简要介绍[9]。

（1）凝胶的预处理

干凝胶使用前须充分溶胀。干凝胶缓慢倒入 5 ~ 10 倍洗脱剂中，充分浸泡，溶胀过程中尽量避免过分搅拌，以免破坏凝胶颗粒，倾倒去除表面悬浮小颗粒。

（2）装柱

凝胶色谱柱的直径与柱长比一般为 1：（25 ~ 100）。先加入 1/3 柱体积洗脱剂，将溶胀好的凝胶搅拌成稀浆连续装入分离柱，使其自然沉降。同时打开活塞慢速流出洗脱剂。装柱后的凝胶必须均匀，不能产生气泡或明显条纹，否则须重新装填。随后用 3 ~ 5 倍柱体积的洗脱剂洗脱，即可加样分离。

（3）加样

加样前，将柱内凝胶上端多余的洗脱剂流出，直到柱内液面与凝胶表面齐平（或留一极薄液层）；然后缓慢加入样品溶液，避免凝胶表面不平。

（4）洗脱与收集

洗脱剂要连续不断地加入，使凝胶柱上端保持一定的液层，防止凝胶柱表面的液体流干。洗脱剂流出的速度应控制在 0.8 ~ 1.0mL/min，不宜过快，避免样品分离不充分。

（5）凝胶的再生和回收

凝胶柱使用一次后，必须充分冲洗，平衡后再使用。若使用数次，则需再生处理，用 0.1mol/L NaOH-0.5mol/L NaCl 溶液浸泡后，用蒸馏水洗至中性备用。

8.4.4 凝胶柱色谱法应用实例

红松松子壳多糖是从我国东北地区经济型林木红松松子壳废弃物中提取而来的，具有较强的抗病毒、抗肿瘤等生物活性。付昊雨等[10]采用 DEAE-52 离子交换色谱和 Sephadex G-150 凝胶柱色谱方法对红松松子壳多糖进行了分离纯化。

红松松子壳粉碎过 40 目筛，采用超声波辅助热水浸提，提取温度 80℃，提取时间 40min，固液比 1∶3（g/mL），提取 2 次。所得滤液浓缩至一定体积，加入剩余溶液 5 倍体积的 95%乙醇溶液沉淀过夜，取沉淀，真空干燥，称重得多糖（PPSP）粗提物。称取 0.5 g PPSP 粗提物溶于 100mL 蒸馏水中，按体积比 1∶5 加入 AB-8 大孔吸附树脂，用磁力搅拌器动态吸附 12h 后，过滤取上清，以除去 PPSP 中的色素，得到纯化后的 PPSP。取纯化后的 PPSP 10mg，溶于 5mL 蒸馏水中，离心取上清液，取 1mL 上清液用 DEAE-52 离子交换色谱进行纯化，依次用蒸馏水、0.1mol/L、0.3mol/L、0.5mol/L、1.0mol/L NaCl 溶液进行梯度洗脱，收集洗脱液。分别在蒸馏水、0.1mol/L 和 0.3mol/L NaCl 溶液洗脱下获得 3 个组分：PPSP-1、PPSP-2 和 PPSP-3。富集的 PPSP-2 和 PPSP-3 采用 Sephadex G-150 色谱柱纯化，用蒸馏水进行洗脱，分别得到 PPSP-2-1、PPSP-2-2、PPSP-3-1 和 PPSP-3-2。纯化工艺步骤见图 8-8。

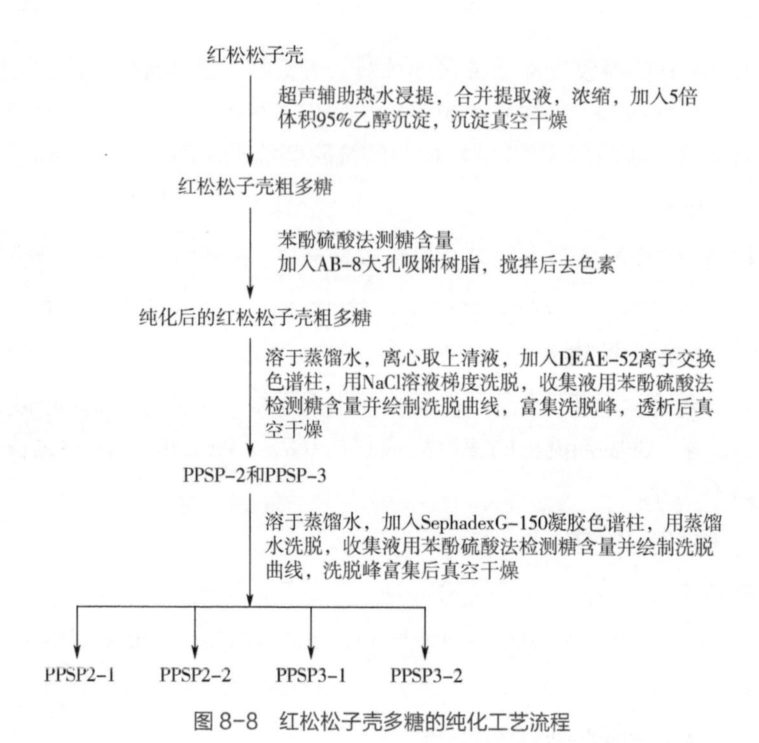

图 8-8　红松松子壳多糖的纯化工艺流程

参考文献

[1] Rostagno M, Prado J. Natural product extraction principles and applications[M]. RSC Publishing, 2013.

[2] 荣蓉，邓赟. 仪器分析[M]. 北京:中国医药科技出版社, 2016.

[3] Dolfner K. Ion exchanger[M]. New York: Water de Gruyter, 1991.

[4] 罗永明. 中药化学成分提取分离技术与方法[M]. 上海：上海科学技术出版社, 2016.

[5] 郭立玮. 中药分离原理与技术[M]. 北京：人民卫生出版社, 2010.

[6] 王跃生，王洋. 大孔吸附树脂研究进展[J].中国中药杂志, 2006, 31, 12: 961-965.

[7] 仙云霞. 皂角刺化学成分及抗肿瘤活性研究[D]. 济南：山东中医药大学, 2015.

[8] Braithwaite A, Smith F J. Chromatographic methods[M]. 5th ed. Kluwer Academic Publishers, 1999.

[9] 杜斌，张振中. 现代色谱技术[M]. 郑州：河南医科大学出版社, 2001.

[10] 付昊雨，张大伟，吴庆燕，等. 红松松子壳多糖分离纯化及对小鼠抗氧化活性的影响[J]. 吉林农业大学学报, 2017, 39 (2): 233-237.

第 9 章

制备型高效液相色谱分离技术

制备型高效液相色谱是 20 世纪 60 年代末在传统液相色谱的基础上发展起来的一项分离技术。从分离原理上讲，高效液相色谱技术和传统液相色谱技术无本质区别，前者主要对后者进行了三方面改进[1,2]：一是应用了各种高效能的固定相，提高了液相色谱的分离效率；二是通过高压泵加压解决了流动相以固定流速通过色谱柱的问题；三是采用了高灵敏度检测器。通过以上三方面的改进，赋予了高效液相色谱分离效率高、灵敏度高等诸多优点。

9.1 高效液相色谱的分类

根据用途不同，高效液相色谱（high performance liquid chromatography，HPLC）主要有分析型和制备型两种。分析型高效液相色谱，主要用于定性及定量分析，不需对样品进行回收，进样量一般为微克级或更低，而制备型高效液相色谱是从混合物中分离得到一定量的单体化合物或组分，进样量为毫克级以上。制备型高效液相色谱和分析型高效液相色谱的比较如表 9-1 所示[1]。按进样量的大小，制备型又可分为半制备（≤100mg）及大规模制备（≥100g）。

本书内容以天然产物的分离纯化为主，故主要介绍制备型高效液相色谱。

表 9-1　制备型与分析型液相色谱技术区别

项　目	分析型	制备型
目的	化合物的定性、定量	富集或纯化样品
样品量	<0.5mg	半制备型：≤100mg 制备型：0.1～100g 工业生产型：≥0.1kg
进样模式	批操作	批操作、连续操作
上样量	尽可能少，样品：柱填料为 10^{-10}～10^{-3}（g/g）	尽可能大，样品：柱填料为 10^{-3}～10^{-1}（g/g）
流速	≤1.0mL/min	≥3.0mL/min
理论基础	线性色谱	非线性色谱

9.2　制备型液相色谱技术的发展

随着色谱理论的发展以及微粒固定相、高压输液泵和高灵敏度检测器的应用，制备型液相色谱经历了快速洗脱液相色谱、低压液相色谱、中压液相色谱、高压液相色谱（高效液相色谱）四个阶段的发展。低压、中压、高压液相色谱三者的压力范围存在一定程度的交叠，无明确的界限标准，其参数具体见表 9-2[3]。

表 9-2　四种制备型液相色谱的区别

项目	快速洗脱液相色谱	低压液相色谱	中压液相色谱	高压液相色谱
用途	粗提物的初步分离	粗提物的初步分离纯化	粗提物的初步分离纯化	目标化合物的精准分离纯化
组成	色谱柱、氮气加压	蠕动泵、进样阀、分离柱、检测器	输液泵、进样阀、分离柱、检测器、流分收集器	高压输液泵、进样阀、分离柱、检测器、流分收集器，其中检测器可配备多种，包括紫外检测器、示差折光检测器、蒸发光散射检测器等
色谱柱	玻璃柱，直径为 3～10cm，长度 7～15cm	玻璃柱或聚合物制备的分离柱，直径为 1～4cm，长度为 2.4～4. 4cm	聚合物或不锈钢材料制备的分离柱	不锈钢材料制成的分离柱
压力	通常使用瓶装氮气加压，压力通常为 2 bar①左右	系统压力通常为 5 bar 左右	分离系统压力通常为 5～20bar	分离系统压力通常大于 20bar，色谱柱的塔板数一般在 2000～20000 范围之间

续表

项目	快速洗脱液相色谱	低压液相色谱	中压液相色谱	高压液相色谱
固定相类型	硅胶、氧化铝、聚酰胺、反相 C_{18} 等填料	硅胶、C_{18}、苯基、氰基、氨基、离子交换、IIILIC 等填料	耐压的交联改性多糖凝胶（如 sepharose CL、superose 等），聚合物微球，复合材料介质或硬质 SiO_2 基体的化学键合相等，粒径一般在 20～60μm（最常用的填料尺寸是 15～25μm、25～40μm 或 40～60μm）	柱填料粒度范围较窄的微小颗粒固定相（5～30μm）

① 1bar=10^5Pa。

9.3 液相色谱分离过程中的参数

9.3.1 色谱图

色谱法中，各组分流经检测器并转换成响应信号而记录下来，得到组分浓度随时间或流动相流出体积变化的曲线，称为色谱流出曲线或“色谱图”。如图 9-1 所示，色谱图中突起部分称色谱峰，理想的色谱峰是一条对称的高斯分布曲线[4]。

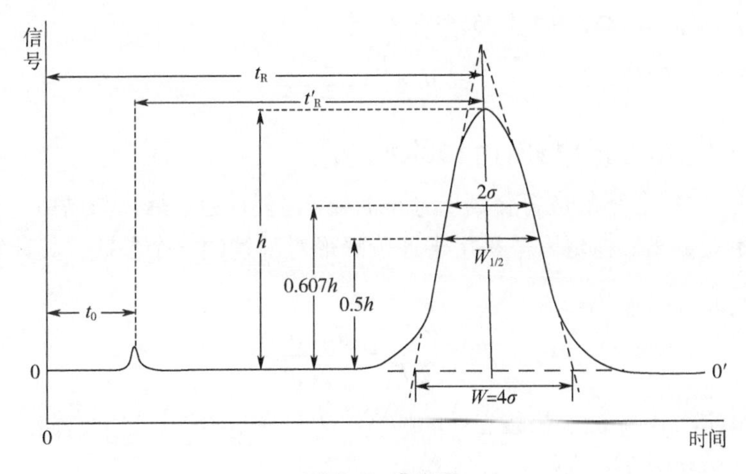

图 9-1　色谱图

（1）基线（base line）

色谱中，操作条件稳定后，无试样通过，仅流动相通过检测器时的信号-时间流出曲线称为基线（base line）。它反映检测系统噪声随时间的变化情况，稳定的基线应是一条水平直线。若基线为非水平状态，称为漂移（drift）。基线的短周期上下波动，称为噪声（noise）。

（2）峰高（h）

色谱图中，色谱峰顶与基线之间的垂直距离称为峰高（图 9-1）。

（3）色谱的区域宽度（peak width）

① 半（高）峰宽（peak width at half-height，$W_{1/2}$）：色谱峰高一半处的色谱峰宽度（图 9-1）。

② 峰宽（peak width，W）：在色谱峰两侧的拐点处作切线，切线与基线交点间的距离为峰宽（图 9-1）。

③ 标准偏差（standar deviation，σ）：色谱峰正态分布曲线上拐点间距离的一半。对于正常峰，σ 为 0.607 倍峰高处色谱峰宽度的一半（图 9-1）。

$$W = 4\sigma = 1.699W_{1/2}$$

$$W_{1/2} = 2\sigma\sqrt{2\ln 2} = 2.35482\sigma$$

（4）峰面积（peak area，A）

色谱图中，色谱峰与基线间包围的面积，是色谱定量的依据。峰面积一般根据色谱仪软件所设置的参数自动获得，其计算公式如下。

对于对称色谱峰：$A = 1.065hW_{1/2}$

对于非对称色谱峰：$A = 1.065h \times \dfrac{W_{0.15} + W_{0.85}}{2}$

（5）拖尾因子（tailing factor，T）

理论上讲，色谱峰应符合高斯分布曲线，但任何色谱峰都与高斯分布曲线存在一定的偏离。拖尾因子是用于评价峰形对称性的一个参数，其计算公式如下：

$$T = \frac{W_{0.05}}{2d_1} = \frac{d_1 + d_2}{2d_1}$$

式中，$W_{0.05}$ 是 0.05 倍峰高处的峰宽；d_1 是峰最高处与峰前沿间的距离。

（6）保留值（retention value）

保留值是样品组分在色谱柱中保留行为的量度，反映了组分与固定相作用力的大小，表示组分色谱峰在色谱图中的位置，常用出峰时间或出峰所需流动相体积表示。保留值是总称，具体参数如下：

① 保留时间（retention time，t_R）：从进样开始到组分出现浓度极大点时所需时间，即组分通过色谱柱所需时间，以 s 或 min 为单位，如图 9-1 所示。

② 死时间（dead time，t_0）：不被固定相滞留组分的保留时间。相当于流动相到达检测器所需要的时间，如图 9-1 所示。

③ 调整保留时间（adjusted retention time，t'_R）：组分由于和固定相作用，比不作用的组分在柱中多停留的时间，即组分在固定相中滞留的时间。如图 9-1 所示，调整保留时间等于组分的保留时间与死时间的差值，即：

$$t'_R = t_R - t_0$$

④ 保留体积（retention volume，V_R）：从进样开始到柱后出现色谱峰极大值时所流出的流动相体积，以 mL 为单位，其计算公式如下：

$$V_R = t_R F_c$$

式中，t_R 为保留时间；F_c 为柱后流动相的流速，mL/min。

⑤ 死体积（dead volume，V_0）：色谱柱内未填充固定相的空间、色谱仪中管路和连接头间的空间、检测器空间的总和。一般死体积主要指色谱柱内的死体积，其计算公式如下：

$$V_0 = t_0 F_c$$

⑥ 调整保留体积（adjusted retention volume，V'_R）：某组分的保留体积扣除死体积后的体积。

$$V'_R = V_R - V_0 = t'_R F_c$$

（7）相对保留值（relative retention value，$\alpha_{2,1}$）

相对保留值是指组分 2 和组分 1 调整保留时间的比值，其计算公式如下：

$$\alpha_{2,1} = \frac{t'_{R2}}{t'_{R1}} = \frac{V'_{R2}}{V'_{R1}}$$

相对保留值只与温度、固定相的性质、流动相的性质、样品组分有关，与色谱柱及流速等其他色谱操作条件无关。

通过色谱图中色谱峰的数目可清晰呈现样品所含成分的数量；色谱峰的保留值可对样品进行定性分析；色谱峰的峰面积可对样品进行定量分析；色谱峰的区域宽度可判断色谱柱的分离效能；色谱峰间距可判断色谱条件是否适合样品的分离。

9.3.2 分配系数（K）

分配系数（K）指在一定温度和压力下，组分在两相间达到平衡时在固定相与流动相中的浓度比，计算公式如下：

$$K=\frac{c_s}{c_m}$$

式中，c_s为组分在固定相中的浓度；c_m为组分在流动相中的浓度。

K为每个组分的特征值，与组分性质、固定相性质、流动相性质及温度有关。组分的K值越大，表明组分在固定相中分配高，保留能力强，洗脱速度慢，保留时间长。不同色谱固定相的分离机制各不相同，分别形成吸附平衡、分配平衡、离子交换平衡和渗透平衡，其中K分别表示吸附系数、狭义分配系数、选择性系数和渗透系数。虽然名称不同，但物理意义相同，均表示平衡状态下样品在两相中的浓度之比。除凝胶色谱技术中的K仅与待测分子大小、凝胶孔径大小有关外，其他K均受组分的性质、流动相的性质、固定相的性质以及柱温的影响。

9.3.3 容量因子（k）

容量因子是指在平衡状态下，组分在固定相与流动相中的质量比。被分离各组分分配系数K不等或容量因子k不等是分离的前提，但容量因子k容易获得，实际工作中更为常用。

$$k=\frac{W_s}{W_m}=\frac{c_sV_s}{c_mV_m}=K\frac{V_s}{V_m}$$

式中，V_s、V_m分别为组分在固定相和流动相中扩散的体积，反映溶质分子在柱中的移动速度，是色谱技术中广泛采用的保留值参数。

由于

$$t_R=t_0(1+K\frac{V_s}{V_m})=t_0(1+k)$$

$$k=\frac{t_R-t_0}{t_0}=\frac{t_R'}{t_0}$$

因此，容量因子可由调整保留时间与死时间之比而得，组分与固定相间的作用力越小，越容易通过色谱柱而流出，其容量因子越小。k的最佳值为2～5，k值的改变可通过调节流动相的极性来实现。对于正相色谱，流动相极性增加，k值减小；反相色谱则相反，即流动相极性增加，k值增大。

9.3.4 保留比（R'）

保留比是指样品中组分在色谱柱内的移动速度与流动相流速的比值，又称阻滞因子，其计算公式如下：

$$R' = \frac{r}{u}$$

式中，r 为组分在柱内的移动速度，cm/s；u 为流动相在柱内的流动速度，cm/s。

此外，保留比（R'）与容量因子（k）有相关性。样品中一组分在柱内的移动速度为 $r=\frac{L}{t_R}$（其中 L 为柱长），流动相速度 $u=\frac{L}{t_0}$，则：

$$R' = \frac{t_0}{t_R} = \frac{t_0}{t_0(1+k)} = \frac{1}{1+k}$$

9.3.5 选择性系数（α）

选择性系数 α，也称为分离系数，是两个相邻峰的调整保留值之比。其计算公式如下：

$$\alpha = \frac{t_{R2} - t_0}{t_{R1} - t_0}$$

式中，t_{R1} 为组分 1 的保留时间；t_{R2} 为组分 2 的保留时间。

选择性系数 α 越大，两组分的分离越好。当 $\alpha = 1$ 时，两组分难以分离。α 的改变可通过选择不同的固定相或流动相来实现。

9.3.6 分离度（R）

色谱系统的分离度是该系统分离两个组分能力的指标。分离度 R 表示 2 个相邻色谱峰的分离程度。分离度计算示意图见图 9-2。R 的计算公式为：

$$R = \frac{2(t_{R2} - t_{R1})}{W_1 + W_2}$$

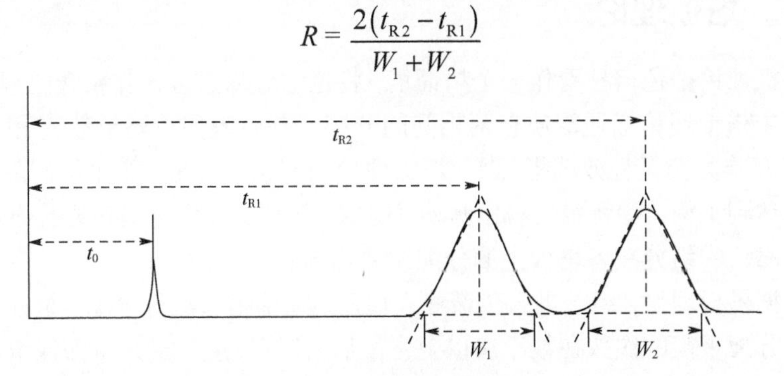

图 9-2　分离度计算示意图

式中，W_1和W_2分别是组分1和组分2的色谱峰基线宽度；t_{R1}和t_{R2}分别是组分1和组分2的保留时间。分离度与柱效（N）、选择性系数（α）及容量因子（k）之间的关系如下：

$$R=\frac{k}{k+1}\times\frac{\alpha}{\alpha-1}\times\frac{\sqrt{N}}{4}$$

式中，选择性因子$\alpha=k_2/k_1$，若$k_2=k_1$，则$\alpha=1$，$\alpha-1=0$，$R=0$，两组分无法分离。

样品中各组分的分配系数各不相同是分离的前提，基于此，N、α及k越大，R越大。改变多元溶剂系统的配比，洗脱能力改变，则t_R改变，k也发生改变；而N主要由色谱柱性能决定。N、α和k三者对分离度的影响见图9-3。

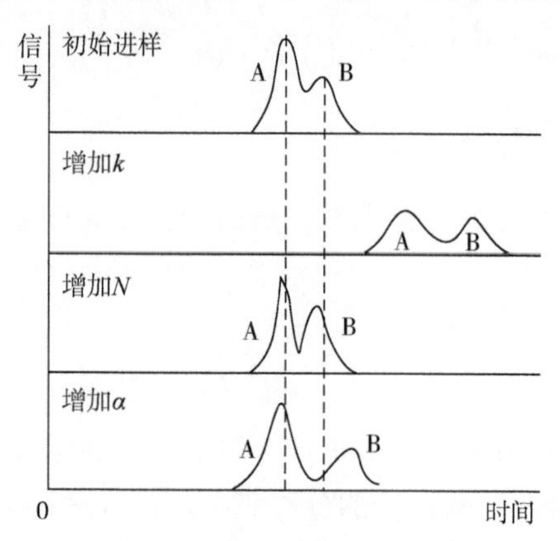

图9-3　k、N和α对分离度的影响

9.4　色谱法基本理论

9.4.1　塔板理论

塔板理论把色谱柱看作一个精馏塔，将色谱分离过程比作精馏过程，沿用精馏塔中塔板理论描述溶质在两相间的分配，并引入理论塔板数N和理论塔板高度H作为衡量柱效的指标[4]。塔板理论的假设：①在每个平衡间隔内，可以迅速达到平衡；②将载气看作脉动（间歇）过程；③组分沿色谱柱方向的扩散可忽略；④组分在各塔板上的分配系数相同。

根据塔板理论，组分进入色谱柱入口后，在两相间进行分配，组分在两相间达到分配平衡的次数在数千次以上，最后，“挥发度”最大（即保留最弱）的组分先从“塔顶”（色谱柱出口）“逸出”（洗脱出），从而使不同“挥发度”

（保留值）的组分实现分离。即在每个塔板上，组分在两相间很快达到分配平衡，并随流动相沿每个塔板向前移动。对于长度为 L 的色谱柱，组分平衡的次数应为：

$$N = L/H$$

式中，N 为理论塔板数；H 为理论塔板高度。一个色谱柱的塔板数越多，则柱效越高。由公式可知，色谱柱的柱效随 H 的增大而减小。理论塔板数是反映组分在固定相和流动相中动力学特性的重要参数，是衡量柱效的重要指标。理论塔板数计算公式如下：

$$N = 5.454(t_R/W_{1/2})^2 = 16(t_R/W)^2$$

式中，t_R 为保留时间；W 为峰宽；$W_{1/2}$ 为半峰宽。

由上式可见，组分保留时间越长，或峰形越窄，理论塔板数 N 越大。

塔板理论是一种半经验性理论，用热力学的观点说明组分在色谱柱中移动的速度，提出了计算和评价柱效高低的参数。但色谱分离过程除了受热力学因素影响，还受分子的扩散、传质等动力学因素影响，因此塔板理论存在一定的不足：①柱效不能表示被分离组分的实际分离效果。当两组分的分配系数 K 相同时，无论色谱柱的理论塔板数多大，都无法实现两组分的分离。②塔板理论无法解释同一色谱柱在不同的载气流速下柱效不同的结果，也无法确定影响柱效的因素以及提高柱效的方法。

9.4.2 速率理论

为了克服塔板理论的不足，Giddings 和 Snyder 等在 van Deemter 方程的基础上，根据液体与气体的性质差异，提出了液相色谱速率方程（即 Giddings 方程）[4]。

当样品谱带沿色谱柱向出口前移时，组成样品的不同分子在流经固定相时迁移速率是不同的，这种差异会使样品分子向谱带两侧扩散，从而使色谱柱出口处的样品谱带比柱入口处宽，即谱带展宽。样品谱带迁移速率的大小取决于流动相的线速度和样品在固定相中的保留率。谱带展宽会影响分离效率并降低检测灵敏度，而引起谱带展宽的主要原因包括涡流扩散、纵向扩散、传质阻力引起的扩散。

（1）涡流扩散

由于色谱柱内固定相的立体结构不同，样品分子在色谱柱中的流速不同而引起谱带展宽。涡流扩散引起的谱带展宽计算公式如下：

$$\sigma^2{}_e = 2\lambda d_p L$$

式中，λ 为填充不规则因子，由固定相填料直径 d_p、粒度范围和色谱柱填充状况决定；L 为柱长。由公式可知，固定相填料粒径越小，且填充越规则，则涡流扩散引起的谱带展宽就越小，但是填料粒径过小会使柱压过高。

（2）纵向扩散

由于进样后样品分子在色谱柱内存在浓度梯度，导致轴向扩散而引起谱带展宽。纵向扩散引起的谱带展宽计算公式如下：

$$\sigma^2_{\mathrm{l}} = \frac{2\gamma_{\mathrm{m}} D_{\mathrm{m}} L}{v}$$

式中，γ_m 为弯曲因子或阻碍因子，反映固定相颗粒的立体结构对样品分子扩散的阻碍情况，其数值通常小于1；v 为流动相线性速度，v 越小即样品分子在柱内的滞留时间越长，则谱带展宽越严重；D_m 为分子在流动相的扩散系数。

（3）传质阻力引起的扩散[2,5]

由于样品分子在流动相、静态流动相和固定相中的传质过程而导致谱带展宽。样品分子在流动相和固定相中的扩散、分配、转移并非瞬间达到平衡，平衡的滞后使色谱柱总是在非平衡状态下工作，从而产生谱带展宽。传质阻力引起的谱带展宽包括流动相传质阻力和固定相传质阻力引起的谱带展宽，两者的计算公式如下：

流动相传质阻力引起的谱带展宽：

$$\sigma^2_{\mathrm{m}} = \frac{\omega d_{\mathrm{p}}^2 L}{D_{\mathrm{m}}} \times v$$

式中，ω 为柱系数，由色谱柱性质和填充过程决定。

固定相传质阻力引起的谱带展宽：

$$\sigma_{\mathrm{s}}^2 = \frac{f k_{\mathrm{e}} d_{\mathrm{f}}^2 L}{D_{\mathrm{s}}} \times v$$

式中，f 为固定相因子，由固定相性质决定；k_e 为容量因子；d_f 为固定相厚度；D_s 为样品分子在固定相中的扩散系数。

色谱柱的总展宽 σ^2 是多种因素引起的谱带展宽的总和，则色谱柱的总理论塔板高度 H 可表示如下：

$$H = \frac{\sigma^2}{L} = 2\lambda d_{\mathrm{p}} + \frac{2\gamma_{\mathrm{m}} D_{\mathrm{m}}}{v} + \frac{\omega d_{\mathrm{p}}^2 L}{D_{\mathrm{m}}} \times v + \frac{f k_{\mathrm{e}} d_{\mathrm{f}}^2 L}{D_{\mathrm{s}}} \times v$$

若色谱条件确定，且仅流速是变量，则上式可简化为：

$$H = A + \frac{B}{v} + Cv$$

式中，A 表示涡流扩散项；B/v 表示纵向扩散项；Cv 表示传质阻力扩散项。

9.5 高效液相色谱的设备组成

高效液相色谱仪主要包括高压输液系统、进样系统、色谱分离系统、检测系统和流分收集系统（图 9-4），其中色谱分离系统和检测系统是高压液相色谱分离的核心部分[1,6]。样品通过进样器注入后，流动相通过高压输液泵输送入色谱柱内，各组分在柱内流动相和固定相之间进行色谱分离，被分离的各个组分依次进入检测器，并将检测信息输送到数据采集与处理系统，记录和处理色谱信号，最后收集各组分。

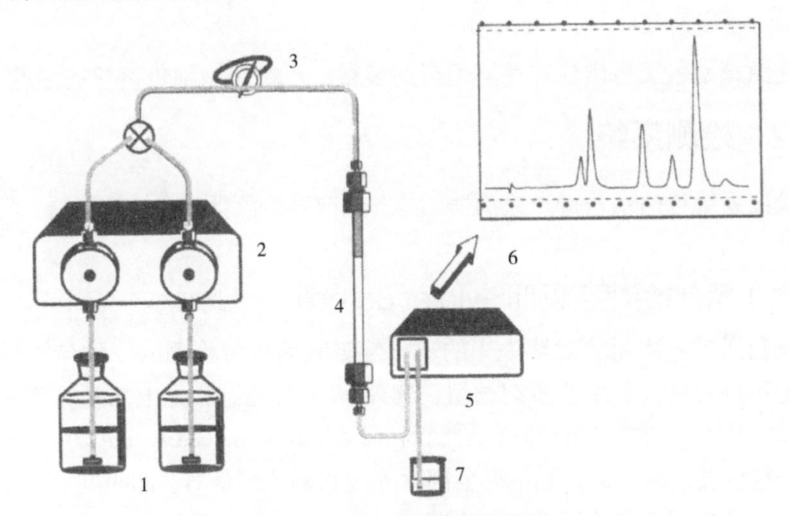

图 9-4　高效液相色谱仪示意图

1—溶剂贮存器；2—高压输液泵；3—进样器；4—色谱柱；5—检测器；6—色谱图；7—收集容器

9.5.1 色谱分离系统

色谱分离系统主要包括色谱柱、预柱、柱温箱等[1]。

（1）色谱柱

液相色谱柱由柱管、压帽、卡套（密封环）、筛板（片）、接头、螺丝（封头）与柱填料等组成（图 9-5）。实验室半制备型色谱柱内径一般为 20 ~ 40mm。液相色谱柱种类繁多，包括硅胶基质柱（如高纯硅胶柱、反相硅胶柱、正相硅胶柱等)、聚合物基质柱（指采用聚苯乙烯-二乙烯基苯、聚甲基丙烯酸酯等聚合物凝胶作为填料的一类色谱柱）和其他无机物填料柱[石墨化碳、氧化铝（Al_2O_3)、氧化锆（ZrO_2）等填料][6,7]。

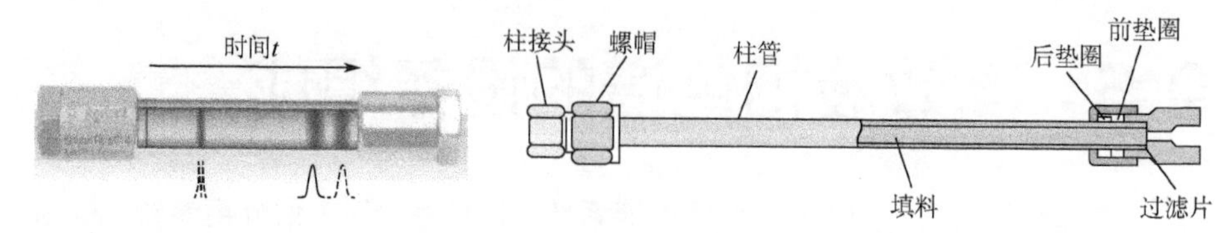

图 9-5　高效液相色谱柱示意图

（2）预柱

预柱是指装填有与分析柱相同固定相的短柱（5 ~ 50mm)，连接于色谱柱前端，可过滤样品中过滤器无法除去的杂质，以保护色谱柱。

（3）柱温箱

柱温箱是包裹色谱柱并使其恒温的装置，可精准控制色谱柱的温度。

9.5.2　检测系统

检测系统包括示差折光检测器、蒸发光散射检测器、紫外检测器、荧光检测器[1]。

（1）紫外检测器（ultraviolet detector，UV）

是利用被分离组分对紫外光的选择性吸收而进行检测的一种检测器。从结构上可分为单波长型、多波长型、紫外-可见分光型和光电二极管阵列快速扫描型。其中，光电二极管阵列检测器（diode array detector，DAD）是一种新型紫外检测器（图 9-6)，可获得全部紫外波长的色谱信号，即时间、光强度和波长等全部色谱信息的三维立体图谱。

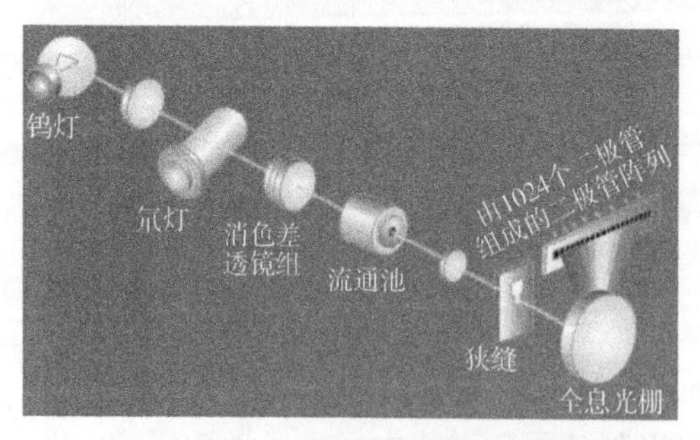

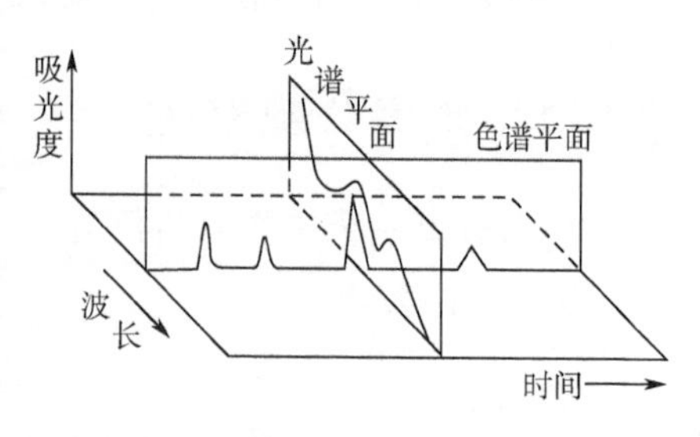

图 9-6　光电二极管阵列检测器结构及检测结果示意图

（2）示差折光检测器（refractive index detector，RID）

是通过连续测定流出液折射率的变化而对样品进行检测的一种检测器。RID 属于浓度型检测器，样品的浓度越高，溶质与溶剂的折射率差别越大，检测器响应信号越大。示差折光检测器是一种通用型检测器，可用于无紫外吸收的物质的检测。相比于紫外检测器，其灵敏度较低，一般不用于微量组分的分离分析，且由于其对溶剂组成变化有响应，故无法用于梯度洗脱。

（3）蒸发光散射检测器（evaporative light scattering detector，ELSD）

ELSD 由雾化器、加热漂移管、激光光源和光检测器等部件构成，是将含样品的流动相雾化成微细液滴，液滴在加热漂移管中蒸发掉溶剂，只留下样品溶质微粒，激光束照在样品溶质微粒上产生光散射，通过测定光散射强度来检测样品中的组分含量。ELSD 属通用型检测器，适合于无紫外吸收、无电化学活性和无荧光样品的检测。与示差折光检测器相比，温度影响小，信噪比高，且可用于梯度洗脱。

9.6 高效液相色谱的操作方法

9.6.1 样品预处理

高效液相色谱进样前，需对样品进行预处理，以获得较好的分离效果，并可对色谱柱、仪器起到保护作用[1,2]。

（1）样品的溶解

所选溶剂应对样品具有较高的溶解度，通常采用流动相或接近流动相组成的溶剂，以减小洗脱体积，防止色谱峰变形。注意要避免采用色谱柱填料不允许使用的溶剂；对于难溶解的样品，可以采用二甲基甲酰胺（DMF）、二甲基亚砜（DMSO）进行溶解后，再采用流动相或接近流动相组成的溶剂稀释。

（2）样品和溶剂的过滤

由于色谱柱填料粒径小，溶剂和样品中细小的颗粒会堵塞色谱分离系统，使系统压力升高而影响分离。过滤时常用滤膜材料包括聚四氟乙烯、醋酸纤维、尼龙 66、再生纤维素等。其中聚四氟乙烯滤膜适用于所有溶剂、酸和盐；醋酸纤维滤膜适用于水溶液，不适用于有机溶剂；尼龙 66 滤膜适用于绝大多数有机溶剂和水溶液，不适用于二甲基甲酰胺；再生纤维素滤膜适用于水溶液和有机溶剂。

9.6.2 分离制备条件的选择

分离制备条件的选择流程通常是首先采用分析型高效液相色谱进行分析，确定分离条件，然后将其相同或微调的分离条件应用到半制备/制备型中高效液相色谱[1,2]。

(1) 色谱柱的选择

色谱柱是分离制备的关键因素。色谱柱填料的选择首先应了解分离目标化合物的化学性质，如极性和非极性、离子型和非离子型、小分子和大分子、热稳定性等。正相和反相色谱柱在天然产物的分离纯化中最为常用（表 9-3、表 9-4）。色谱柱规格的选择取决于待分离样品的质量，例如，对于 100mg 以下样品的制备，可采用直径为 1cm 的色谱柱；1g 以下样品的制备可选择直径为 2cm 或者直径更大的色谱柱。对于难分离的组分，可使用小粒径填料的色谱柱，但同时也增加了柱压。

表 9-3 常用正相色谱柱主要应用范围与特点

柱填料类型	主要应用范围	特点
CN（氰基）	适用于在 ODS 上无保留或分离时间太长组分的分离，以及同时含有亲水与疏水性化合物而在 ODS 上分离困难的样品，也可用于氨基酸的制备	属中等极性柱，普适性好；可用于正相与反相
NH_2（氨基）	主要用于单糖、低聚糖、烃类化合物的制备	保留性弱；极性大，不稳定，酸性条件下易水解；可用于反相
OH（二醇基 Diol）	多用于有机酸、肽类与蛋白质的制备	极性大于 CN 填料，小于 NH_2 填料，常做 HILIC 用；可用于反相
高纯硅胶柱	多用于制备型液相色谱，适用于多种化合物	普适性好，价廉；pH 范围窄(2～7.5)；次级保留效应强（硅羟基），峰易拖尾或前延、分叉等
Chiral（手性柱）	常用于手性异构体的分离制备	不同化学性质的异构体需采用不同类型的手性柱；部分亦可用于反相
HILIC（亲水作用柱）	多用于极性化合物、端基异构体、药物极性代谢产物、多肽、有机酸、糖类等极性成分的制备分离	多用于 C_{18} 无保留化合物；可用于反相

表 9-4　常用反相色谱柱主要应用范围与特点

柱填料类型	主要应用范围	特点
C_{18}（ODS）	可分离多种化合物，最适用于极性样品	普适性好，保留性强，用途广
C_8（辛基）	C_8色谱柱具有相对较低的疏水性，适合分离在C_{18}色谱柱上有强吸附作用的化合物	与C_{18}相似，但保留值稍小
C_3，C_4	多用于肽类与蛋白质类化合物	保留值比C_8小
C_1[三甲基氯硅烷（TMS）]	普通反相溶剂分离疏水性强的化合物；高水含量溶剂分离高极性化合物	保留值最小，最不稳定；可用于反相与正相
苯基，苯乙基	多用于同时含极性和非极性芳香化合物混合物的分离	保留值适中；选择性有所不同，对极性芳香化合物选择性更强；可用于正相

（2）流动相的选择

首先在分析型高效液相色谱上进行溶剂系统的筛选优化，找到合适的流动相；然后放大到半制备/制备型液相色谱进行分离。通常采用等度洗脱方式，对于难于分离的样品，也可采用梯度洗脱方式。反相色谱系统的流动相一般选用甲醇-水、乙腈-水溶剂体系；正相色谱系统的流动相一般选用烷烃、醇类、酯类或醚类溶剂体系。不宜在流动相中加入非挥发性添加剂，如磷酸盐、离子对试剂等，会影响产物回收；可采用挥发性缓冲试剂改进分离效果。在分离酸碱性样品时，需在流动相中加入甲酸、乙酸、氨水等调节流动相的 pH 值。

（3）载样量的优化

半制备/制备型液相色谱分离样品时，应在保证分离效果的基础上，上样量尽可能大。上样量与色谱类型、柱体积、填料类型和制备规模等有关。

① 色谱类型：不同的色谱类型，载样量的确定方法不同。液-固色谱根据填料的表面积，尺寸排阻色谱根据溶质的分子量和填料的类型，离子交换色谱根据交换容量等。

② 色谱柱体积：柱体积不同，分离容量不同。当分离度小于 1.2 时，为线性条件下的分离；当分离度大于 1.2 时，在非线性条件下仍可得到好的分离度和纯度。增加柱横截面面积、柱长、流动相的流速，可提高柱容量和单位时间的产量。

③ 填料类型及粒径：多孔填料比薄壳型填料的载样量高。粒径小（5～10μm）的填料能提高制备分离的能力，适合于选择性因子较小成分的分离。填料粒径大，可提高单位时间的产量，但易导致谱带重叠。

9.6.3 制备型高效液相色谱的主要操作

（1）进样

制备型高效液相色谱的进样包括隔膜进样、停流进样、阀进样、自动进样器等多种进样方式等，其中阀进样最为常用，操作时应注意以下几点。

① 确定进样方式：进样方式包括手动进样和自动进样两种。手动进样方式简单、方便、成本低廉，但无法实现自动化和夹心进样、在线稀释等。自动进样包括 3 个阶段，即吸入样品到进样针→注射样品到定量环→冲洗进样装置。自动进样克服了手动进样的缺点，但成本较高。

② 确定进样浓度和进样体积：为了维持峰形和最大载样量，进样体积计算公式为

$$V_p=V_a D_p^2L_p/(D_a^2L_a)$$

式中，V_p 和 V_a 分别是制备型和分析型色谱的进样体积，μL；D_p 和 D_a 分别是制备型和分析型色谱的色谱柱内径，mm；L_p 和 L_a 分别是制备型和分析型色谱柱长度，mm。例如，规格为 4.6 mm × 50mm 的分析型色谱柱进样 2μL 相当于规格为 20mm × 500mm 制备型色谱柱进样 378μL。

（2）洗脱

洗脱过程中，流动相的流速对分离影响较大。制备型中高效色谱的流速可利用优化的分析型条件进行转化，计算公式如下：

$$F_p=F_aD_p^2/D_a^2$$

式中，F_p 和 F_a 分别是制备型和分析型色谱的流速，mL/min；D_p 和 D_a 分别是制备型和分析型色谱的色谱柱内径，mm。例如，规格为 4.6mm × 50mm 的分析型色谱柱的流速为 1mL/min，相当于规格为 20mm × 500mm 制备型色谱柱的流速为 19mL/min。

（3）检测

制备型中高效液相色谱的检测器除紫外检测器外，其他检测器均可以通过分流的方式触发接收信号进行收集。若采用分流操作，进入收集器的流分收集则有相应延迟。

（4）流分的收集

自动流分收集可分为以下几种情况[1]。

① 基于峰的流分收集：根据检测器信号峰设定一个较高的阈值，当检测器信号超过预设值时，开始收集流分，信号低于预设值时停止收集。

② 基于时间的流分收集：样品的收集以时间作为动作指令。

③ 基于斜率的流分收集：样品的收集以色谱峰的正负斜率作为动作指令。

④ 切割收集：在制备型色谱柱超载状态下进行样品制备，一般采取切割收集方式进行样品收集，切割方式主要包括中心切割和边缘切割。中心切割（图 9-7）的优点是难分离物质中的第一峰易于纯化，主峰前后部分纯度低，而峰的中心部分纯度高；边缘切割（图 9-8）的特点是当对两个或多个相距较近的成分进行分离时，若色谱系统无法将该混合物分开，可通过切割相应色谱峰的前部和后部获得纯品，而中间未分离部分可采用循环分离模式进一步分离获得纯品。

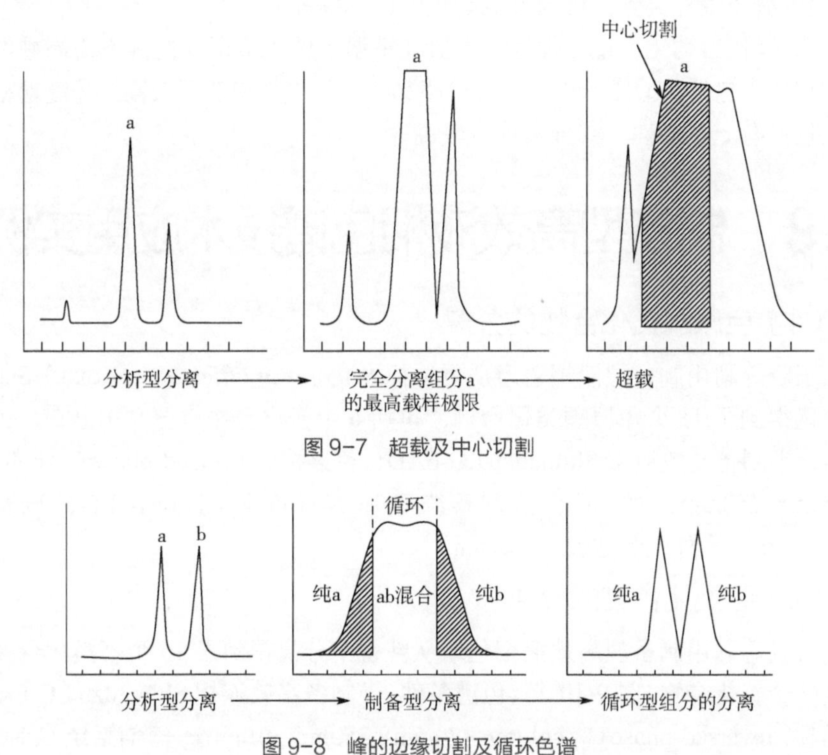

图 9-7　超载及中心切割

图 9-8　峰的边缘切割及循环色谱

（5）循环分离

即将分离得到的流分再次进入色谱柱进行分离。当单次分离的分辨率不高时，通过循环分离可提高产物的回收率和纯度。具体过程为：经过一次色谱分离后，若两峰未完全分开或边缘切割后重叠的中间部分，可将其再次进入色谱柱进行第二次或更多次的循环分离，即增加柱长，从而提高分离度（图 9-8）。

9.7 制备型高效液相色谱技术的特点

制备型高效液相色谱技术在分离天然产物方面具有诸多优势，已成为现代天然产物分离的主要手段之一，其优点如下：

① 分离效率高，选择性好；

② 分离速度快，通常在几十分钟甚至几分钟内完成一次分离；

③ 检测灵敏度高，使用了高灵敏度的检测器；

④ 应用范围广，70%以上的有机化合物可用高效液相色谱分离，特别是对大分子、强极性、热稳定性差化合物的分离具有优势；

⑤ 流动相种类多，可通过流动相的优化提高分离效率；

⑥ 操作自动化、重复性好，一般在室温下即可实现分离，不需高柱温。

其缺点包括：①仪器和色谱柱价格昂贵，日常维护费用较高。②流动相消耗大且具有一定毒性。③分离成本较高。

9.8 制备型高效液相色谱技术应用实例

（1）色原酮类化合物的分离

王晓等利用制备型液相色谱从青竹标 *Scindapsus officinalis*（Roxb.）Schott 中分离得到了 11 个色原酮类化合物，包括 6 个新化合物（图 9-9）[7,8]。色谱条件：半制备高效液相 Shimadzu LC-6AD；色谱柱：reversed-phase C_{18} column（20mm× 250mm，10μm）；溶剂系统 CH_3CN-H_2O 和 CH_3OH-H_2O；流速：3.0mL/min；紫外检测波长：252 nm。

（2）萜类化合物的分离

王晓等利用制备型高效液相色谱从乳香中分离得到了 16 个萜类化合物，包括 7 个新化合物（图 9-10）[9]。色谱条件：半制备高效液相 Shimadzu LC-6AD；色谱柱：reversed-phase C_{18} column（20mm× 250mm，10μm）；溶剂系统 CH_3CN-H_2O；流速：3mL/min；紫外检测波长：210nm。

（3）甾体类化合物的分离

高俊兰[10]利用 C_8 柱分离植物甾醇，而此类物质在 C_{18} 柱中分离较困难。分别称取 20mg 富集后的植物甾醇混合物，各加入 10mL 乙腈，水浴加温溶解。进样量 2mL/次，手动进样。色谱柱为 Agilent C_8 柱（9.4mm × 250mm，5μm），流动相为乙腈-异丙醇（9：1，体积比），紫外检测波长 208 nm，保留时间小于 15min（图 9-11）。

R		R	
1	Rha	**5**	Ara
2	Xyl	**9**	Glc
3	Rha(3-1)Glc-6-OAc	**11**	H
4	Rha(2-1)Glc		
7	Glc		
8	Rha(4-1)Glc		
10	H	**6**	

图 9-9　青竹标中分离得到的色原酮类化合物结构式

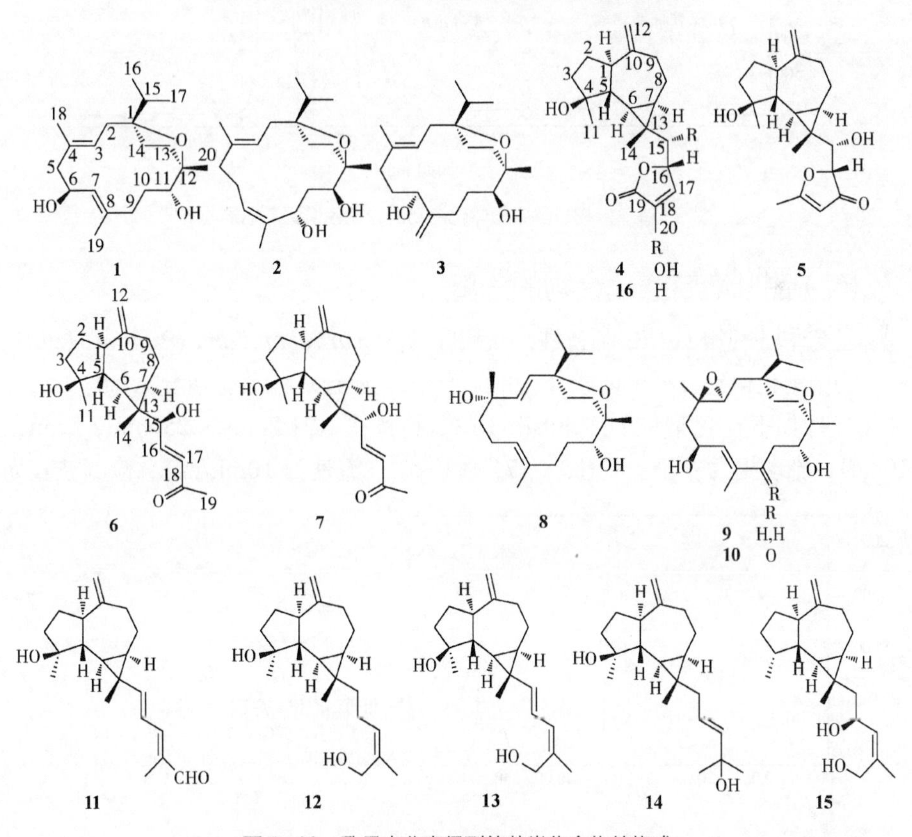

图 9-10　乳香中分离得到的萜类化合物结构式

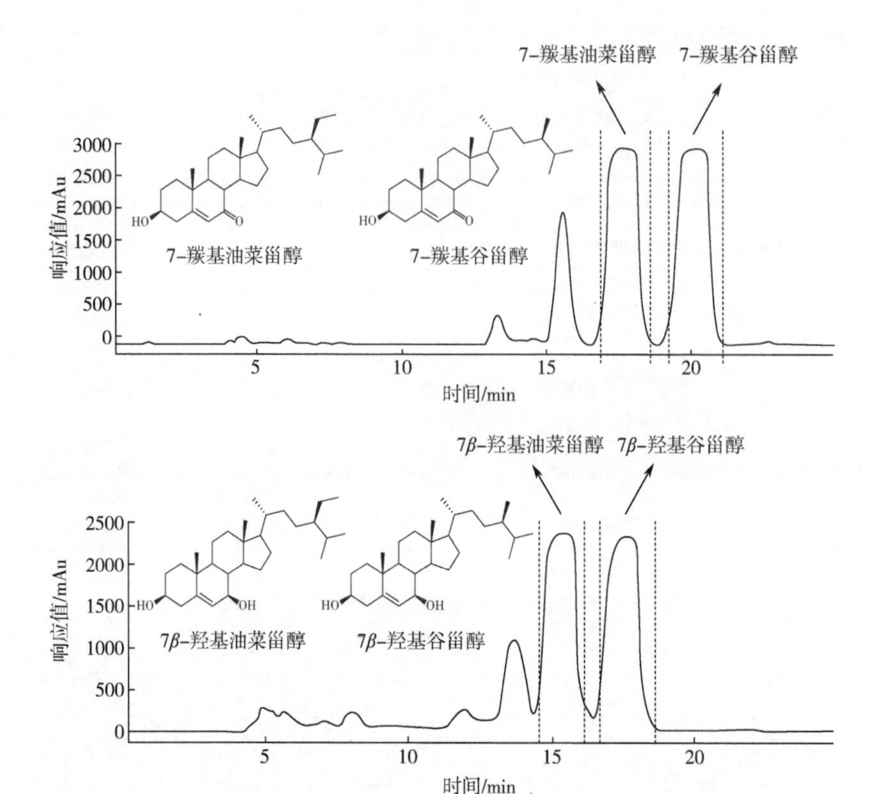

图 9-11 植物甾醇中甾体化合物的分离色谱图及结构式

（4）甜叶菊苷类化合物的分离

吕鑫华[11]利用 HILIC 制备柱，从甜叶菊[*Stevia rebaudiana* (Bertoni)Hemsl.]粗提物中纯化得到三种单体成分：甜菊苷、莱苞迪苷 C 和莱苞迪苷 A（图 9-12）。纯化条件如下：色谱柱为 Venusil HILIC 制备柱（21.2mm × 250mm，5μm，10nm），流动相为乙腈-水（83∶17，体积比），流速为 10mL/min，检测波长为

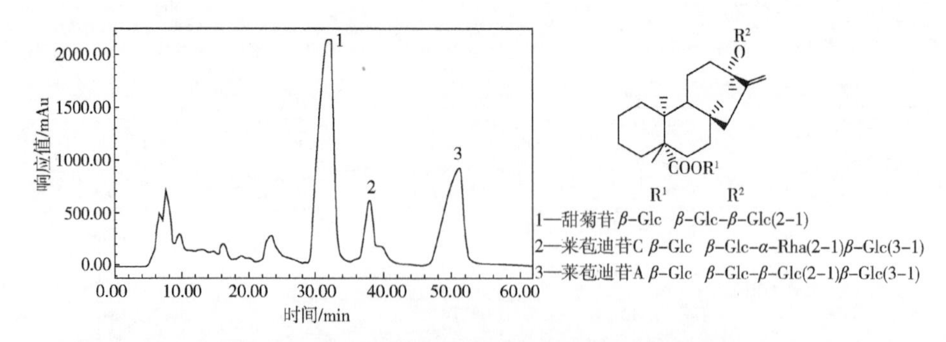

图 9-12 甜叶菊苷类化合物的制备色谱图及化合物结构式

213nm。单次最大上样量可达 200mg, stevioside (79.2mg)、甜叶菊苷 C (7.4mg)、甜叶菊苷 A（33.7mg）的纯度分别为 97.5%、96.8%、97.2%。

参考文献

[1] 罗永明. 中药化学成分提取分离技术与方法[M]. 上海：上海科学技术出版社, 2016.

[2] 于世林. 高效液相色谱方法及应用[M]. 北京：化学工业出版社, 2005.

[3] 李八方. 海洋生物活性物质[M]. 青岛：青岛海洋大学出版社, 2007.

[4] 荣蓉, 邓赟. 仪器分析[M]. 北京：中国医药科技出版社, 2016.

[5] 丁明玉, 田松柏. 离子色谱原理与应用[M]. 北京：清华大学出版社, 1990.

[6] 柳仁民, 王海兵, 周建民. 制备色谱技术及装备研究进展[J]. 中国制药装备, 2011, 284(2): 10-15.

[7] Yu J, Song X, Wang D, et al. Five new chromone glycosides from Scindapsus officinalis (Roxb.) Schott[J]. Fitoterapia, 2017, 122: 101-106.

[8] Yu J, Song X, Yang P, et al. Alkaloids from Scindapsus officinalis (Roxb.) Schott and their biological activities[J]. Fitoterapia, 2018, 129: 54-61.

[9] Yu J, Geng Y, Zhao H, et al. Diterpenoids from the gum resin of Boswellia carteriiand their biological activities[J]. Tetrahedron, 2018, 74 (40): 5858-5866.

[10] 高俊兰. 植物甾醇氧化物的制备及其细胞毒性的初探[D]. 合肥: 安徽农业大学, 2012.

[11]吕鑫华. 甜菊糖苷类甜味剂的分离纯化与生物转化[D]. 北京: 北京化工大学, 2012.

第 10 章

高速逆流色谱分离技术

逆流色谱（counter-current chromatography，CCC）是 20 世纪 70 年代发展起来的一种液-液分配技术，其基本原理是根据被分离成分在两相溶剂系统中分配系数的不同，实现目标成分的分离。在分离时其中一相溶剂以一种相对均匀的方式纵向分布于分离柱中，另一相以一定速度通过该相并与之混合，因此，称这种技术为逆流色谱[1]。早期的逆流色谱设备主要是分析型设备，虽然这种设备的分离效果可以达到数千的理论塔板数，但是运行时间较长，分离效率较低。在此基础上，研制出液滴逆流色谱（droplet counter-current chromatography，DCCC），这种设备利用重力场使流动相以液滴的形式通过固定相，实现了天然产物的快速分离，但其分离时间通常也需要 2 ~ 3 天。

1966 年，美国国立卫生院 Yoichiro Ito 博士发现不相混溶的两相溶剂在绕成螺旋形的小孔径管子里会被分段割据，并能在螺旋管转动的情况下实现两溶剂之间连续的逆向对流。如果把分离的样品从螺旋管柱的引入口注入，连续的分配传递过程就会在管柱里进行，可实现连续的液-液分配分离。在此基础上，Yoichiro Ito 博士经过多年的潜心研究，研制了多种逆流色谱仪，其中高速逆流色谱（high-speed counter-current chromatography，HSCCC）的产生，开辟了液-液色谱技术的新纪元，实现了天然产物在较短时间内的高效分离和制备。随后在此基础上发展了多种高速逆流色谱技术和仪器。我国是继美国、日本之后，最早开始发展逆流色谱的国家，张天佑教授在高速逆流色谱仪器研制及应用方面做出了重要的贡献，推动了我国高速逆流色谱技术的发展。

10.1 高速逆流色谱分离的原理

10.1.1 单向性流体动力学平衡

逆流色谱的基础是螺旋管内两相溶剂的特殊分布状态。其中采用一根不动的螺旋管柱，用以形成管柱里两溶剂相的流体静力学平衡，称为流体静力学平衡体系（hydrostatic equilibrium system，HSES）；采用一根转动的螺旋管柱，用以形成管柱里两溶剂相的流体动力学平衡，称为流体动力学平衡体系（hydrodynamic equilibrium system，HDES）。单向性流体动力学平衡体系是在逆流色谱技术进一步革新的基础上，开拓了以HSCCC为代表的新技术和新应用。

单向流体动力学平衡是一种特殊的流体动力学平衡，其体系的基本模型是由水平缠绕的固定螺旋管组成的。图10-1为单向性流体动力学平衡的原理示意图，图为一根包含5个螺旋单元的螺旋管，在下方我们把转动的螺旋管画成一根直管，以便于描绘出两相溶剂在螺旋管内的分布情况。

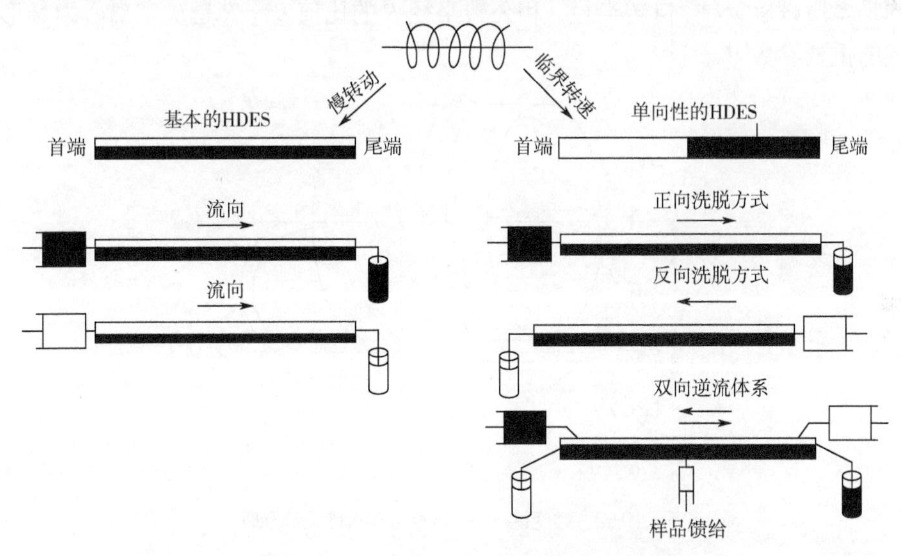

图10-1 单向性流体动力学平衡体系原理示意图

当加快螺旋管的转速时，一相将固定地占据螺旋管的首端部分，另一相的超量则占据尾端部分。当转速达到临界范围时，两相就会沿螺旋管长度完全分开，其中一相全部占据首端的一段，称为首端相；另一相全部占据尾端的一段，称之为尾端相。这种两相的单向性分布说明，如果从尾端送入首端相，它会穿过尾端相而移向螺旋管的首端；反之，如果从首端送入尾端相，它会穿过首端相而移向螺旋管的尾端。因此，可以利用这一分布特性按两种方式实现逆流色谱。其中一种方式是先注满首端相作固定相，然后把尾端相作为流动相从首端泵入。另一种方式是先注满尾端相作固定相，然后把首端相作为流动相从尾端泵入。不管哪一种方式，都能在流动相的高流速条件下保留大量的固定相，使整个体系在相当短的时间内实现极高的溶质色谱峰分辨率[1]。

10.1.2　高速逆流色谱仪的设计

HSCCC 色谱仪的设计原理如图 10-2 所示，仪器的轴线设置在水平位置，在大直径的圆柱形螺旋管支持件同轴位置装一个行星齿轮，它与装在仪器中心轴线上的固定齿轮相啮合，这两个齿轮的大小和形状完全相同，这样就能使螺旋管支持件在绕仪器中心轴公转的同时，绕自身轴线做相同方向、相同角速度的自转。在运转过程中，圆柱形螺旋管支持件同仪器中心公转轴线平行且相距一个固定距离 R。这种设计能够避免螺旋管上从首尾两端引出的两条流通管相互缠绕。仪器上的管柱是用 PTFE 软管在支持件上绕制而成的，用于 HSCCC 的是多层螺旋管柱，自转半径 r 和公转半径 R 的比值 $\beta=r/R$ 是决定离心力场形式的重要参数[1]。

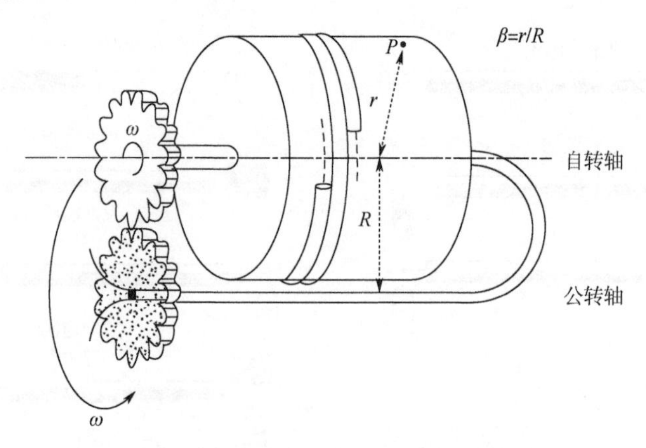

图 10-2　螺旋管行星式离心分离仪的设计原理

10.2　高速逆流色谱仪分离系统

HSCCC 与高效液相色谱系统相似，主要由溶剂泵、进样阀、分离柱（逆流色谱仪）、检测器、色谱工作站（记录仪）以及流分收集器组成（图 10-3）。高速逆流色谱的柱系统由在高速行星式运动的螺旋管内的互不相溶的两相液体构成，其中一相作为固定相，另一相作为流动相，待分离的物质根据其在两相中的分配系数不同，在通过两相对流平衡体系的过程中实现分离。分离效果与所选择的两相溶剂系统、固定相与流动相、仪器运转参数（包括转速、转向）、洗脱速度与洗脱方式、进样量与进样方式等多种因素密切相关。

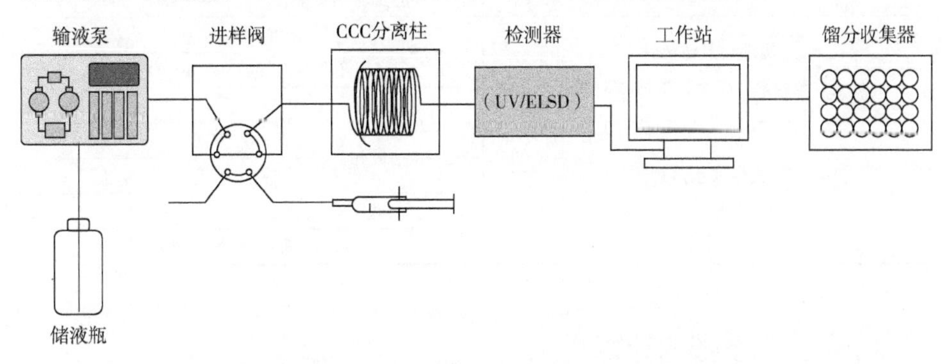

图 10-3 高速逆流色谱分离系统的组成

10.3 高速逆流色谱溶剂系统

10.3.1 溶剂系统的选择原则

HSCCC 溶剂系统的选择，通常需要注意以下几个问题[1,2]：

① 不造成样品的分解或变性；

② 有足够高的样品溶解度；

③ 样品在两相溶剂系统中有合适的分配系数值（K），一般在 0.5 ~ 2.0 之间；

④ 两相溶剂系统分层时间小于 30s，且固定相保留值尽可能不低于 50%；

⑤ 溶剂易挥发，方便后续处理。

10.3.2 溶剂系统的选择方法

（1）参照已知的溶剂系统

目前采用 HSCCC 分离天然产物的研究报道颇多，可首先根据化合物的类别寻找同类化合物的分离实例，将待分离目标化合物与实例比较，在文献的基础上对溶剂系统进行调整，并进行实际分离，然后根据分离效果，再决定是否对系统做进一步的调整，直至达到理想的分离效果。各类化合物常用的溶剂体系见表 10-1[2]。

表 10-1 高速逆流色谱常用的基本溶剂体系

待分离物质的极性	溶剂体系
非极性或低极性物质（正己烷溶解）（萜类、甾体、脂肪酸等）	正己烷-乙腈/甲醇
	正己烷-甲醇-水
	正己烷/石油醚-乙酸乙酯-甲醇/乙醇-水
中极性（氯仿溶解）（香豆素、苯丙素、醌类、生物碱、黄酮等）	氯仿-甲醇-水
	正己烷/石油醚-乙酸乙酯-甲醇/乙醇-水
	乙酸乙酯-甲醇-水
高极性（水溶解）（多酚、黄酮苷、皂苷等）	正丁醇-乙酸-水
	正丁醇-甲醇-水（缓冲液）
	正丁醇-乙酸乙酯-水（缓冲液）
	乙酸乙酯-水（缓冲液）

（2）分配系数的计算

一般情况下，采用 HPLC 测定目标化合物在溶剂体系中的分配系数（K），其具体操作步骤如下：

① 将溶剂体系中的各溶剂按比例加入分液漏斗中，充分振荡后静置至上、下两相分层达到平衡。

② 取等量的上、下两相加入试管中，再向试管中加入一定量的样品，充分振荡至完全溶解，静置至两相再次达到平衡后，将试管中的上、下两相各取 5μL 分别使用 HPLC 分析。

③ K 值是目标化合物在溶剂系统上相中峰面积（A_U）与其在下相中峰面积（A_L）的比值，即 $K=A_U/A_L$。

（3）溶剂系统的选择思路

根据上下相溶剂的极性及密度等参数的差异，两相溶剂系统大致可以分为疏水性体系、中等疏水性体系和亲水性体系，其代表体系分别为正己烷-乙酸乙酯-甲醇-水、氯仿-甲醇-水和正丁醇-水。

在选择溶剂系统时，首先根据样品中待分离目标化合物的结构特点预测其极性，找到对应的两相溶剂体系。一般情况下极性强的化合物选择亲水性溶剂体系，极性弱的化合物选择疏水性溶剂体系。正己烷-乙酸乙酯-甲醇-水和氯仿-甲醇-水这两个体系的疏水性范围可通过调整各溶剂的比例，对其疏水性在很宽的范围内进行调节。Ito 博士认为一般情况下可先采用正己烷-乙酸乙酯-甲醇-水（1∶1∶1∶1，体积比）和氯仿-甲醇-水（10∶3∶7，体积比）进行尝试，再根据分配系数对溶剂的比例进行调整。对于极性较大的组分，可采用乙醇代替甲醇，也可向溶剂系统中加入盐（乙酸铵）或酸（三氟乙酸或乙酸）调节成分在两相溶剂系统中的分配。

图 10-4 为 Renault 设计的两相溶剂系统筛选流程，可根据分离物质的极性，参考该流程，对溶剂系统进行优化[2]。

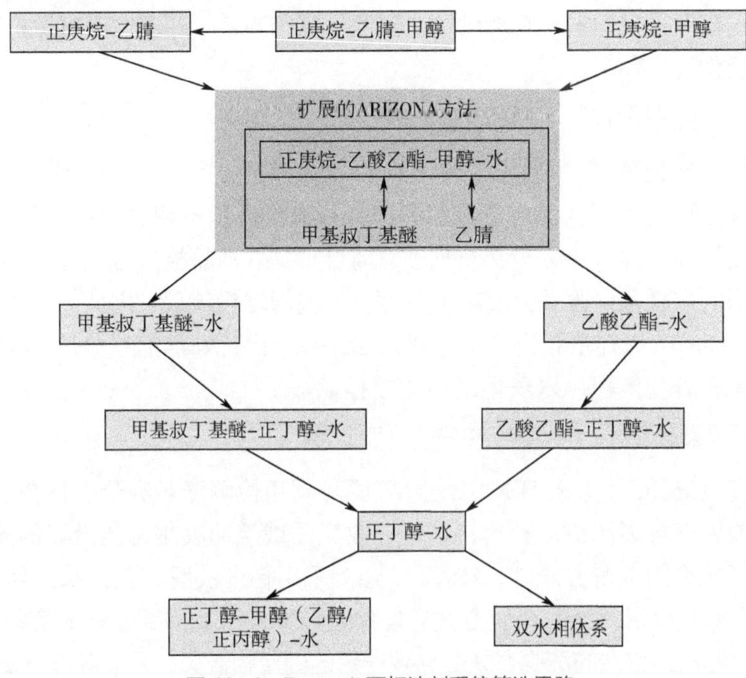

图 10-4　Renault 两相溶剂系统筛选思路

10.4　高速逆流色谱的分离操作步骤

根据逆流色谱的使用需求，目前，国内外多家企业已经研制出多种型号的分析型、半制备型、制备型高速逆流色谱仪，其分离柱体积范围从 30mL 至 10L，可满足不同制备量级样品的制备。高速逆流色谱分离的具体操作步骤如下。

（1）溶剂系统的准备

两相溶剂使用前需给予充分的时间来使两相溶剂系统达到平衡。同时，由于不同溶剂的蒸气压不同，溶剂的蒸发会引起溶剂比例的变化，因此应在使用前再将两相溶剂分开，同时已经分开的溶剂系统的上下相要分别放置于密闭容器中储存。

（2）柱系统的运行

首先以较高流速将固定相泵入螺旋管柱内，然后按照设定的仪器转向（正转或反转）调节转速，使之达到设定的速度，开启溶剂泵的开关，以一定的流速泵入流动相。当溶剂系统在分离柱内达到流体动力学平衡时，即流动相从管柱的尾端清晰地流出时，说明已经达到两相溶剂系统的平衡，即可进行下一步的进样操作。

（3）样品溶液的制备与进样

当样品量较少时，可用上下相任何一相来溶解；当样品量较多时，通常要用适量等体积的上下相混合溶液溶解，并且进样体积不超过总柱体积的5%。过高浓度的样品溶液进入分离柱时，有时会形成“样品栓”，固定相流失严重；而大体积的进样量，通常会使峰形变宽，出现固定相流失。因此，在优化溶剂系统时，样品的进样量和进样体积可适当降低。优化好溶剂系统后，再通过增加进样量和进样体积，以获得最佳的载样量。

（4）HSCCC色谱峰的洗脱和检测

在完成进样后，进入HSCCC分离过程，利用检测器对流分进行在线监测，获得逆流色谱分离图谱，利用自动流分收集器或手动收集各色谱峰的流分。

除了常规的洗脱方式外，HSCCC还能采用梯度洗脱。无论采用何种洗脱方法，采用首端到尾端的洗脱方式总能给出较好的分离效果。对于某些溶剂系统来说，尾端到首端的洗脱方式会导致一定的固定相流失，从而降低分离效率。

HSCCC分离最常用的是单波长或多波长的紫外-可见光检测器（UV-vis），也可以借用制备型液相的检测器。对于没有紫外吸收的样品，可以采用蒸发光散射检测器（ELSD）或质谱检测器进行在线检测，由于这些检测方法不利于样品的收集，因此通常需要采用分流管进行分流。

（5）分离柱清洗

当HSCCC分离结束时，关闭流速与分离柱转速，利用氮气瓶或空气压缩机将分离柱中的液体吹出，测定固定相保留率（R）。固定相保留率计算公式为：

$$R = V_{上相}/V_{柱}$$

式中，$V_{上相}$是指吹出的溶剂中上相的体积；$V_{柱}$是指分离柱的柱体积。

在分离结束后，吹出的固定相中可能含有未被洗脱的化学成分，因此在优化分离条件时，应对吹出的上相溶剂中的成分进行分析，避免成分的损失。同时，为了避免残留成分对下次分离工作的干扰和影响，分离结束后需要采用稀乙醇溶液对分离柱进行清洗，如果使用了酸碱或缓冲盐溶液，首先要用蒸馏水冲洗，然后用乙醇冲洗。

10.5 高速逆流色谱分离的优点

与传统固相色谱相比，HSCCC 具有以下优点[1,3]:

① HSCCC 的固定相和流动相均为液体，避免了固体固定相对样品的吸附、变性等不良影响，同时能避免不可逆吸附造成的色谱峰拖尾现象。

② 滞留在分离柱中的样品可通过多种洗脱或者回收分离柱中溶剂的方式进行完全回收。

③ HSCCC 对样品前处理要求比较简单，粗提物采用一定量的固定相和流动相溶解后，可直接进行分离。

④ 分离不需要价格昂贵的色谱柱，并且分离柱易于清洗，一般情况下，完成一次分离后，采用一定浓度乙醇即可清洗干净。

⑤ 通过改变溶剂体系，可实现对不同极性物质的分离。同时，由于固定相和流动相均为常规试剂，分离一次所需费用较低。

10.6 高速逆流色谱在天然产物分离中的应用

（1）厚朴中木脂素的分离

厚朴为木兰科植物厚朴（*Magnolia officinalis* Rehd. et Wils.）的干燥干皮、根皮及枝皮，具有燥湿消痰，下气除满的功效。现代研究表明厚朴酚、和厚朴酚是其中的主要活性成分之一，厚朴酚的抗氧化活性是维生素的 100 倍之多，还能够抑制血小板的凝结和改善局部缺血老鼠的脑梗死；和厚朴酚是 γ-氨基丁酸受体的激活剂，具有抗焦虑的活性。

王晓等建立了 HSCCC 快速分离和厚朴酚与厚朴酚的方法。首先测定了目标化合物在正己烷-乙酸乙酯-甲醇-水（1∶1∶1∶1）溶剂系统中的分配系数（K），显示厚朴酚与和厚朴酚在该溶剂系统中的分配系数太大，说明目标化合物主要分配在上相。在此基础上对溶剂系统进行了优化，表 10-2 为和厚朴酚与厚朴酚在一系列溶剂系统中的分配系数，显示目标化合物在溶剂系统 6 和 7 中的分配系数均太小，易随着溶剂前沿被洗脱出来；溶剂系统 3、4、5 能够将目标化合物分离开，但从实际的分离效果来看，溶剂系统 4 最为理想。图 10-5 为厚朴粗提物的 HSCCC 制备分离图，一次进样 150mg，在 140min 内分离得到和厚朴酚（峰 A）45mg、厚朴酚（峰 B）80mg，其纯度分别为 99.2%和 98.2%[4,5]。

表 10-2 和厚朴酚与厚朴酚在不同溶剂系统中的分配系数和分离因子

序号	溶剂系统体积比（正己烷-乙酸乙酯-甲醇-水）	分配系数（K）		分离因子
		和厚朴酚	厚朴酚	α
1	1：1：1：1	6.96	15.2	2.18
2	1：0.8：1：0.8	2.92	6.433	2.20
3	1：0.6：1：0.6	1.03	2.59	2.51
4	1：0.4：1：0.4	0.38	0.91	2.39
5	1：0.4：1.1：0.4	0.26	0.81	3.12
6	1：0.4：1.2：0.4	0.21	0.60	2.86
7	1：0.2：1：0.2	0.06	0.21	3.50

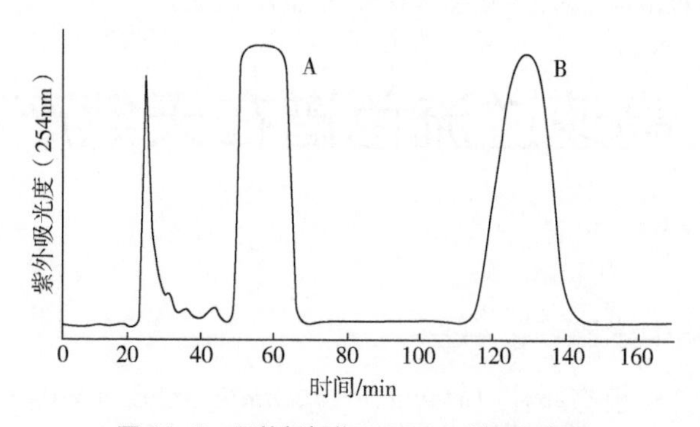

图 10-5 厚朴粗提物 HSCCC 制备分离图

HSCCC 色谱条件：正己烷-乙酸乙酯-甲醇-水（1：0.4：1：0.4）；上相为固定相；下相为流动相；流速为 2.0mL/min，转速为 800r/min，进样量为 150mg，固定相保留率为 80%，检测波长为 254nm

A—和厚朴酚；B—厚朴酚

通过 HPLC 分析，发现厚朴提取物中杂质较少，并且逆流色谱分离图显示最后一个色谱峰后，没有其他色谱峰出现，综合以上情况，厚朴提取物具备 HSCCC 连续进样制备的条件。同时，由于目标化合物在两相溶剂中的溶解度较好，可进一步增大上样量。最终单次进样量为 500mg，通过连续进样，实现了样品的快速大量制备（图 10-6）。

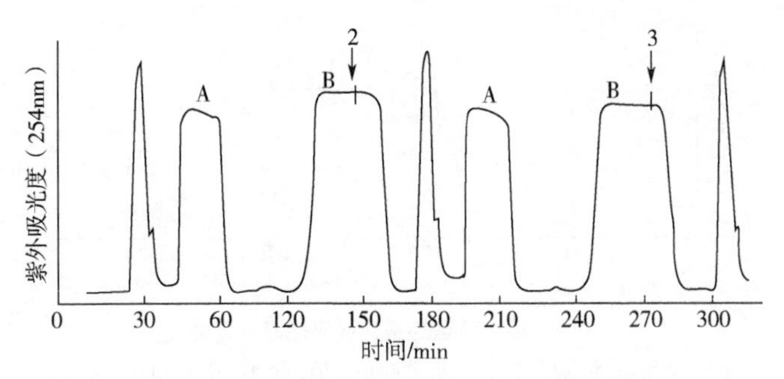

图 10-6　厚朴粗提物 HSCCC 连续制备分离图

单次进样量 500mg

2—第二次进样；3—第三次进样

（2）辣椒生物碱的分离

辣椒中的生物碱主要为辣椒碱、二氢辣椒碱和降二氢辣椒碱（图 10-7）等酰胺类生物碱。辣椒碱具有镇痛、消炎、促进食欲、改善消化系统、抗菌杀虫的药理作用，并对神经递质具有选择性，具有很大的药用价值和经济价值。

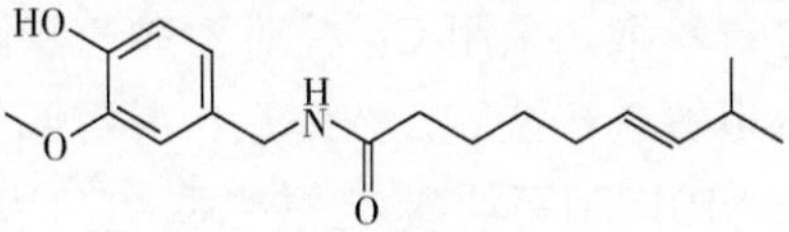

辣椒碱

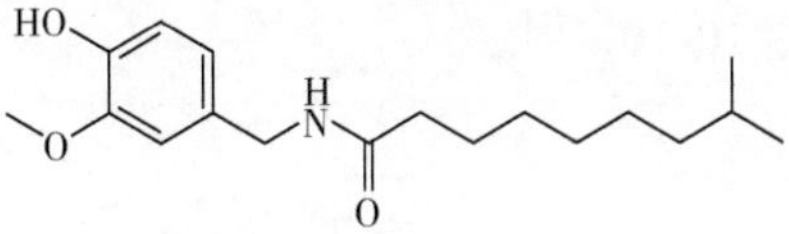

二氢辣椒碱

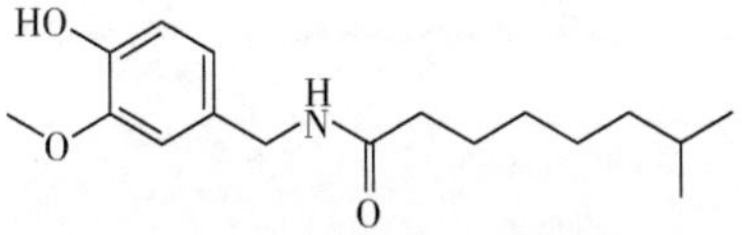

降二氢辣椒碱

图 10-7　辣椒碱、二氢辣椒碱和降二氢辣椒碱的化学结构式

王晓等采用大孔吸附树脂色谱结合 HSCCC 技术对辣椒中的生物碱进行了制备分离。首先，辣椒粉采用 60%乙醇提取后，通过大孔吸附树脂色谱对其进行初步分离，富集得到辣椒总生物碱部位。进一步采用 HSCCC 对其进行分离，通过优化体系，发现四氯化碳-甲醇-水（4∶3∶2）溶剂系统适合样品的分离（图 10-8）。进样量为 150mg，单次分离就可得到 68mg 辣椒碱、33mg 二氢辣椒碱和 4mg 降二氢辣椒碱，其纯度分别为 97.4%，99.0%和 94.5%[6]。

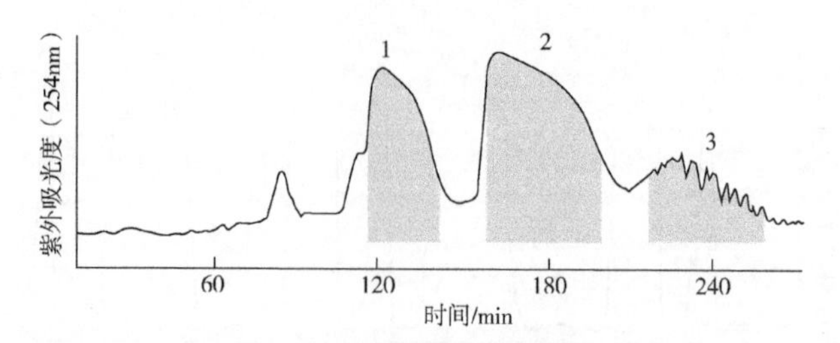

图 10-8　辣椒的高速逆流色谱分离图

溶剂系统：四氯化碳-甲醇-水（4∶3∶2）；流动相：下相；流速：2mL/min；检测波长：254nm；柱体积：320mL；转速：800r/min；进样量：150mg；固定相保留率：65%

1—辣椒碱；2—二氢辣椒碱；3—降二氢辣椒碱

（3）芍药花黄酮类成分的分离

芍药花为毛茛科植物芍药（*Paeonia lactiflora* Pall.）的干燥花蕾，富含黄酮、多酚等成分。研究表明芍药花提取物具有抗氧化、抗炎等多种药理活性。王晓等采用 HSCCC 对芍药花提取物进行分离。干燥的芍药花经粉碎后，采用95%乙醇回流提取，浓缩除去乙醇，将获得的浸膏在水溶液中混悬后，分别采用石油醚、乙酸乙酯进行萃取。采用 C_{18} 柱对乙酸乙酯浸膏进行预分离，依次采用 10%、30%和 50%甲醇进行洗脱。浓缩后，得各部位样品。分别采用石油醚-乙酸乙酯-水（1∶9∶10）和石油醚-乙酸乙酯-正丁醇-水（1∶9∶0.5∶10）溶剂系统对 30%和 50%部位样品进行了分离（图 10-9），共分离得到 7 个黄酮和 1 个酚苷类成分（图 10-10）[7]。

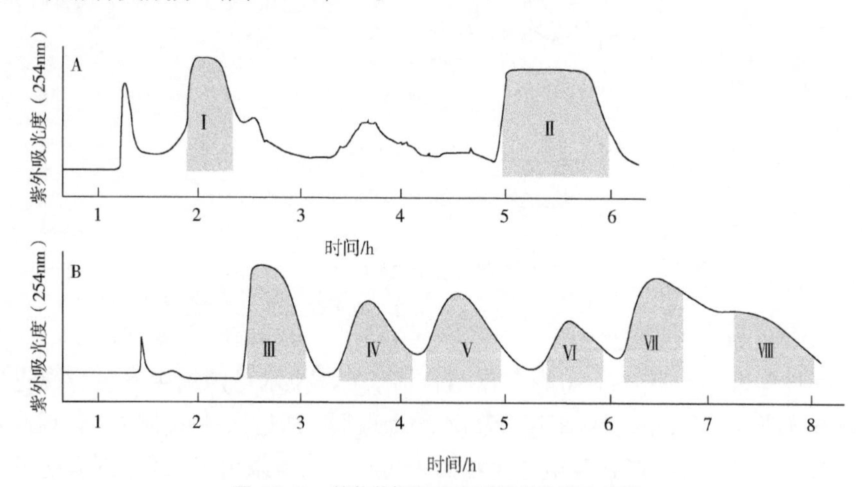

图 10-9　芍药花提取物高速逆流色谱分离图

HSCCC 分离条件：A. 30%乙醇提取物，溶剂系统为石油醚-乙酸乙酯-水（1∶9∶10），流速 2mL/min，进样量 250mg；B. 50%乙醇提取物，溶剂系统为石油醚-乙酸乙酯-正丁醇-水（1∶9∶0.5∶10），流速 2mL/min，进样量 250mg

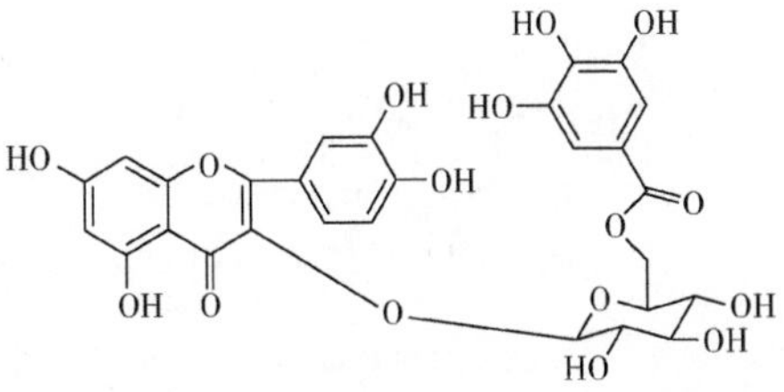

Ⅰ:槲皮素-3-*O*-(6''-没食子酰基)-*β*-D-葡萄糖苷

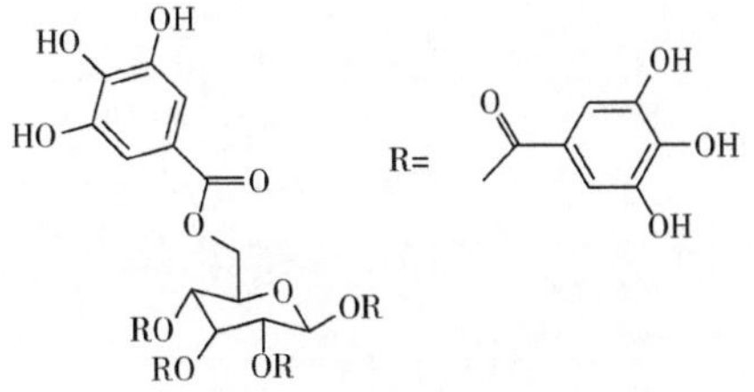

Ⅱ:1,2,3,4,6-*O*-五没食子酰葡萄糖

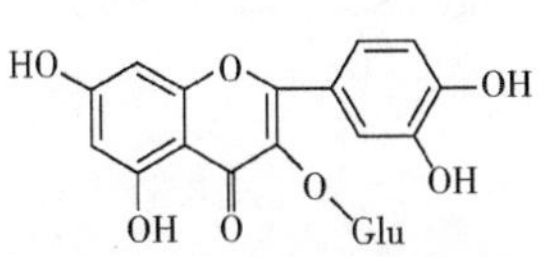

Ⅲ:槲皮素-3-*O*-*β*-D-葡萄糖苷

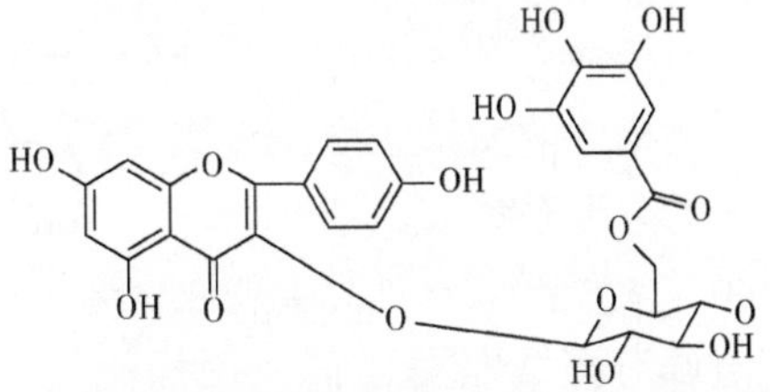

Ⅳ:山奈酚-3-*O*-(6″ -没食子酰基)-*β*-D-葡萄糖苷

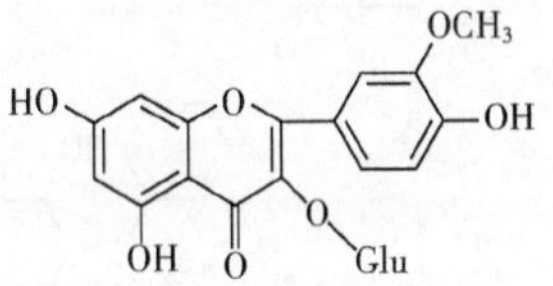

Ⅴ:异鼠李素-3-*O*-*β*-D-葡萄糖苷

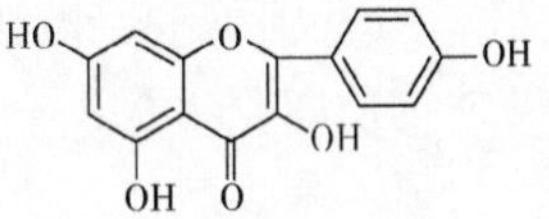

Ⅵ:山奈酚

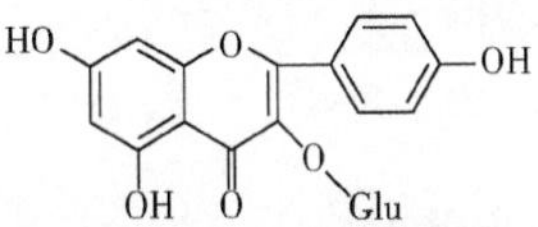

Ⅶ:山奈酚-3-*O*-*β*-D-葡萄糖苷

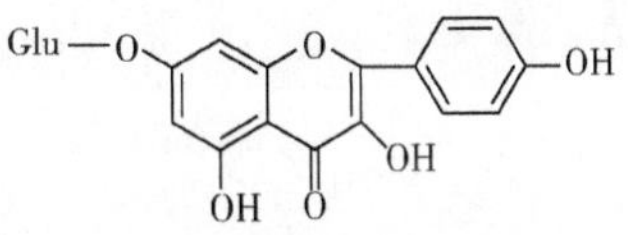

Ⅷ:山奈酚-7-*O*-*β*-D-葡萄糖苷

图 10-10　芍药花中化学成分的化学结构式

Glu —葡萄糖基团的缩写

（4）天麻中天麻素与巴利森苷类成分的分离

天麻（*Gastrodia elata* Blume）的块茎是我国著名的中药之一，临床多用于治疗头痛、破伤风、头晕、四肢麻木、抽搐和癫痫等。药理研究表明，除天麻素外，巴利森苷类成分也是天麻的生物活性成分（图 10-11）。

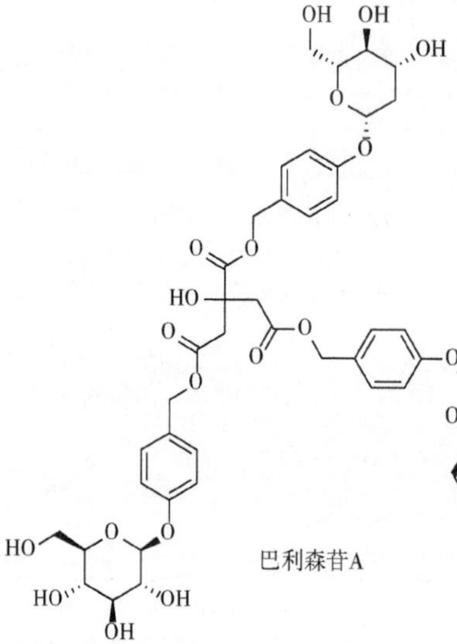

天麻素

巴利森苷A

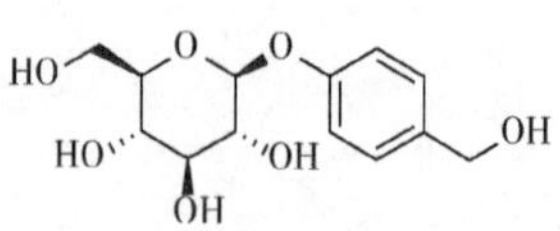

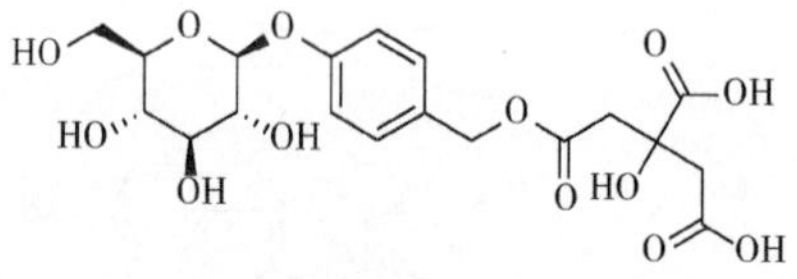

巴利森苷E

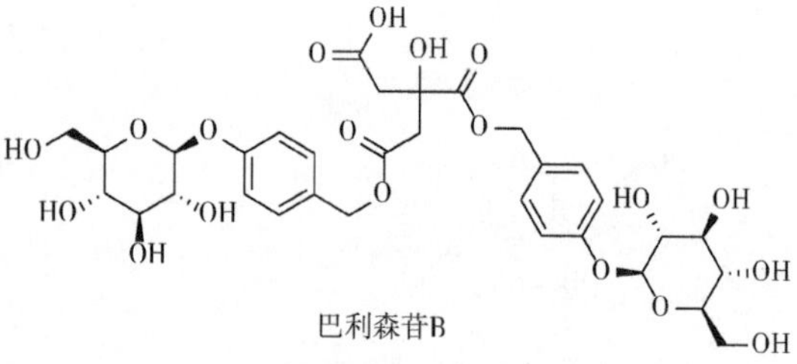

巴利森苷B

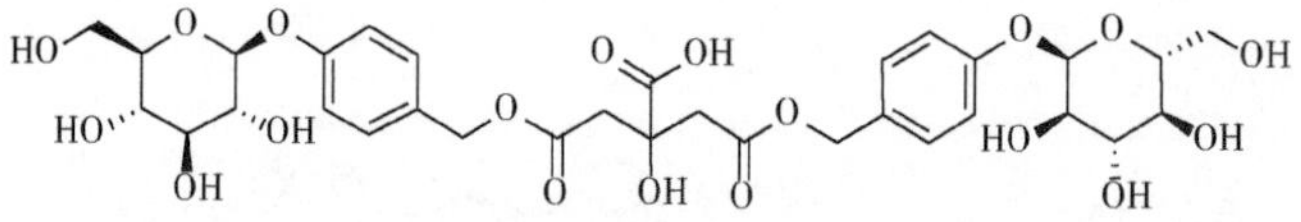

巴利森苷C

图 10-11 天麻素与巴利森苷类成分的化学结构式

巴利森苷类成分极性较大，在一般的两相溶剂体系中分配数较小，分离困难，若向溶剂系统中加入无机盐，可改善这类化合物的分配。我们采用含盐体系正丁醇-乙腈-近饱和硫酸铵溶液-水（1.5∶0.5∶1.2∶1）对天麻中天麻素与巴利森苷类成分进行了分离（图 10-12）。由于样品中含有硫酸铵，进一步对所得样品进行了脱盐处理，经过一次分离从天麻提取物中得到 6mg 巴利森苷 E，7.8mg 巴利森苷 B，3.8mg 巴利森苷 C，15.3mg 天麻素以及 7.3mg 巴利森苷 A[8]。

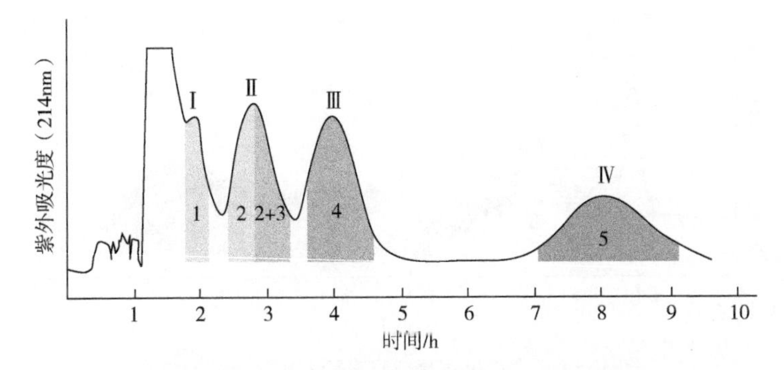

图 10-12　天麻提取物的高速逆流色谱分离图

溶剂系统：正丁醇-乙腈-近饱和硫酸铵溶液-水（1.5∶0.5∶1.2∶1）；检测波长：214nm；

流速：1.5mL/min；进样量：400mg；固定相保留率：75%

（5）除虫菊中除虫菊酯类成分的分离

除虫菊（*Chrysanthemum cineraraeflium*）为菊科植物，主要化学成分为除虫菊酯类化合物（图 10-13），是一类高效、低毒、广谱的理想杀虫剂成分。王晓等以 0.3mol/L 的 $AgNO_3$ 为络合剂，采用石油醚-乙酸乙酯-甲醇-水（10∶2∶10∶2）溶剂系统对除虫菊提取物进行了分离。由于除虫菊中目标成分结构非常相似，而且除虫菊酯类成分中含有双键，普通的溶剂系统很难实现分离。在下相中添加 $AgNO_3$ 作为络合剂，可提高化合物在溶剂系统中的分离因子，最终从除虫菊石油醚提取物中成功分离得到 5 个结构非常相似的除虫菊酯类成分（图 10-14），经鉴定，色谱峰Ⅰ～Ⅴ分别为瓜菊酯Ⅱ（Ⅰ）、除虫菊素Ⅱ（Ⅱ）、茉酮菊素Ⅱ（Ⅲ）、除虫菊素Ⅰ（Ⅳ）和茉酮菊素Ⅰ（Ⅴ）[9]。

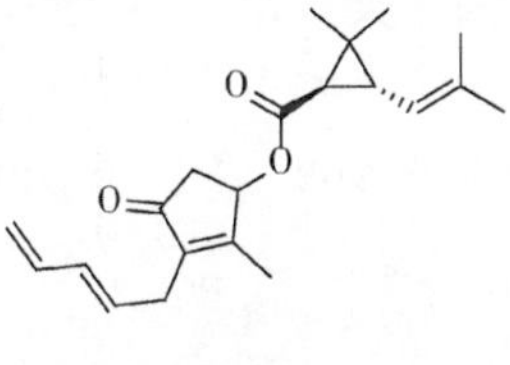

除虫菊素Ⅰ 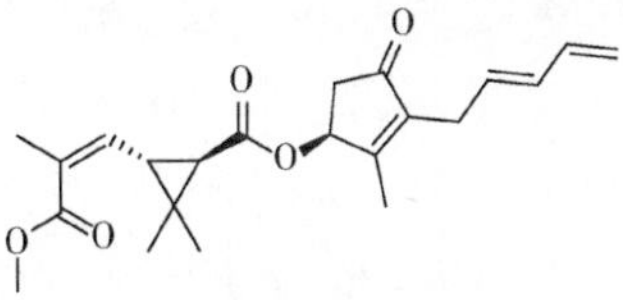　　除虫菊素Ⅱ 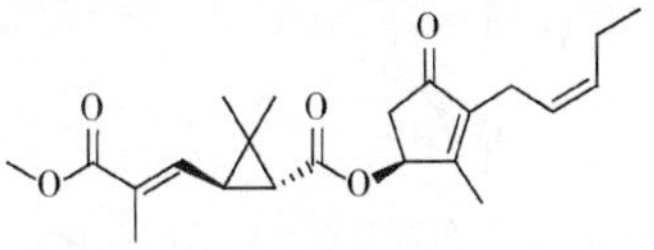　　茉酮菊素Ⅱ

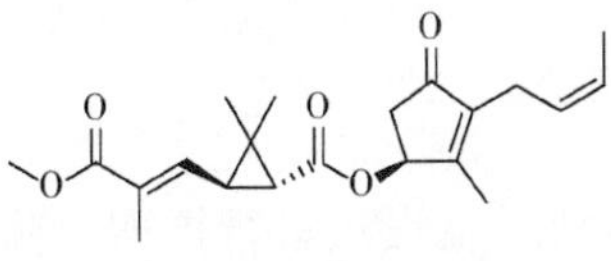

瓜菊酯Ⅱ 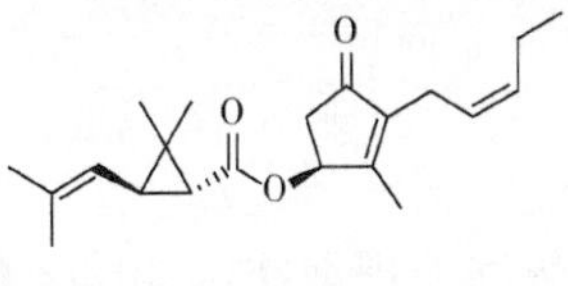　　茉酮菊素Ⅰ

图 10-13　除虫菊酯类成分化学结构式

紫外吸光度（254nm）
A
B
C
D
E
0
1
2
3
4
5
6
时间/h

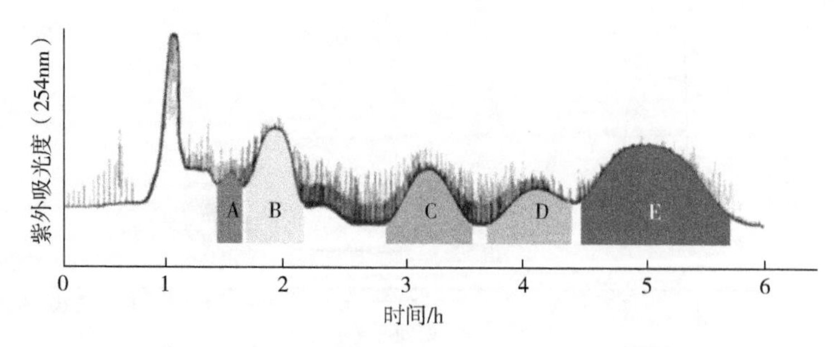

图 10-14　除虫菊酯类成分的高速逆流色谱分离图

溶剂系统：石油醚-乙酸乙酯-甲醇-水（10：2：10：2），0.3mol/L 的 $AgNO_3$ 作为络合剂；流动相：上相；

固定相：下相；转速：800r/min，反转；流速：2.0mL/min

（6）金银花中环烯醚萜苷类成分的分离

金银花（*Lonicerae japonicae* Flos）为忍冬科植物忍冬（*Lonicera japonica* Thunb.）的干燥花蕾或带初开的花，常用于治疗痈肿疔疮、喉痹、丹毒、热毒血痢、风热感冒、温病发热等。药理研究表明，金银花中的环烯醚萜苷类化合物具有保肝、抗炎、抗肿瘤和抗氧化的作用。王晓等采用了一种高极性的两相溶剂体系对其中的环烯醚萜苷类成分进行分离，然后结合半制备高效液相色谱脱盐纯化，从金银花中分离得到五种高纯度的环烯醚萜苷类化合物（图 10-15）[10]。

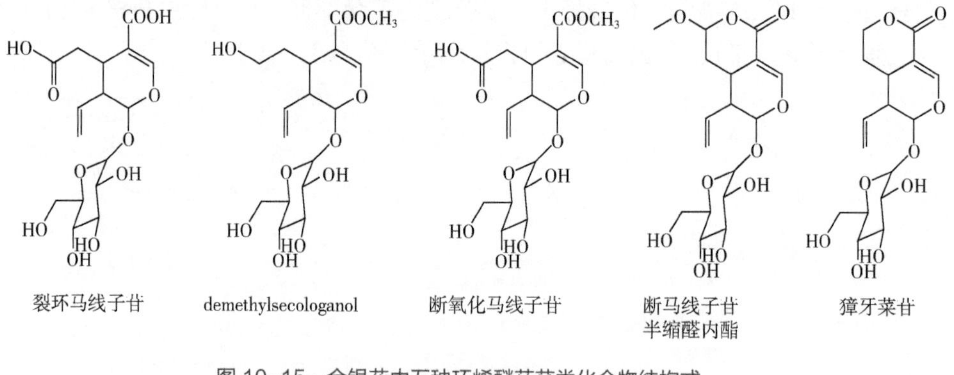

裂环马线子苷
demethylsecologanol
断氧化马线子苷
断马线子苷
半缩醛内酯
獐牙菜苷

图 10-15　金银花中五种环烯醚萜苷类化合物结构式

采用热回流提取法以 50%乙醇为提取溶剂对金银花进行提取，将提取液浓缩，经水混悬后，采用乙酸乙酯萃取水相，分别得到金银花乙酸乙酯萃取物和水相提取物。采用聚酰胺色谱对乙酸乙酯部位中的环烯醚萜苷类成分进行富集后，得样品 Fr.1，将水部位样品浓缩干后得样品 Fr.2。

表 10-3 为各环烯醚萜苷在溶剂系统中的分配系数，发现虽然化合物Ⅰ~Ⅳ在正丁醇-甲醇-水（3∶1∶4，体积比）溶剂系统中具有合适的分配系数，但在实际分离中其固定相保留率极低。因此，首先考察了四种代表性无机盐（硫酸铵、硫酸钠、碳酸钠、硫酸镁）对环烯醚萜苷在两相溶剂体系正丁醇-乙腈-无机盐溶液-水（3∶1∶2.4∶2）中分配系数（*K*）的影响。结果表明随着无机盐浓度的增加，目标化合物的 *K* 值呈逐渐增加的趋势；与一价盐相比二价盐更有利于化合物在上相中的分配。经过优化溶剂系统，发现化合物Ⅰ~Ⅳ在正丁醇-50%硫酸铵溶液-水（3∶2∶2）中具有合适的分配系数，并且实现了 600mg 样品 Fr.1 中 4 个化合物的成功分离[图 10-16（a）]。对于样品 Fr.2 的分离，由于其极性较低，所以采用极性较低的溶剂系统正丁醇-乙腈-10%硫酸钠溶液-水（3∶1∶2.4∶2）对 300mg 样品 Fr.2 进行了分离[图 10-16（b）]。

经 HPLC 分析发现，化合物Ⅵ和Ⅶ没有完全分离，需要使用制备型 HPLC 进行二次分离。HSCCC 分离完成后，将含有目标化合物的流分合并，浓缩，过滤后使用半制备 HPLC 对化合物进行脱盐处理，同时进一步对化合物Ⅵ和Ⅶ进行分离纯化。经过以上分离，共得到五个环烯醚萜苷类化合物，分别为裂环马钱子苷（Ⅰ 和Ⅴ）、断马钱子苷半缩醛内酯（Ⅱ）、獐牙菜苷（Ⅲ）、断氧化马钱子苷（Ⅳ和Ⅶ）以及 demethylsecologanol（Ⅵ），纯度均高于 98%。

表 10-3　金银花中环烯醚萜苷类化合物在溶剂系统中的 *K* 值

溶剂系统（体积比）	*K* 值						
	Ⅰ	Ⅱ	Ⅲ	Ⅳ	Ⅴ	Ⅵ	Ⅶ
正丁醇-甲醇-水（3∶1∶4）	0.58	0.85	0.22	1.23			
正丁醇-乙腈-50%硫酸铵溶液-水（3∶1∶2.4∶2）	0.90	1.31	1.64	2.15			
正丁醇- 50%硫酸铵溶液-水（3∶2∶2）	0.32	0.53	0.97	1.29			
正丁醇-乙腈-10%硫酸钠溶液-水（3∶1∶2.4∶2）					0.86	1.39	1.53

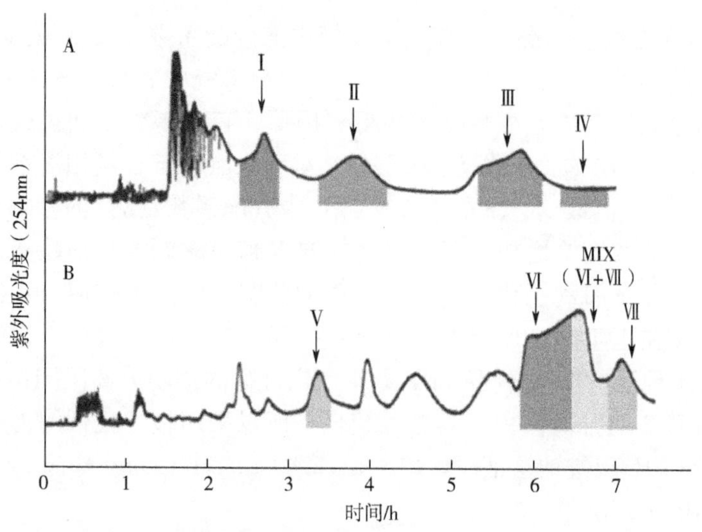

图 10-16　金银花中环烯醚萜苷类化合物的 HSCCC 分离色谱图

HSCCC 分离条件如下。A.正丁醇-50%硫酸铵溶液-水（3：2：2）；上样量：600mg；流速：2.0mL/min；

B.正丁醇-乙腈-10%硫酸钠溶液-水（3：1：2.4：2）；上样量：300mg；流速：1.5mL/min；

转速：800r/min；检测波长：254nm

参考文献

[1] 张天佑，王晓. 高速逆流色谱技术[M]. 北京：化学工业出版社, 2011.

[2] Oka F, Oka H, Ito Y. Systematic search for suitable two-phase solvent systems for high-speed counter-current chromatography[J]. Journal of Chromatography A, 1991, 538 (1): 99-108.

[3] 王美玲，武彦文，欧阳杰. 高速逆流色谱在天然产物分离纯化中的应用[J]. 安徽农业科学, 2010, 38(27): 14828-14830.

[4] Wang X, Wang Y, Zhang T Y, et al. Isolation and purification of honokiol and magnolol from cortex Magnoliae officinalis by high-speed counter-current chromatography[J]. Jounal of Chormatogaphy A, 2004, 1036(2): 171-175.

[5] 王晓，刘建华，程传格，等. 应用高速逆流色谱分离纯化和厚朴酚与厚朴酚的方法[P]:　ZL 200410036087.4.2005-07-06.

[6] Li F, Lin Y, Wang X, et al. Preparative isolation and purification of capsaicinoids from *Capsicum frutescens* using high-speed counter-current chromatography[J]. Separation and Purification Technology, 2009, 64(3): 304-308.

[7] Shu X, Duan W, Liu F, et al. Preparative separation of polyphenols from the flowers of *Paeonia lactiflora* Pall. by high-speed counter-current chromatography [J]. Journal of Chromatography B, 2014, 947-948: 62-67.

[8] Dong H, Yao X, Liu D, et al. Effect of inorganic salt on partition of high-polarity parishins intwo-phase solvent systems and separation by high-speed counter-current chromatography from *Gastrodiaelata* Blume[J]. Journal of Separation Science, 2019, 42: 871-877.

[9] Lu H, Zhu H, Dong H, et al. Purification of pyrethrins from flowers of *Chrysanthemum cineraraeflium* by high-speed counter-current chromatography based on coordination reaction with silver nitrate[J]. Journal of Chromatography A, 2020, 1613: 460660.

[10] Ma T, Dong H, Xu L, et al. Effects of inorganic salts on the partition of iridoid glycosides in high-polarity solvent systems and their preparative separation from Lonicerae japonicae Flos by high-speed counter-current chromatography [J]. Journal of Liquid Chromatography, 2019, 42: 654-661.

第 11 章

pH 区带逆流色谱分离技术

pH 区带逆流色谱（pH-zone-refining counter-current chromatography，pH-ZRCCC）是在常规高速逆流色谱分离的基础上，对溶剂系统的组成进行调配，采用化学手段，使分离过程增添了 pH 区带聚集的特征，使成分的洗脱过程表现为类似置换（顶替）色谱（displacement chromatography）的洗脱过程。这是 Ito 教授在 HSCCC 仪器的基础上建立的一种新的应用技术[1-2]。pH 区带逆流色谱分离图由一系列溶质区带组成，样品富集在区带的界面之间，杂质则富集在区带的边缘。该技术需要在有机相中加入酸（碱），在水相中加入碱（酸），有机相和水相都可以作为流动相和固定相。当流动相穿过固定相时，发生酸碱反应，最终达到平衡。当样品进入分离柱时，被分离物质按照其 pK_a 和亲水性依次排列，并以一串边界陡峭的矩形区带的形式被洗脱出来，因此，它的色谱图不再是我们在液相或气相色谱分离中常见的高斯分布的色谱峰形[1-3]。

与常规逆流色谱相比，pH 区带逆流色谱技术在保持高速逆流色谱技术无固态支撑体干扰、分离效率高等优点的基础上，具有更高的分离制备能力，能将相同容积逆流色谱仪的分离制备量提高数倍乃至 10 倍。至今，pH 区带逆流色谱已被成功地应用于氨基酸衍生物、肽衍生物、氧杂蒽染料、立体异构体、生物碱及有机酸等多种具有电离特性化合物的分离。

11.1 pH 区带逆流色谱的分离原理

pH-ZRCCC 主要用于稳定的可电离化合物的分离。以分离酸性物质为例，在分离柱内，固定相占据上半部分空间，流动相占据下半部分空间（图 11-1）。基于非线性等温线的作用，保留酸形成了一个陡峭的缓行边界。此边界在柱中移动的速度比流动相慢，当酸性分离物出现在流动相中位置①时，由于溶液的低 pH 值而形成了疏水的质子化形式，进入了有机固定相的位置②。随着陡峭保留边界的前移，分离物暴露在一个较高的 pH 值位置③，这时，分离物会失去质子并且转移到水溶性下相位置④。在水溶性流动相中，被分离成分快速迁移穿过陡峭的保留边界，不断重复着上述的循环。随着被分离物质的流出，各成分按区带的 pH 值大小顺序排列，而每一个成分被洗脱出的区带的 pH 值（$pH_{Z\text{-}S}$）则由被分离成分的电离常数（pK_a）及疏水性常数（$K_{D\text{-}S}$）所决定，可以表达为以下关系式：

$$pH_{Z\text{-}S}=pK_a+\lg\left[\left(\frac{K_{D\text{-}S}}{K_S}\right)-1\right]$$

式中，K_S 为保留酸或被分离成分在两相溶剂系统的分配系数。

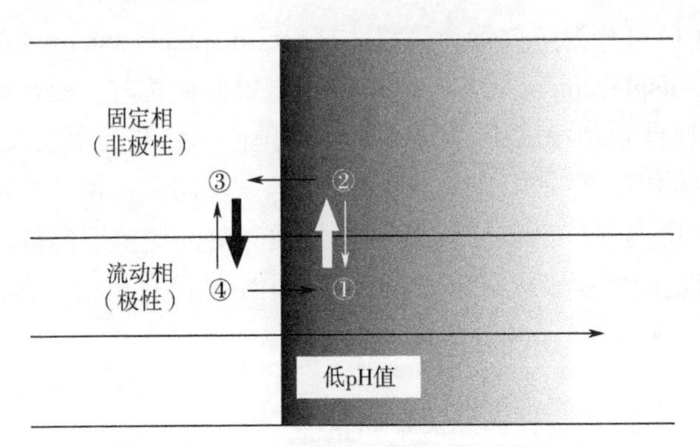

图 11-1　pH 区带逆流色谱分离原理示意图

保留酸（或碱）的作用是在溶质区的前面把溶质从流动相转移到固定相，而洗脱碱（或酸）的作用则是在溶质区的后面把溶质从固定相转移到流动相。当存在多种较大量的溶质时，具有最大 pK_a 值和强亲水性的溶质会首先流出分离柱。所以，分离柱中的不同溶质的分离区带按其 pH 值升高（分离酸性物质）或降低（分离碱性物质）的顺序依次排列，从而实现不同溶质的分离（图 11-2）。pH-ZRCCC 分离中常用的酸碱溶剂有三氟乙酸（TFA）和氨水（主要用于分离有机酸类化合物），以及三乙胺（TEA）和盐酸（主要用于分离碱类化合物）等[1-3]。

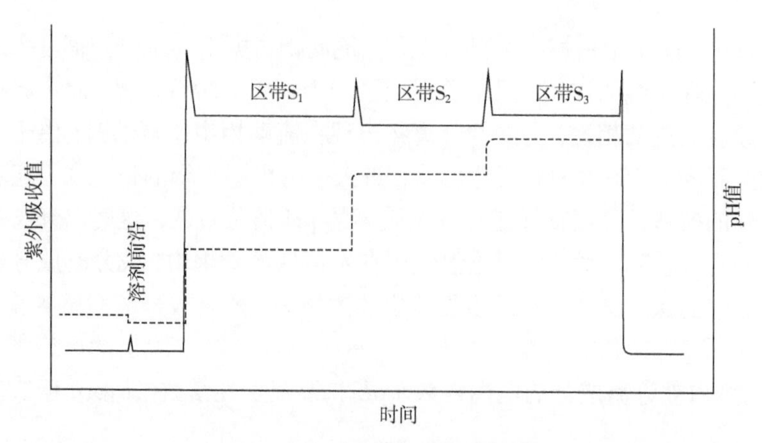

图 11-2 多种溶质分离机理示意图

11.2 pH 区带逆流色谱的分类

pH-ZRCCC 可分为正向置换模式（normal-displacement mode）和反向置换模式（reverse-displacement mode）两类。正向置换模式与置换色谱的分离方法很相似。而在反向置换模式中，用有机相作为固定相，在其中加入保留酸（碱）；用水相作为流动相，在其中加入洗脱碱（酸）。反向置换模式为常用的样品分离模式。反向置换 pH-ZRCCC 分离酸性物质时溶剂的前期准备过程如图 11-3 所示。在采用正向置换模式时，将水相作为固定相而有机相作为流动相，前面

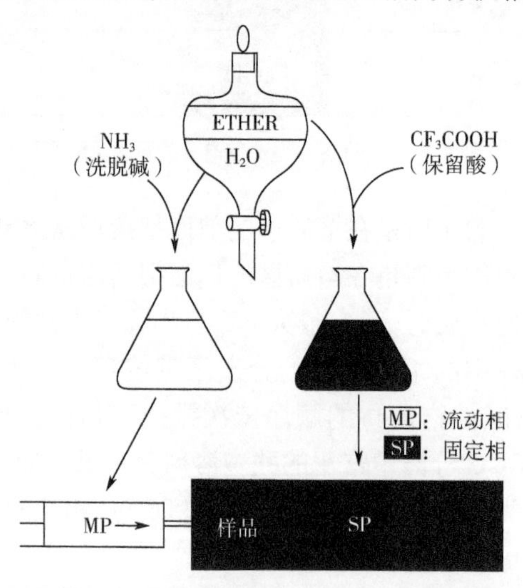

图 11-3 反向置换 pH 区带逆流色谱分离酸性物质的溶剂前期准备过程

的保留酸成为了洗脱酸，洗脱碱成为了保留碱。根据 pH-ZRCCC 色谱分离原理可知，上述两种模式的出峰顺序和 pH 高低顺序相反。影响 pH-ZRCCC 分离的主要因素为保留酸（碱）和洗脱碱（酸）的浓度，采用反向置换模式时，加入酸碱的浓度较适宜的范围一般为 10 ~ 20mmol/L[1-4]。

11.3 pH 区带逆流色谱的工作方法

11.3.1 pH 区带逆流色谱溶剂系统的选择

在 pH-ZRCCC 分离中，目标化合物在溶剂系统中的 K 值应满足一定的条件，即对于碱性化合物 $K_{acid} \ll 1$，并且 $K_{base} \gg 1$；对于酸性化合物 $K_{base} \ll 1$，并且 $K_{acid} \gg 1$，同时样品在溶剂系统中还要有良好的溶解度[3]。根据已有的经验，叔丁基甲醚（MTBE）-乙腈-水（1∶0∶1） ~ （2∶2∶3）为大多数离子型化合物分离常用溶剂系统，而对于极性较强的离子型化合物，通常向上述体系中加入一定比例的正丁醇即可实现分离；对于极性较弱的这类化合物，则采用极性较低的正己烷-乙酸乙酯-甲醇-水，其比例可在（5∶5∶5∶5）~（10∶0∶5∶5）之间调节（表 11-1）[3,5-7]。研究发现，对于极性较高的生物碱类成分可以从氯仿-甲醇-水（4∶3∶3 或 4∶3∶2）溶剂系统着手[8]，对于极性较高的有机酸类成分可以从乙酸乙酯-正丁醇-乙腈-水（3∶1∶1∶5）开始尝试，通过调整溶剂比例，往往能取得满意的分离效果[9]，从而大大降低了 pH-ZRCCC 溶剂系统筛选的工作量。

表 11-1　pH 区带逆流色谱分离常用溶剂系统

<table>
<tr><th>溶剂系统</th><th>体积比</th><th>极性</th></tr>
<tr><td rowspan="6">正己烷（石油醚）-乙酸乙酯-甲醇-水</td><td>10∶0∶5∶5</td><td rowspan="6">疏水性</td></tr>
<tr><td>9∶1∶5∶5</td></tr>
<tr><td>8∶2∶5∶5</td></tr>
<tr><td>7∶3∶5∶5</td></tr>
<tr><td>6∶4∶5∶5</td></tr>
<tr><td>5∶5∶5∶5</td></tr>
<tr><td rowspan="6">叔丁基甲醚-正丁醇-乙腈-水</td><td>1∶0∶0∶1</td><td rowspan="6">亲水性</td></tr>
<tr><td>4∶0∶1∶5</td></tr>
<tr><td>6∶0∶3∶8</td></tr>
<tr><td>2∶0∶2∶3</td></tr>
<tr><td>4∶2∶3∶8</td></tr>
<tr><td>2∶2∶1∶5</td></tr>
</table>

11.3.2 溶剂系统的筛选方法

以分离酸性物质为例，pH-ZRCCC 溶剂系统的筛选具体步骤如下[3]。

① 在一个大约 10mL 的试管中，分别取等体积的叔丁基甲醚和 12mmol/L 氨水溶液（pH 值约为 10，浓度约为 0.1%的氨水），加入少量样品，振摇，测定目标成分在上下相中的分配系数。分配系数定义为：$K_D=c_s/c_m$（c_s 表示溶质在上相中的质量浓度，c_m 表示溶质在下相中的质量浓度），获得其在碱性条件下的分配系数 K_{base}。

② 若 $K_{base}\ll 1$，则加入保留剂三氟乙酸（其浓度约为 20mmol/L），将 pH 值调节至 2 左右，再次振摇使其达到平衡，计算出酸性条件下的分配系数 K_{acid}。若 $K_{acid}\gg 1$，则该溶剂系统适合该成分的分离。

③ 若未能满足 $K_{base}\ll 1$，则需采用极性较弱的溶剂系统重复上述步骤；若未能满足 $K_{acid}\gg 1$，则需采用极性较强的溶剂系统重复上述步骤。

分离碱性物质时，也可以采用类似的方法来筛选合适的溶剂系统，区别在于将其中的三氟乙酸换成三乙胺，氨水换成盐酸。

此外，王晓课题组凭借在 pH-ZRCCC 分离方面的实践经验，建立了一套更为简单的筛选 pH-ZRCCC 溶剂系统的方法，以生物碱类成分的分离为例，其步骤如下。

① 在试管中用 2mL 下相溶液溶解适量的生物碱粗提物，然后通过 HPLC 分析获得目标化合物的峰面积 A_0；

② 在上述试管里加入 2mL 上相溶液，振摇平衡后，用 HPLC 分析下相，获得目标化合物的峰面积 A_1；

③ 再加入 5μL HCl，将 pH 值调节至 2 左右，再次用 HPLC 分析下相，获得目标化合物的峰面积 A_2；

④ 计算分配系数 $K_{始}=（A_0-A_1）/A_1$，$K_{acid}=（A_0-A_2）/A_2$，如果 $K_{始}>1$，且 $K_{acid}\ll 1$，则该溶剂系统可用于该生物碱类成分的分离。

11.3.3 试验条件的优化

除溶剂系统外，洗脱碱（酸）和固定酸（碱）的浓度也是分离的关键影响因素。在采用反向洗脱模式时，通常加入等摩尔浓度的保留剂和洗脱剂（一般为 10 ~ 20mmol/L）即能获得理想的分离效果。此外，增加洗脱剂的浓度会使分离物的洗脱浓度增加且保留时间缩短，而增加固定相中保留剂的浓度能使固定相中分离物的浓度增加且保留时间延长。但高浓度的保留剂往往会导致固定相的流失，其原因在于分离物在固定相中的浓度过高而产生沉淀[7]。

11.4 pH 区带逆流色谱的操作方法

（1）制备样品溶液

将一定量的样品溶解于含有保留剂的固定相中，同时在其中加入等量不含洗脱剂的流动相。若样品无法完全溶解，采用超声处理后若能形成颗粒均匀的悬浮液，也可用来直接进样。但是，样品的浓度过大会导致溶剂系统的组成和两相间界面张力发生变化，导致分离管柱中固定相的流失。

（2）灌注固定相

利用溶剂泵将分离柱系统灌注满酸化或碱化的固定相。

（3）进样与仪器的运行

与 HSCCC 操作相比，pH-ZRCCC 不需要经过流体动力学平衡，而是首先通过进样阀将样品溶液注入，然后让仪器按一定的方向和转速转动起来，同时将含洗脱剂的流动相以一定速度泵入管柱。流动相带出的流分除了需要使用紫外检测器检测外，还需要对流出液的 pH 值进行连续检测，也可使用 pH 计对各流分的 pH 值进行分别测定。

（4）分离柱清洗

分离完成后首先需要停止流速与转速，吹出柱内剩余液体，并计算固定相的保留值。与 HSCCC 不同的是，由于溶剂系统中使用了酸碱，在清洗分离柱时要先用去离子水冲洗后再用乙醇冲洗，这样可避免残留物对下次分离的干扰。

11.5 pH 区带逆流色谱的优点与局限性

与 HSCCC 相比，pH-ZRCCC 具有以下优点：

① 溶剂系统易于优化，通常在为数不多的几个溶剂系统中就可选定，在溶剂系统中加入三氟乙酸和氨水可用于有机酸的分离，加入三乙胺和盐酸可用于有机碱的分离；

② 使用与 HSCCC 相同容积的分离管柱，pH-ZRCCC 的进样量能提高 10 倍甚至更多，分离纯化效率明显提高；

③ 流分被高度聚集浓缩，生物碱（有机酸）形成的色谱峰通常是特征明显的矩形峰，而杂质被高度浓缩在矩形峰主峰的边缘，易于检测；

④ 无紫外吸收的样品可以通过 pH 连续监测器进行检测，每个流分区段的 pH 值往往是不同的，而流分两端的杂质流分的 pH 通常会形成尖峰，特征明显。

然而，由于该方法主要依据样品的酸碱性和电离常数的不同而实现分离，因此，目前的分离对象还只局限于酸性和碱性物质，并且仅限于具有较大电离常数差别的酸性或碱性物质（解离常数 pK_a 至少要相差 0.2，这在很大程度上限制了其应用范围）的分离[1,7]。

11.6 pH 区带逆流色谱在天然产物分离中的应用

11.6.1 生物碱类化合物的分离

（1）黄连生物碱

黄连为毛茛科植物黄连（*Coptis chinensis* Franch.）、三角叶黄连（*Coptis deltoidea* C. Y. Cheng et Hsiao）或云连（*Coptis teeta* Wall.）的干燥根茎，具有清热燥湿、泻火解毒的传统功效。现代研究表明黄连提取物具有抗菌、抗炎等多种药理活性，其主要活性成分是小檗碱、黄连碱、巴马汀、药根碱、非洲防己碱等生物碱类化合物（图 11-4）。王晓等采用 pH-ZRCCC 对黄连中的 5 个生物碱成功地进行了制备分离[8]。

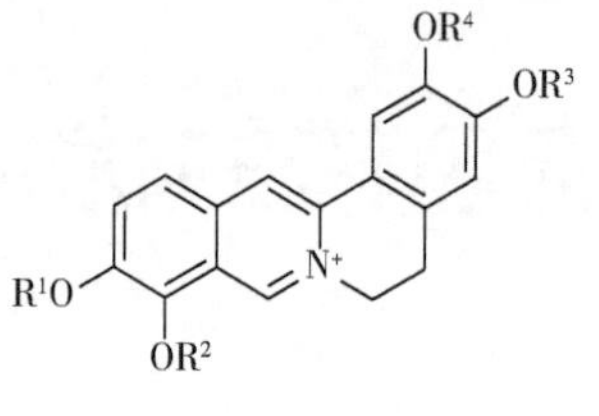

OR^4 OR^3 R^1O OR^2 N^+

	R^1	R^2	R^3	R^4
非洲防己碱	CH_3	CH_3	CH_3	H
药根碱	CH_3	CH_3	H	CH_3
巴马汀	CH_3	CH_3	CH_3	CH_3

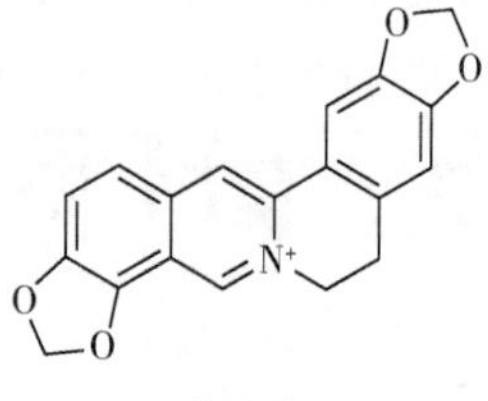

N^+

黄连碱

H_3CO OCH_3 N^+

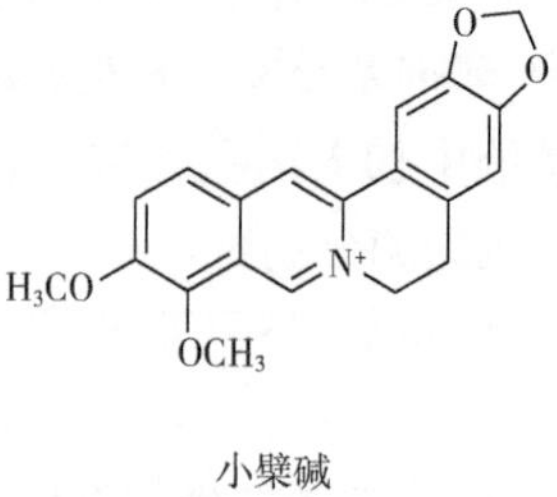

小檗碱

图 11-4 从黄连中分离出的五种生物碱的化学结构式

首先取黄连70%乙醇提取物，溶于1.5%硫酸溶液中，加氢氧化钙调节溶液的pH值至5~6，过滤后浓缩，用盐酸将浓缩液的pH值调节至1~2，再加入5.0%的氯化钠，置于4℃冰箱中过夜，析出物经过滤、干燥，得黄连总生物碱。

由于黄连中生物碱为季铵型生物碱，极性大、易溶于水，在选择溶剂系统时，要优先考虑目标化合物在体系上相（有机相）中能否有较高的分配系数。首先采用常用体系叔丁基甲醚-乙腈-水和石油醚-乙酸乙酯-甲醇-水对提取物进行了分离，发现样品的溶解度较小，无法实现制备级分离。然后，采用了氯仿-甲醇-水（4∶2∶2和4∶3∶3）体系，通过测定分配系数，发现在这两个体系中均具有合适的分配系数，且样品溶解度良好。在氯仿-甲醇-水（4∶3∶3）体系中考察了保留碱和洗脱酸的加入量：当上相加入盐酸的浓度至10mmol/L，下相加三乙胺的浓度至10mmol/L时，目标化合物未能实现完全分离[图11-5（a）]；随后将盐酸的浓度增加到40mmol/L，分离效果仍不理想；之后继续加大酸碱浓度的差距，当上相盐酸浓度为60mmol/L，下相三乙胺的浓度为5mmol/L时，目标化合物实现了良好的分离[图11-5（b）]。进样量为1.0g时，分离得到非洲防己碱5.4mg、药根碱6.1mg、黄连碱58.3mg、巴马汀25.6mg、小檗碱503.9mg，纯度均高于96%。

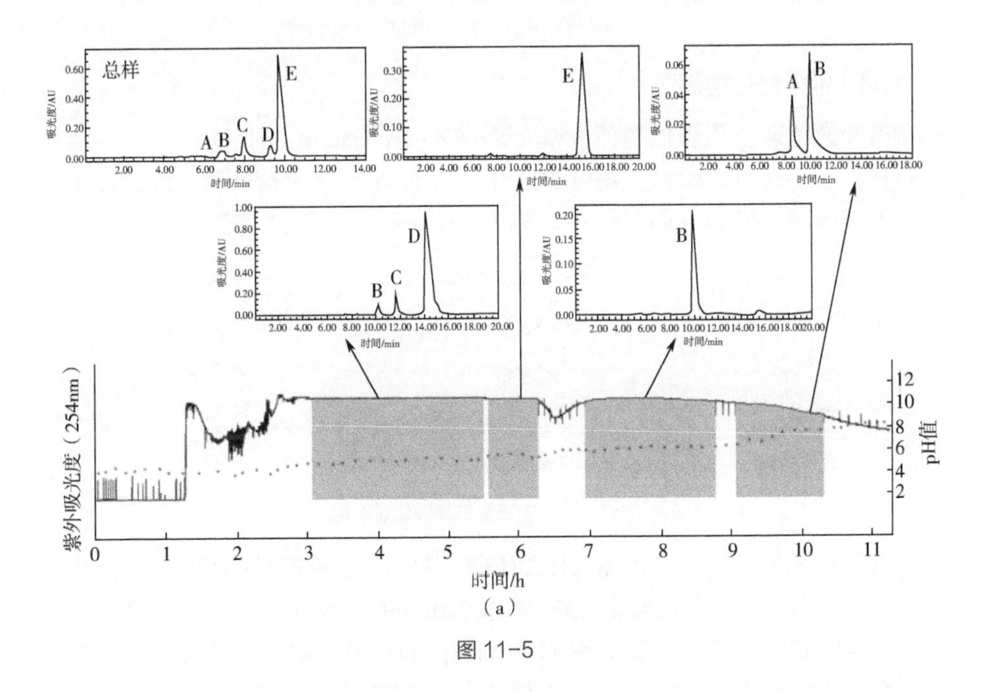

图11-5

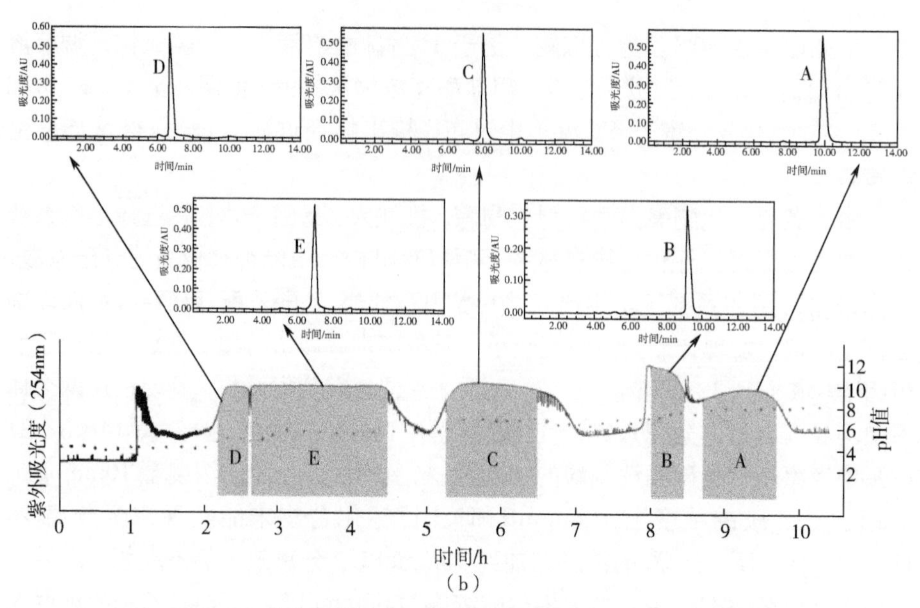

图 11-5　黄连中生物碱的 pH 区带逆流色谱图及 HPLC 分析图

(a) 溶剂系统为氯仿-甲醇-水（4∶3∶3）；上相盐酸浓度为 10mmol/L，下相三乙胺浓度为 10mmol/L；转速为 850r/min；流速为 2mL/min；进样量为 1.0g；检测波长为 254nm。(b) 溶剂系统为氯仿-甲醇-水（4∶3∶3）；上相盐酸浓度为 60mmol/L，下相三乙胺浓度为 5mmol/L；转速为 850r/min；流速为 2mL/min；进样量为 1.0g；检测波长为 254nm

（2）荷叶生物碱

荷叶为睡莲科莲属植物莲（*Nelumbo nucifera* Gaertn）的干燥叶，是药食两用药材，主要含有黄酮和生物碱类成分（图 11-6）。其中荷叶碱（nuciferine）、*N*-去甲荷叶碱（*N*-nornuciferine）、莲碱（roemerine）是其主要活性成分。

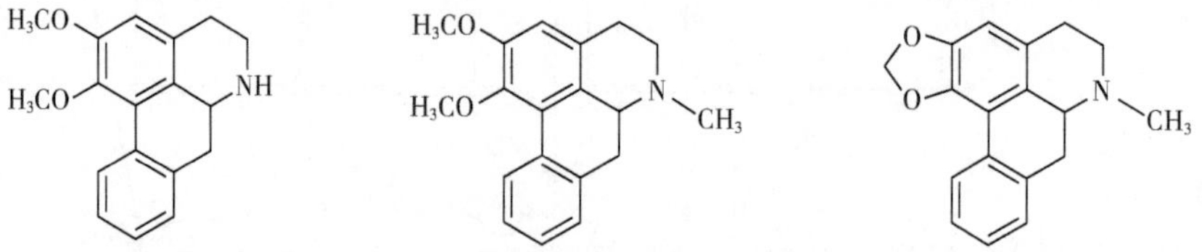

H_3CO　H_3CO　NH　　H_3CO　H_3CO　N　CH_3　　O　O　N　CH_3

N–去甲荷叶碱　　　荷叶碱　　　莲碱

图 11-6　荷叶中主要生物碱化学结构式

王晓等分别采用 HSCCC 和 pH-ZRCCC 对荷叶生物碱粗提物进行了分离[9]。HSCCC 溶剂系统为四氯化碳-氯仿-甲醇-0.1mol/L 盐酸水（1∶3∶3∶2），一次进样可实现 120mg 样品的分离[图 11-7（a）]；pH-ZRCCC 溶剂系统为石油醚-乙酸乙酯-甲醇-水（5∶5∶2∶8），上相加入三乙胺（10mmol/L）作为固定相，下相加入盐酸（10mmol/L）作为流动相，单次进样可实现 4.0g 样品的分离，获得 *N*-去甲荷叶碱（A，120mg）、荷叶碱（B，1020mg）和莲碱（C，96mg）[图 11-7（b）]。同时，可以看到形成了三个矩形的色谱峰，杂质出现在矩形峰的两侧，符合 pH 区带逆流色谱峰的特征。

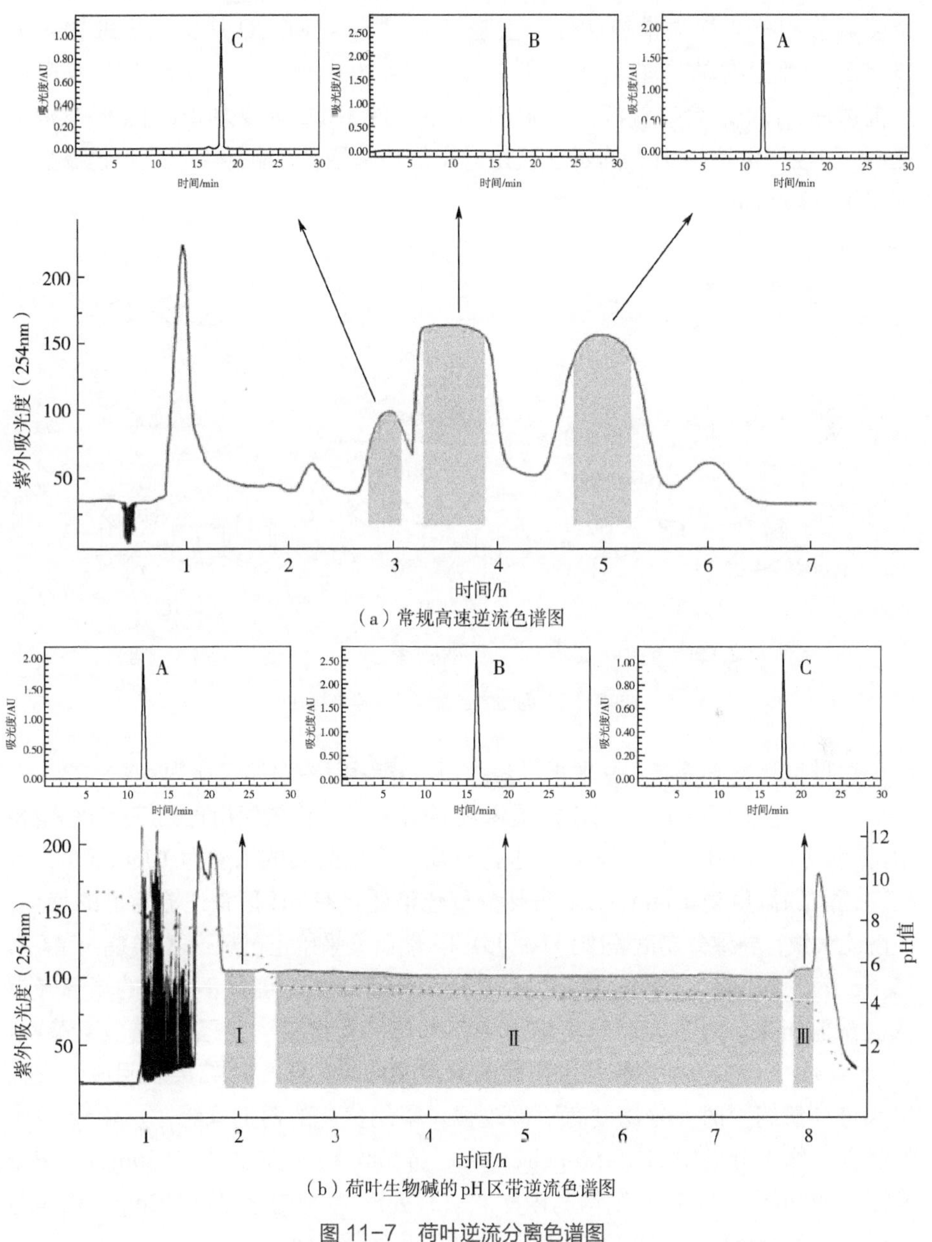

（a）常规高速逆流色谱图

（b）荷叶生物碱的pH区带逆流色谱图

图 11-7　荷叶逆流分离色谱图

（3）钩吻生物碱

钩吻（*Gelsemium elegans* Benth.）为马钱科钩吻属植物钩吻的全株，主要分布在我国南方地区，民间广泛用于治疗疼痛、痉挛和皮肤溃疡。钩吻的主要活性物质是羟吲哚生物碱，该类生物碱具有较强的细胞毒性及镇痛、抗炎、免疫调节和抗心律失常等活性。王晓等应用 pH-ZRCCC 从钩吻提取物中分离得到 6 种生物碱（图 11-8）[10]。取 4.0kg 的钩吻粉末，使用 95%乙醇回流提取后，过滤，合并滤液，减压浓缩，浓缩液用 1L 浓度为 2%的盐酸水溶液复溶，酸性提取物用 10%的氨水碱化后用氯仿萃取，浓缩得 45g 总生物碱提取物用于分离制备。

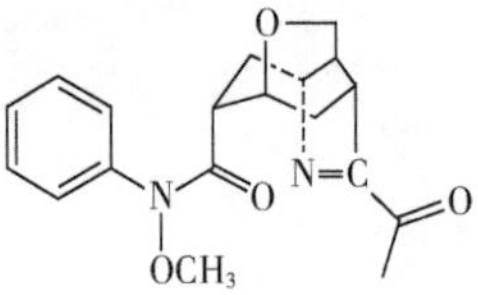

1 19-xo-gelsenicine 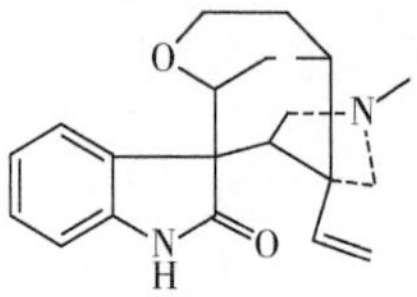　　**2** 钩吻素甲 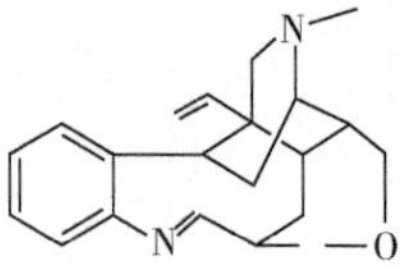　　**3** 钩吻素子

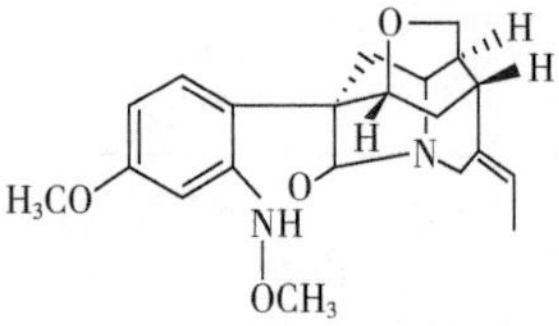

4 11-甲氧基钩吻内酸胺 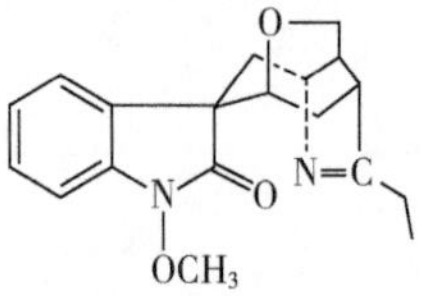　　**5** 钩吻素己 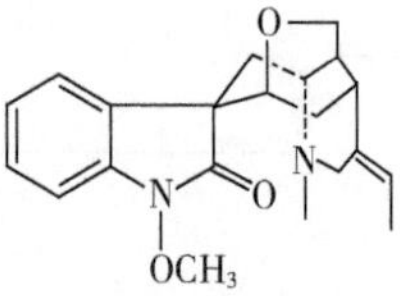　　**6** 胡蔓藤碱乙

图 11-8　钩吻中生物碱的化学结构式

通过优化溶剂系统，发现正己烷-乙酸乙酯-甲醇-水体积比为 5∶5∶3∶7、3∶7∶3∶7、3∶7∶1∶9 时均能提供较好的 *K* 值。首先使用正己烷-乙酸乙酯-甲醇-水（5∶5∶3∶7）溶剂体系进行分离，上相盐酸的浓度为 10mmol/L，下相三乙胺的浓度为 10mmol/L，虽然分离色谱图具有 pH 区带逆流色谱的特征，但洗脱太快，导致分离度差[图 11-9（a）]。然后又采用正己烷-乙酸乙酯-甲醇-水（5∶5∶1∶9）体系进行分离[图 11-9（b）]，6 个生物碱以不规则的矩形峰被依次洗脱出来。为了提高总生物碱的溶解度，又尝试了正己烷-乙酸乙酯-甲醇-水（3∶7∶1∶9）系统对生物碱的分离[图 11-9（c）]，结果表明该体系在增大进样量的同时，分离度有明显改善。采用优化的溶剂系统，从 4.5g 总生物碱提取物中分离得到 19-xo-gelsenicine（420mg）、钩吻素甲（456mg）、钩吻素子（723mg）、11-甲氧基钩吻内酸胺（379mg）、钩吻素己（342mg）和葫蔓藤碱乙（318mg），经 HPLC 测定，其纯度均高于 95%。

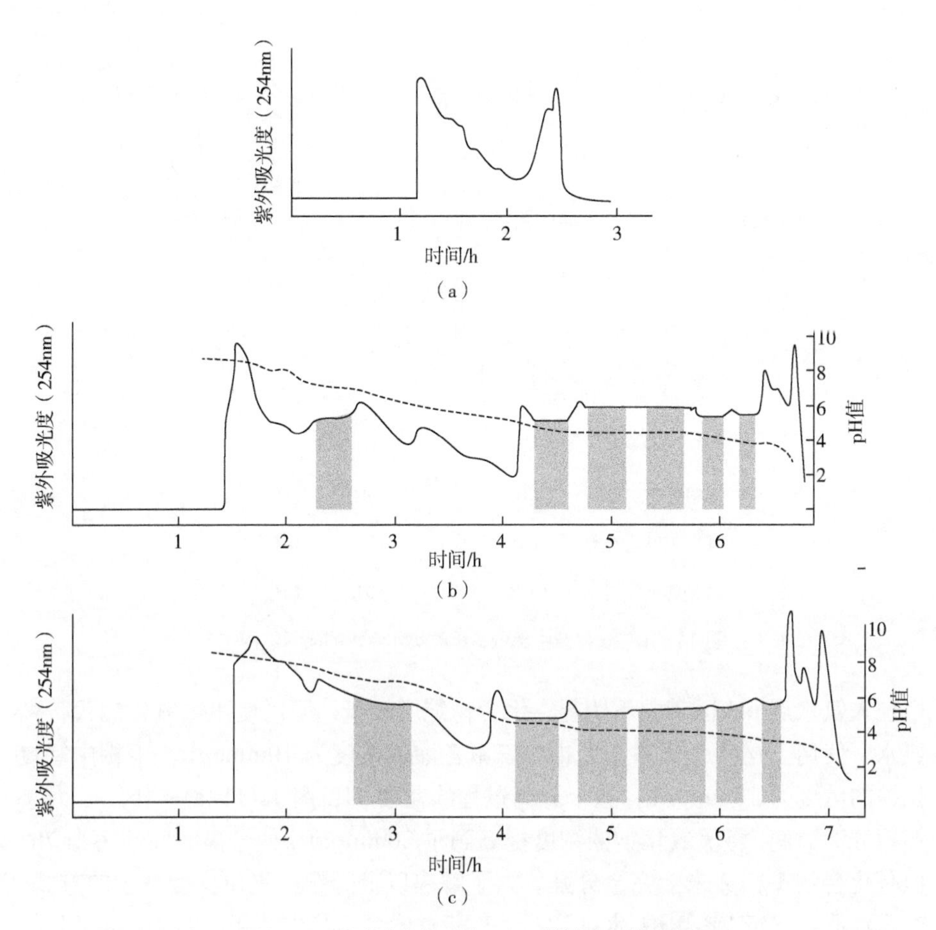

图 11-9　钩吻中生物碱的 pH 区带逆流色谱分离图

pH 区带逆流色谱条件：柱体积为 300mL；溶剂系统为正己烷-乙酸乙酯-甲醇-水；上相盐酸的浓度为 10mmol/L，下相三乙胺的浓度为 10mmol/L；转速为 850r/min；流速为 2mL/min；检测波长为 254nm

11.6.2　有机酸类化合物的分离

（1）松萝有机酸

长松萝（*Usnea longissima* Ach.）为松萝科松萝属地衣类植物，具有清热解毒、止咳化痰的作用。长松萝中主要成分为有机酸类化合物（图 11-10），这类化合物多具有抗菌、抗病毒等生物活性。

王晓等首先对长松萝有机酸成分在石油醚-乙酸乙酯-甲醇-水（5∶5∶5∶5，5∶5∶4∶6，5∶5∶3∶7，5∶5∶2∶8）四个体系中的 K 值进行了测定，结果发现目标化合物在石油醚-乙酸乙酯-甲醇-水（5∶5∶3∶7，5∶5∶2∶8）两个体系中的 K_{base} 和 K_{acid} 值较为合适。由于目标化合物的酸性较弱，导致下

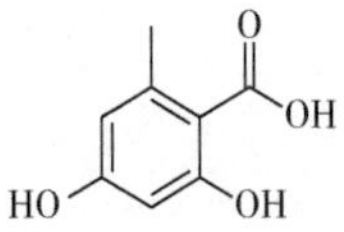

1 苔色酸 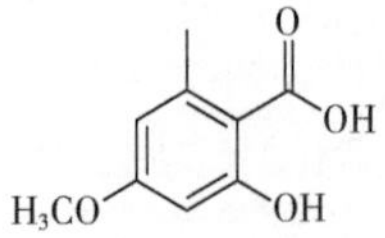　　2 4-*O*-扁枝衣酸 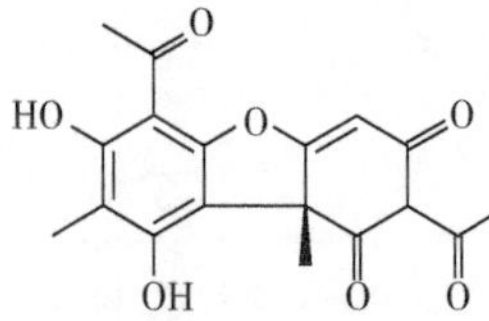　　6 松萝酸

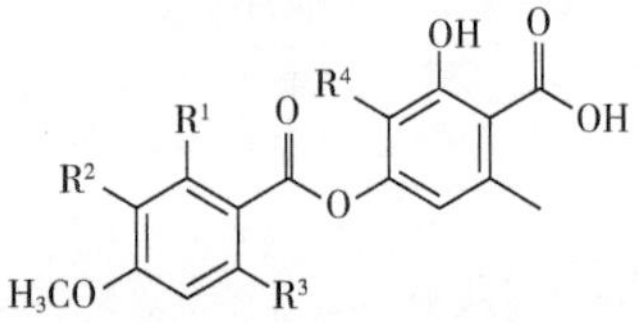

	R^1	R^2	R^3	R^4
3 扁枝衣二酸	CH_3	H	OH	H
4 巴尔巴地衣酸	OH	CH_3	CH_3	CH_3
5 地弗地衣酸	OCH_3	CH_3	CH_3	CH_3

图 11-10　长松萝中部分有机酸类化合物的化学结构式

相加入氨水后 pH 区带并不明显，化合物纯度较低，所以使用氢氧化钠代替了氨水。使用上述两个体系，上相中三氟乙酸的浓度为 10mmol/L，下相中氢氧化钠的浓度为 10mmol/L，整个分离过程约需要 11h[图 11-11 (a) , (b)]。为了缩短分离时间，将氢氧化钠的浓度提高到了 20mmol/L，使分离时间缩短为 7h，但是化合物 1 和 2 未能完全分开。为了解决以上问题，采用梯度洗脱的方式，对石油醚-乙酸乙酯-甲醇-水（5∶5∶3∶7）体系，首先使用含有 10mmol/L 氢氧化钠的流动相洗脱 1.5h，然后改用含有 20mmol/L 氢氧化钠的流动相进行洗脱，6 个化合物被成功分离，分离时间缩短为 8h[图 11-11 (c)]。从 1.2 g 粗提物中分离得到苔色酸 74.0mg、4-*O* 扁枝衣酸 55.5mg、扁枝衣二酸 353.5mg、巴尔巴地衣酸 102.0mg、地弗地衣酸 19.4mg 以及松萝酸 44.9mg[11]。

（2）金银花有机酸

金银花具有清热解毒、凉散风热等功效，主要分布在我国山东、河南、河北等地区。金银花中的有机酸、黄酮、环烯醚萜苷等化合物为其主要活性成分。其有机酸主要是以羟基桂皮酸为母核的咖啡酰奎宁酸，如 3-*O*-咖啡酰奎宁酸（绿原酸）、3,5-*O*-二咖啡酰奎宁酸（异绿原酸 A）、3,4-*O*-二咖啡酰奎宁酸（异绿原酸 B）、4,5-*O*-二咖啡酰奎宁酸（异绿原酸 C）等（图 11-12）。王晓等采用 pH-ZRCCC 对金银花中的咖啡酰奎宁酸成功实现了分离[12]。

称取 2.0kg 金银花加入 50%乙醇，浸泡 1 h，然后在 70℃下回流提取 3 次，

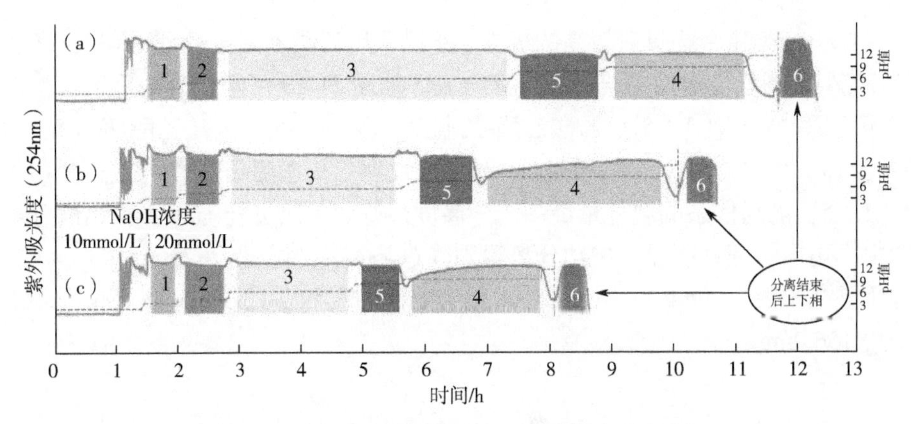

图 11-11　长松萝粗提物的 pH 区带逆流色谱分离图

pH 区带逆流色谱条件如下。(a) 溶剂系统：石油醚-乙酸乙酯-甲醇-水（5∶5∶2∶8）；上相加入 10mmol/L 三氟乙酸，下相加入 10mmol/L 氢氧化钠；(b) 溶剂系统：石油醚-乙酸乙酯-甲醇-水（5∶5∶3∶7）；上相加入 10mmol/L 三氟乙酸，下相加入 10mmol/L 氢氧化钠；(c) 溶剂系统：石油醚-乙酸乙酯-甲醇-水（5∶5∶3∶7）；上相加入 10mmol/L 三氟乙酸，下相加入 10/20mmol/L 氢氧化钠。转速：850 r/min；流速：2mL/min；上样量：1.2 g；检测波长：254nm

1—苔色酸；2—4-*O*-扁枝衣酸；3—扁枝衣二酸；4—巴尔马地衣酸；5—地弗地衣酸；6—松萝酸

HOOC　OR[1]　OR[2]　OH　OR[3]

O　OH　OH

咖啡酰基

	R[1]	R[2]	R[3]
Ⅰ 3-*O*-咖啡酰奎宁酸	咖啡酰基	H	H
Ⅱ 3,4-*O*-二咖啡酰奎宁酸	咖啡酰基	咖啡酰基	H
Ⅲ 4,5-*O*-二咖啡酰奎宁酸	H	咖啡酰基	咖啡酰基
Ⅳ 3,5-*O*-二咖啡酰奎宁酸	咖啡酰基	H	咖啡酰基

图 11-12　金银花中主要咖啡酰奎宁酸结构式

每次 2h，料液比为 1∶15(质量体积比)。合并提取液并抽滤，50℃减压浓缩至约 1L，并置于通风处 12h 使提取液挥发至无醇味。将提取液加水复溶至 1.2L，并使用等量石油醚萃取 3 次。然后在水相中加入盐酸将 pH 值调至 2 左右，使用等量乙酸乙酯萃取 5 次。合并乙酸乙酯相，减压浓缩为浸膏，最终得到金银花的酚酸粗提物 80.2g。

由于这类化合物具有较高的极性，所以采用乙酸乙酯-正丁醇-水和乙酸乙酯-乙腈-水高极性溶剂系统进行分离研究。如图 11-13 所示，分别采用乙酸乙酯-正丁醇-水（4∶1∶5）、乙酸乙酯-乙腈-水（4∶1∶5）、乙酸乙酯-正丁醇-乙腈-水（3∶1∶1∶5）对粗提物进行了分离。发现乙酸乙酯-正丁醇-乙腈-水（3∶1∶1∶5）溶剂体系的载样量最高，分离度最好。单次进样 1.2 g，在色谱分离图中，矩形特征峰明显，成功分离得到 3-*O*-咖啡酰奎宁酸 167.8mg、3,4-*O*-二咖啡酰奎宁酸 15.9mg、4,5-*O*-二咖啡酰奎宁酸 103.4mg 以及 3,5-*O*-二咖啡酰奎宁酸 156.0mg。

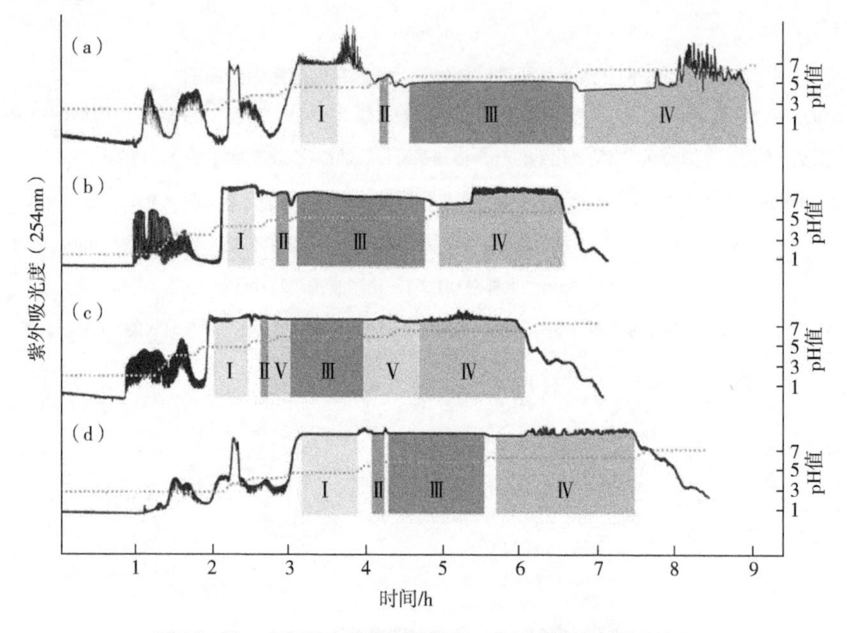

图 11-13　金银花有机酸提取物的 pH 区带逆流色谱分离图

(a) 乙酸乙酯-正丁醇-水（4∶1∶5），600mg 样品；(b) 乙酸乙酯-乙腈-水（4∶1∶5），600mg 样品；

(c) 乙酸乙酯-乙腈-水（4∶1∶5），1.2g 样品；(d) 乙酸乙酯-正丁醇-乙腈-水（3∶1∶1∶5）

Ⅰ—3-*O*-咖啡酰奎宁酸；Ⅱ—3,4-*O*-二咖啡酰奎宁酸；Ⅲ—4,5-*O*-二咖啡酰奎宁酸；

Ⅳ—3,5-*O*-二咖啡酰奎宁酸；Ⅴ—混合物

参考文献

[1] Pennanec R, Viron C, Blanchard S, et al. Original uses of the pH-zone refining principle: Adaptation to synthesis imperatives and to ionic compounds[J]. Journal of Liquid Chromatography &Related Technologies, 2001, 24 (11-12):

1575-1591.

[2] Ito Y, Onway W D. High-speed Countercurrent Chromatography[M]. New York: John Wily & Sons Inc, 1996.

[3] Ito Y. Golden rules and pitfalls in selecting optimum conditions for high-speed counter-current chromatography[J]. Journal of Chromatography A, 2005, 1065 (2): 145-168.

[4] 曹学丽. 高速逆流色谱分离技术及应用[M]. 北京: 化学工业出版社, 2005.

[5] Sherma J, Heftmann E. Chromatography. 5th edition. fundamentals and applications of chromatography and related differential migration methods part B: applications [M]. Elsevier, 1992.

[6] Oka F, Oka H, Ito Y. Systematic search for suitable two-phase solvent systems for high-speed counter-current chromatography[J]. Journal of Chromatography A, 1991, 538 (1): 99-108.

[7] 张天佑, 王晓. 高速逆流色谱技术[M]. 北京: 化学工业出版社, 2011.

[8] Sun C, Li J, Wang X, et al. Preparative separation of quaternary ammonium alkaloids from Coptis chinensis Franch by pH-zone-refining counter-current chromatography[J]. Journal of Chromatography A, 2014, 1370: 156-161.

[9] Zheng Z, Wang M, Wang D, et al. Preparative separation of alkaloids from *Nelumbo nucifera* leaves by conventional and pH-zone-refining counter-current chromatography[J]. Journal of Chromatography B, 2010, 878 (19): 1647-1651.

[10] Fang L, Zhou J, Lin Y, et al. Large-scale separation of alkaloids from Gelsemium elegans by pH-zone-refining counter-current chromatography with a new solvent system screening method[J]. Journal of Chromatography A, 2013, 1307: 80-85.

[11] Sun C, Liu F, Sun J, et al. Optimisation and establishment of separation conditions of organic acids from Usnea longissima Ach. by pH-zone-refining counter-current chromatography: Discussion of the eluotropic sequence[J]. Journal of Chromatography A, 2016, 1427: 96-101.

[12] Ma T, Dong H, Lu H, et al. Preparative separation of caffeoylquinic acid isomers from LoniceraejaponicaeFlos by pH-zone-refining counter-current chromatographyand a strategy for selection of solvent systems with high sampleloading capacity[J]. Journal of Chromatography A, 2018, 1578: 61-66.

第 12 章
分子蒸馏技术

分子蒸馏（molecular distillation），又称为短程蒸馏（short-path distillation），是在高真空（0.1 ~ 100Pa）及低温环境下进行连续蒸馏的一种方法。分子蒸馏技术是一种特殊的液-液分离技术，其实质是根据被分离物质的质量及分子平均自由程的不同进行分离[1]。早在 20 世纪初，就开始了分子蒸馏技术的研究。1935 年 Hickman 组装了首台离心式分子蒸馏设备。1943 年，Qnackenbushi 等研究了刮膜式分子蒸馏器。20 世纪 60 年代，日、德等国家应用分子蒸馏技术浓缩鱼肝油中维生素 A。随着分子蒸馏技术在各领域中的应用，分子蒸馏设备也不断得到改进和完善，如德国的 GEA、UIC、VTA 公司和美国的 POPE 公司等。20 世纪 70 年代末 80 年代初，余国琮和樊丽秋两位学者将分子蒸馏技术引入中国，开启了我国分子蒸馏技术的研究。20 世纪 90 年代，北京化工大学开始组装分子蒸馏设备，并成功用于国内化工行业。分子蒸馏用于成分的提取，摆脱了化学处理方法的束缚，真正保持了纯天然的特性，使产品的质量显著提高，被誉为“高黏度、高沸点及热敏性物料的高端分离技术”，逐渐成为处理高附加值天然物料的核心提纯分离器。

12.1 分子蒸馏技术的基本原理

12.1.1 分子运动平均自由程

（1）分子碰撞

分子与分子之间存在着相互作用力，当两分子离得较远时，分子之间的相互作用力表现为吸引力，但当两分子接近到一定程度后，分子之间的作用力会变为排斥力，并随着接近程度的增加排斥力迅速增加。当两分子接近到一定程度时，排斥力的作用使两分子分开，这种由吸引接近至排斥分离的过程就是分子的碰撞过程[2,3]。

（2）分子有效直径

分子有效直径是指分子在碰撞过程中，两分子质心的最短距离，即发生斥力的质心距离。

（3）分子运动自由程

一个分子相邻两次分子碰撞之间所走的路程。

（4）分子运动平均自由程

分子在运动过程中其自由程都在不断变化，在某时间间隔内自由程的平均值为其平均自由程。平均自由程可用以下函数表示：

$$\lambda_m = \frac{KT}{\sqrt{2}\pi P d^2}$$

式中，λ_m 为平均自由程；K 为玻尔兹曼常数；T 为分子所处环境温度；P 为分子所处环境压强；d 为分子有效直径。

（5）分子自由程的分布规律可用概率公式表示为：

$$F = 1 - e^{-\lambda/\lambda_m}$$

式中，F 为自由程小于或等于 λ_m 的概率；λ_m 为分子平均自由程；λ 为分子自由程。因此，对于一群相同状态下的运动分子，其自由程大于或等于平均自由程 λ_m 的概率为 $1-F = e^{-\lambda/\lambda_m} = e^{-1} = 36.8\%$[2,3]。

12.1.2 分子蒸发速度及处理量

Langmuir-Knudsen 研究了高真空度下纯物质的蒸发现象，从理论上得出表面自由蒸发速度等于单位时间内单位器壁面积发生碰撞的分子数，如式：

$$G = \frac{PR}{\sqrt{2\pi RMT}}$$

式中，G 为分子自由蒸发速度，kg/（m^2 · h）；P 为分子所处的系统压强，Pa；R 为气体常数；M 为分子量；T 为分子所处的系统温度，K。由此，得出分子蒸馏器的理论处理量为：

$$Q = \frac{kPRS}{\sqrt{MT}}$$

式中，Q为处理量，kg/h；k为系数；S为蒸发器的加热面积，m^2。

12.1.3 分子蒸馏技术的原理及过程

不同种类的分子，由于分子有效直径不同，其自由程也不相同，即不同种类的分子逸出液面后与其他分子碰撞的飞行距离是不同的。分子蒸馏技术就是利用不同种类分子的平均自由程不同而实现的。在一定的压力和温度下，不同种类的分子，由于具有不同的有效直径，分子的平均自由程也不同。有效直径越大，平均自由程越小；反之，越大。因此，不同分子逸出液面后不与其他分子碰撞的飞行距离是不同的，小分子飞行距离更远[4]。

分子蒸馏技术原理如图 12-1 所示。液体受热后，轻分子的平均自由程大，重分子的平均自由程小，若在离液面小于轻分子的平均自由程而大于重分子平均自由程处设置一冷凝面，轻分子就会落在冷凝面上被冷凝，重分子则因达不到冷凝面而在气相中饱和并返回液相，沿加热板向下流动，实现轻、重分子的分离。即分子蒸馏过程一般可分为以下几步：

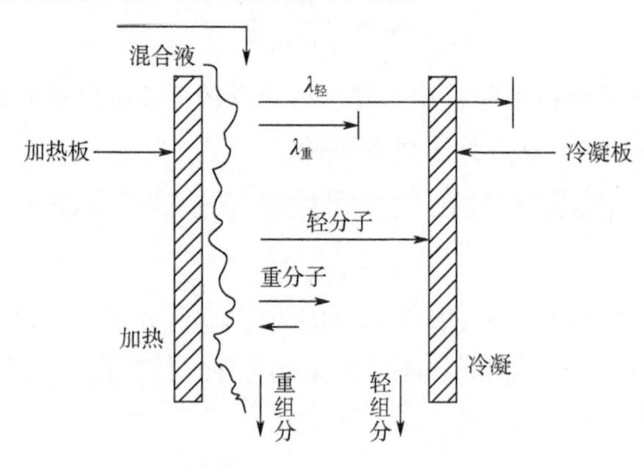

图 12-1 分子蒸馏原理图

（1）物料在加热表面形成液膜

液体通过重力或机械力在蒸发面形成快速移动、厚度均匀的液膜。通常情况下减薄液层厚度、强化液层的流动可控制分子蒸馏速度。

（2）分子在液膜表面蒸发

分子在高真空和远低于常压沸点的温度下进行蒸发。蒸发速度随着温度的升高而上升，但对于热不稳定性物质，提高温度易造成样品的降解。

（3）分子向冷凝面的移动

在高的真空度和一定的温度下，分子从蒸发面向冷凝面移动，蒸发分子的平均自由程大于或等于加热面与冷凝面之间的距离时，分子便迅速向冷凝面运动。

（4）分子在冷凝面的捕获

加热面和冷凝面之间有足够的温度差，当移动的轻组分分子遇到形状合理且光滑的冷凝面时，便会在冷凝面上瞬间冷凝，完成对该物质的分离。

（5）重组分和轻组分的收集

由于重力或离心力的作用，轻组分在冷凝器底部收集，重组分在加热器底部或转盘外缘收集。

12.2　分子蒸馏的影响因素及必要条件

12.2.1　分子蒸馏的影响因素

（1）蒸馏系统真空度

当蒸馏温度一定时，真空度越高，物料沸点越低，分子平均自由程越大，轻分子从蒸发面到冷凝面的阻力越小，分离效果越好。因此，可以通过提高真空度、降低温度而达到分离的目的。对于高沸点、热敏性、高温易变质的物料，真空度越高，分离效果越好[2]。

（2）温度

影响分子蒸馏效率的温度包括蒸馏操作温度以及蒸发面和冷凝面之间的温度差。最适蒸馏操作温度是指能使轻分子获得能量落在冷凝面上，而重分子达不到冷凝面的温度。物质成分不同，最适蒸发温度也不同，通常需要通过实验确定物料的最佳温度[2]。

（3）液膜厚度

液相中的扩散速度是控制分子蒸发速度的主要因素，因此液膜层厚度尽量要薄[2]。

12.2.2　分子蒸馏的必要条件

① 蒸发面与冷凝面之间的距离要小于分子的平均自由程，真空度要高。在实际的装置中，蒸发面与冷凝面的距离约为 25 ~ 30mm，因而真空度应在 1.33×10^4Pa 以下。

② 在分子蒸馏中，仅液体表面与蒸发有关，因此蒸发面要不断更新。

③ 理论上蒸发面与冷凝面的温度应在 70 ~ 100℃之间，但实际上应尽可能地增大温度差。

④ 若过度加热，物料稍许分解就会使真空度明显降低，致使蒸发减缓或暂停，因而尽可能使物料受热均匀。

12.3 分子蒸馏技术的特点

分子蒸馏技术不同于常规蒸馏仅依靠沸点差分离物质，其主要依靠不同物质分子平均自由程的差别实现物质的分离。因此，它具有常规蒸馏不可比拟的优点[2,4]。

（1）操作真空度高、温度低

分子蒸馏仪的操作压强很低，一般为 0.1Pa 数量级，因此分子蒸馏可在远低于混合物沸点的温度下实现物质的分离。一般来说，分子蒸馏的分离温度比传统蒸馏的操作温度低 50 ~ 100℃。同时，在低压环境下可避免物质的氧化。

（2）受热时间短

分子蒸馏仪蒸发器内部设有刮膜器，这种设计使受热液体被强制分布成薄膜状，膜厚一般为 0.5mm 左右，增大了蒸发面积，蒸馏时间一般为几秒至十几秒。分离物料的受热时间短，降低了物料长时间受热分解的概率，使分离更加高效，节约了时间成本。同时，这一特点能够很好地保持产物的天然品质。

（3）分离效率高

与普通蒸馏法比较，分子蒸馏具有更高的相对挥发度，分离过程具有不可逆性，物料与单体及杂质可进行更有效的分离。

（4）无沸腾、鼓泡现象

分子蒸馏是液层表面上的自由蒸发，在低压力下进行，液体中没有溶解的空气，因此在蒸馏过程中整个液体不会出现沸腾及鼓泡现象。

（5）工艺清洁环保

在分离过程中不使用任何有机溶剂，能够很好地保护被分离物质不受污染，因此，分子蒸馏技术是一种温和的绿色分离工艺。

12.4 分子蒸馏设备

分子蒸馏系统主要由脱气系统、真空系统、控制系统、分子蒸馏器（加热器、冷凝器、捕集器等）组成。脱气系统的作用就是在物料进入分子蒸馏器之前将其所溶解的气体或挥发性组分尽量排除，以免蒸馏时发生暴沸。分子蒸馏器是核心设备，内置加热器和冷凝器，有的蒸馏器在加热器和冷凝器之间还有雾沫夹带分离器。

分子蒸馏设备至今已有多种形式，其形式的改进始终围绕着使蒸馏物质沿蒸发面形成能连续更新、完全覆盖、厚度均匀的蒸发液膜。目前，分子蒸馏设备大致可分为罐式、降膜式、刮膜式和离心式 4 种。

（1）罐式分子蒸馏器

罐式分子蒸馏器又称间歇式分子蒸馏器，是最早的一种简单、低廉的实验型设备，有的是底加热的盘形蒸发器静置在夹套式冷凝器筒内，有的是把盘形夹套式冷凝器置于蒸发器内上方。但是该设备形成的液层厚，蒸馏物被持续加热，易引起成分的分解且效率低，这种设备已经被淘汰[2]。

（2）降膜式分子蒸馏器

降膜式分子蒸馏器是一种结构简单的蒸馏装置，依靠料液的重力作用在加热面持续形成薄膜，同时受热蒸发，轻组分在冷凝面冷凝形成液体流出。这种形式形成的液膜厚，并且易受流量、料液黏度的影响，料液很难完全覆盖蒸发壁面，易发生沟流、干壁等现象，使物料受热分解。由于此种设备分离效率低，现国内外很少采用这种设备[5]。

（3）刮膜式分子蒸馏器

图 12-2 为刮膜式分子蒸馏装置简图。刮膜式分子蒸馏器将进料口液体在被加热的圆柱形真空室中刮成薄膜，将轻组分与重组分进行分离。根据物料黏度及进料量选择合适的刮板，可以将样品在蒸发壁面上形成厚度均匀、连续更新的薄膜。这种方法形成的液膜厚度小，缩短了料液在加热壁上的停留时间（仅几秒），可避免热敏性物料的降解。缺点是液体分配装置难以保证所有的蒸发表面都被液膜均匀覆盖，液体流动时常发生翻滚现象，产生的雾沫也常溅到冷凝面上。但由于该装置结构简单，价格相对低廉，刮膜式分子蒸馏器仍是目前应用最为广泛的分子蒸馏设备[5-7]。图 12-3 为我国上海达丰玻璃仪器厂生产的 FMD-150B 刮膜式分子蒸馏设备，其进料罐最大体积达 10L。

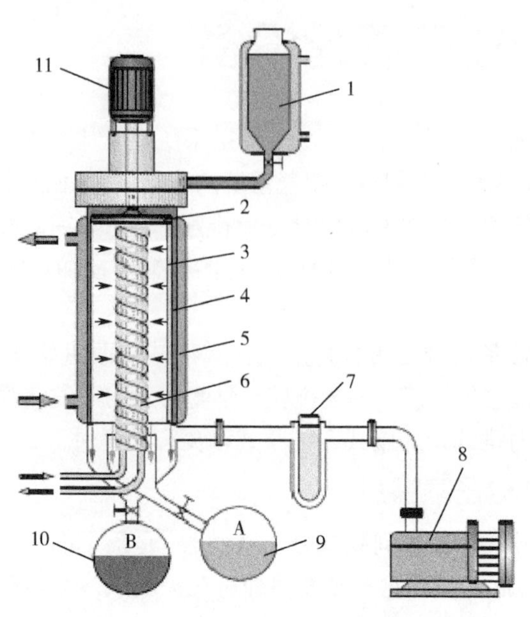

图 12-2　刮膜式分子蒸馏装置简图

1—进料罐；2—分料盘；3—刮膜器；4—液膜；5—加热夹套；6—冷芯；
7—冷阱；8—真空泵；9—馏出罐；10—残留罐；11—电机

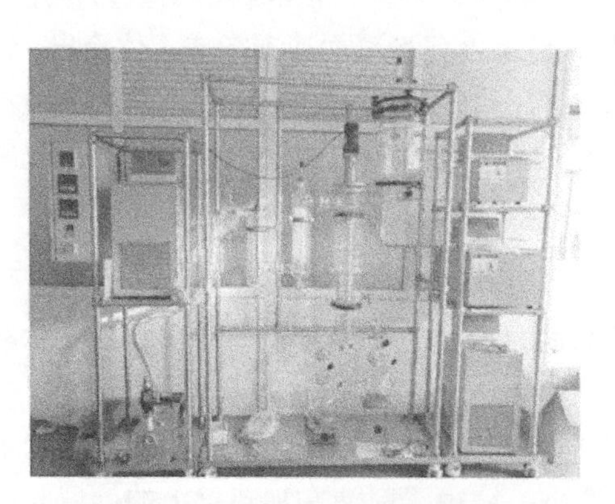

图 12-3　刮膜式分子蒸馏设备

图 12-4　分子蒸馏工业化装置

目前，国内外有多家公司从成膜方式、冷凝形式等多方面对仪器进行改造，如北京新特科技发展公司、上海达丰玻璃仪器厂、无锡荣煜智能装备科技有限公司、美国 POPE 公司等，图 12-4 为北京新特科技发展公司研发的用于天然产物提取的分子蒸馏工业化装置。BUSS 公司研究出了适用于多个领域的刮板，主要包括金属铰链式刮板、滚筒式刮板以及弹性刮板等，其特点及应用如表 12-1 所示[5-7]。

表 12-1　不同刮板结构分子蒸馏器的特点及应用

名称	金属铰链式刮板	Smith 式刮板	滚筒式刮板	弹性刮板
材料	金属	石墨或聚四氟乙烯	聚四氟乙烯	石墨或聚四氟乙烯
优点	可避免物料在蒸发壁面上结焦、结垢	避免刮板前液体的飞溅和逃逸，并可控制料液停留时间	滚筒自转使物料不易黏附在滚筒上，有自清洁功能	避免料液飞溅，可调节转子角度，控制强化程度及料液停留时间
缺点	传质效果不佳，金属刮板易黏附物料	凹槽内易黏附物料，刮膜元件长时间磨损	不能处理高黏度物料，液体易发生飞溅和逃逸	凹槽内易黏附物料，刮膜元件长时间磨损
应用	易结焦、结垢，有固体颗粒或在蒸发过程中发生结晶，以及蒸发量要求较高的场合	没有磨损颗粒或结晶体，分离要求较高以及天然产物的提纯	适用于黏度较小的食品、医药等行业，不适用于固体颗粒或有聚合倾向的物料	适用于高黏性和有聚合倾向的物料，能移走壁上聚集的物料

（4）离心式分子蒸馏设备

离心式分子蒸馏器是目前国内外最先进、最温和的蒸馏设备，其核心部分是高速旋转蒸发盘。离心式分子蒸馏器的结构如图 12-5 所示。在分离时，待分离料液通过进料口进入高速旋转的转盘上，在高速旋转的离心力作用下逐渐扩散成均匀的薄膜，受热后轻组分飞逸至冷凝面上冷凝，冷凝液汇集至馏分接口，重组分由残液接口排出[7]。

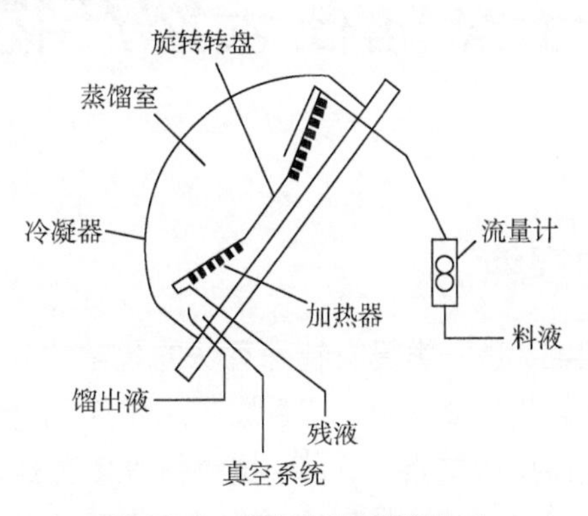

图 12-5　离心式分子蒸馏装置

与其他类型的分子蒸馏设备相比，离心式分子蒸馏器具有以下优点：①转盘的高速旋转可形成非常薄（0.04 ~ 0.08mm）且均匀的液膜，蒸发速度和分离效率均较高；②料液在转盘上的停留时间更短（0.04～0.06s），更好地保护了热敏性物质；③通过调整蒸发面与冷凝面之间的距离以适应不同的物系分离。但由于其特殊的转盘结构，对密封技术提出了更高的要求，且结构复杂，设备成本较高，按比例放大有一定的难度。目前这种技术比较适合于高附加值产品的分离提纯。

由于离心式分子蒸馏器生产工艺比较复杂，国内外生产此类分子蒸馏器的厂家较少，比较著名的是美国的 Myers 公司，图 12-6 是该公司产品的剖面图。该产品可达到 0.1Pa 的绝对压力，并能长时间连续稳定地运行，且处理量较大。

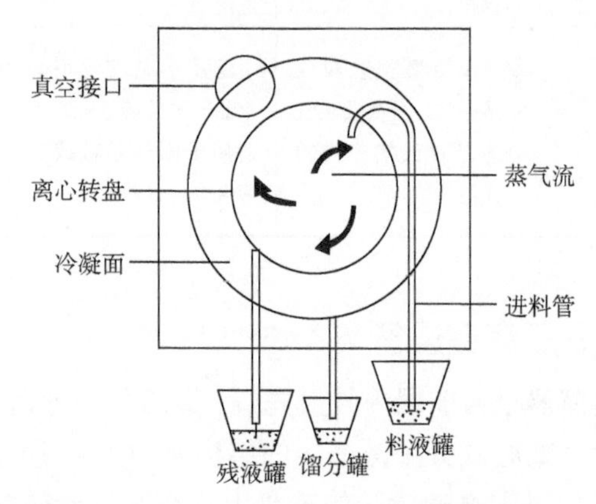

图 12-6　Myers 公司离心式分子蒸馏器的剖面图

12.5　分子蒸馏在天然产物分离纯化中的应用

12.5.1　精油的提纯

挥发油又称为精油，是一类具有特殊香味的化学成分。天然产物挥发油成分主要为单萜、倍半萜及其氧化物、芳香族和脂肪族化合物等，这些化合物除了具有芳香气味外，还具有抗炎、抗菌、抗氧化等多种药理活性。随着天然植物精油需求量的不断增加，精油的提取纯化技术备受人们的关注。其中，分子蒸馏技术在高真空和较低温度下进行，物料受热时间极短，可以保证精油的质量，尤其对高沸点和热敏性精油，更具优越性，成为天然精油提纯的主要方法之一。

应用分子蒸馏技术可将精油中的某一主要成分进行浓缩，并除去异臭和带色杂质，提高其纯度，使天然香料的品味大大提高。表 12-2 为分子蒸馏技术提纯山苍子油、姜桂油、广藿香油等产品的特点，具有传统技术难以达到的效果[2,8]。

表 12-2　各种精油的分子蒸馏条件及实验结果

精油	原油性状	产物性状	T /℃	P /Pa	处理量 /（g/min）	收率/%
山苍子油	浅黄色液体（柠檬醛 80.5%）	浅黄色液体（柠檬醛 91.5%）	45	33.3	1.0～1.5	80～82
姜桂油	浅黄色液体（柠檬醛 65.4%）	浅黄色液体（柠檬醛 83.0%）	30	33.3	1.5～2.0	68～70
广藿香油	棕褐色液体，有焦味	浅黄色液体，无焦味，无异臭	130	26.6	3.5～5.0	85～90
岩兰草油	黑色黏状液体	浅黄色液体，无焦味，无异臭	150	33.3	3.0～3.5	60～65
粗香叶醇	橙色浑浊液体，有焦味	无色透明液体，无焦味，无异臭	100	33.3	2.5～3.0	82～85
柏木油	棕色透明液体	浅黄色液体，无焦味，无异臭	80	31.9	1.8～2.0	80～82
丁香油	淡黄色，浓郁的丁香芳香气味，黏稠度较低	无色透明油状，浓郁的丁香芳香气味，黏稠度极低	80	40～100	2.0	—

12.5.2　不饱和脂肪酸的纯化

大豆油、菜籽油等多种植物油水解后都会产生混合脂肪酸，其中的油酸、亚油酸可用于生产环氧基增塑剂，ω-3 型不饱和脂肪酸是人体的必需脂肪酸，二十二碳六烯酸（DHA）、二十碳五烯酸（EPA）在治疗和预防动脉粥样硬化、老年痴呆、高血压等方面具有良好的效果。因此，从混合脂肪酸中分离纯化出药理活性显著的不饱和脂肪酸单体具有重要的意义。EPA 和 DHA 分别含有五六个不饱和双键，在高温下容易聚合，分离提纯难度较大。采用分子蒸馏技术从经尿素预处理的鱿鱼内脏中提取 EPA 和 DHA，EPA 的含量从 28.2%提高到了 39.0%，DHA 的含量从 35.6%提高到 65.6%[2]。

孔石莼为一种海藻类植物，含有多种不饱和脂肪酸（十六碳四烯酸、十八碳四烯酸）。赵英才等[9]以无水乙醇为溶剂对孔石莼干粉进行了提取，提取物经皂化与酸化后，采用尿素包合法对其中的不饱和酸进行预处理，进一步采用分子蒸馏法对尿素包合后的脂肪酸进行纯化，最终获得十六碳四烯酸含量达56.75%（真空度为6.6Pa，蒸馏温度为80℃，进料速度为2mL/min）的提取物。

12.5.3 天然维生素的提纯

小麦胚芽油和番茄籽油中维生素E的含量分别为0.015%～0.55%和0.05%～0.65%；油脂脱臭馏出物中维生素E的含量高达15%以上。采用普通真空精馏易导致维生素E的分解，多采用分子蒸馏法从天然产物中提取和纯化维生素E。一步蒸馏就可将维生素E的含量从8%提高到40%。采用三级蒸馏法对大豆脱臭馏出物分别于26.6 Pa、5.3 Pa、和4.0Pa的真空度下进行分离，可得到纯度为65%的维生素E[2]。

12.5.4 天然色素的提纯

胡萝卜素是一种多烯类脂溶性色素，是国际公认的功能性天然色素，其传统提取方法有皂化萃取、吸附等，但由于这些方法存在溶剂残留等诸多问题，产品质量较差。红棕榈油中含有0.07%的胡萝卜素，将其在低温下甲酯化，然后用三级分子蒸馏法进行纯化，可获得含量在40%以上的天然胡萝卜素提取物[2]。

采用分子蒸馏法对辣椒红色素初品进行纯化，以辣椒红色素色价为考察指标，蒸馏压力为10Pa、蒸馏温度为80℃、刮膜转速为300r/min、冷凝温度为15℃，在此条件下辣椒红色素的色价可达到185.95。同时，从感官来看经过分子蒸馏纯化后辣椒红色素的辣味和臭味都明显变淡[10]。

12.5.5 挥发性有毒、有害成分的脱除

椪柑精油添加在食品中可提高食品的风味，然而，其中的柠檬烯稳定性差，添加在食品中易引起食品变质，因此脱除椪柑精油中的柠檬烯对提高椪柑精油的质量至关重要。王磊等[11]采用分子蒸馏法对椪柑精油中的柠檬烯进行脱除，脱除率达84.67%，提高了椪柑精油的品质。采用分子蒸馏法对沙棘果油中残留有害物质邻苯二甲酸二丁酯、邻苯二甲酸二异辛酯、苯并芘进行脱除后，有害物质的含量远低于国际标准[12]。

12.6 分子蒸馏技术的应用前景

分子蒸馏技术具有加工温度低、无有机溶剂污染等优点，能够保持天然产

物的纯天然特性，因此，分子蒸馏技术是一项值得大力推广的分离纯化技术。目前，利用分子蒸馏技术生产的产品在100种以上，如表面活性剂类产品月桂酸单甘酯、芥酸酰胺和硬脂酸单甘酯；化妆品类产品羊毛醇、二十八碳醇。随着分子蒸馏设备的改进，分子蒸馏技术将在天然产物创新药物的研发及天然保健食品的开发等多方面发挥重要的作用。

参考文献

[1] Jorisch W.Vacuum technology in the chemical industry. Chapter 15. Short path and molecular distillation[M]. Wiley-VCH Verlag Gmb H & Co KGa A, 2015.

[2] 蔡宝昌，罗兴洪．中药制剂新技术与应用[M]．北京：人民卫生出版社，2006.

[3] 郭立玮．中药分离原理与技术[M]．北京：人民卫生出版社，2010.

[4] 连锦花，孙果宋，雷福厚．分子蒸馏技术及其应用[J]．化工技术与开发，2010, 39(7):32-38.

[5] 杨义芳.中药与天然活性产物分离纯化和制备[M]．北京：科学技术出版社，2011.

[6] 刘茂睿．刮膜式分子蒸馏器的液膜流动特性研究及结构优化[D]．青岛：青岛科技大学，2018.

[7] 王志祥，林文，于颖．分子蒸馏设备的现状及其展望[J].化工进展，2006, 25 (3)：292-296.

[8] 于泓鹏，吴克刚，吴彤锐，等．超临界CO_2流体萃取-分子蒸馏提取丁香油的研究[J]．林产化学与工业，2009, 29 (5):74-78.

[9] 赵英才，张恬恬，薛长湖，等．分子蒸馏法纯化孔石莼中多不饱和脂肪酸的工艺研究[C]．中国食品科学技术学会第十五届年会论文，2018.

[10] 张煜，张怡，刘攀，等．分子蒸馏技术纯化辣椒红色素的研究[J]．食品科技，2013, 38(12): 257-261.

[11] Wang L, Xiang A L, Qi Biao, et al. Optimization of molecular distillation for removal of limonene from ponkanessential oil using response surface methodology[J]. Agricultural Science & Technology, 2019, 20(1): 1-9.

[12] 司天雷，马靖轩，马传国．分子蒸馏对沙棘果油品质影响的研究[J]．中国油脂，2018, 43(5): 11-15.

第 13 章

分子印迹分离技术

分子印迹技术（molecular imprinting technique，MIT）是根据人们对于现有识别体系（如酶与底物、抗体与抗原等）的认识，人工合成对目标分子具有特异性识别能力的分子印迹聚合物（molecularly imprinted polymers，MIPs）的技术。20 世纪 40 年代，诺贝尔奖获得者 Pauling 首次提出以抗原为模板合成抗体的理论，是对分子印迹技术记载最早的描述。随着研究的不断深入，形成了“分子印迹”学说，但一直没有得到广泛传播。1972 年，由 Wuff 小组制备出完整的印迹聚合物，这几种 MIPs 对糖类和氨基酸及其衍生物的特异选择性较好，被用于 HPLC 的固定相填充物，这是有史以来第一次取得成功，也是分子印迹技术发展的里程碑。1993 年 Mosbach 等在 *Nature* 期刊上发表茶碱 MIPs 的研究报道之后，MIPs 以其通用性和强大的立体识别能力逐渐受到人们的青睐。除了分离、检测及催化功能，MITs 也被发现在生物化学传感技术及人工抗体等领域具有较高的应用价值，MITs 迅速成为国内外的研究热点，并得到快速发展。

13.1 分子印迹分离的原理及特点

分子印迹模仿抗原与抗体识别的机理，在模板分子周围形成聚合物，聚合物具有高度交联的刚性结构。在去除模板分子后，聚合物的结构中留下了仅对特定模板分子具有高度识别能力的特异空间构型和结合位点[1]。

分子印迹聚合物的制备需要三个步骤：①功能单体通过共价键或非共价键与模板分子相互作用，使功能单体在模板分子周围聚集，形成可逆的结合基团；②在致孔剂的作用下，功能单体与过量的交联剂发生热聚合或光聚合，在复合物周围生成刚性聚合物；③用化学或物理方法将模板分子从聚合物中解离出来，得到与模板分子相匹配的分子印迹聚合物。

由以上三步得到的聚合物，其结构中形成了与模板分子大小和形状相同、结合位点在空间构型上与模板分子互补的三维孔穴（图 13-1）。模板分子所带基团电子与三维孔穴内表面基团互补，三维孔穴对模板分子具有高度的选择专一性，对模板分子形状和功能基团具有良好的记忆识别作用。

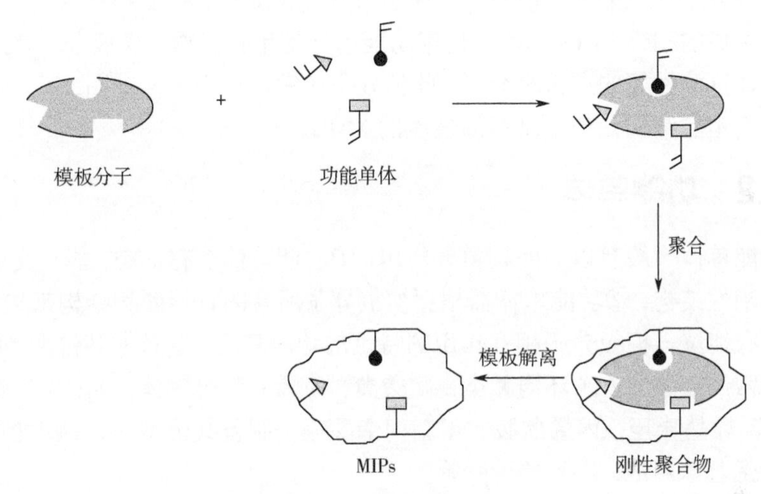

图 13-1 MIPs 制备过程

13.2 MIPs 的制备方法

MIPs 有多种制备方法，主要包括：本体聚合、原位聚合、沉淀聚合、悬浮聚合以及表面分子印迹法等[2]。

本体聚合法是最早使用的制备 MIPs 的方法，也是目前最常用的方法。其原理主要是以非共价法制备 MIPs。具体操作一般是将功能单体、模板分子、交联剂和引发剂按比例溶解在特定的惰性溶剂中，通过热或者光引发聚合反应合成块状聚合物。将聚合物粉碎、研磨、筛选，然后使用极性溶剂将模板分子洗脱，即得到 MIPs。

本体聚合法的实验条件易于控制，操作过程简便，使用该方法制备的 MIPs

对模板分子有很好的识别性和选择性。但是该方法仍存在一些缺点，如聚合物研磨后产生大量过细颗粒需沉降去除，使得后续处理过程变得相对复杂；研磨过程有可能会破坏印迹位点；部分模板分子包埋较深，难以洗脱去除，影响分析结果的准确度等。

13.3 影响本体聚合法的主要因素

13.3.1 模板分子

模板分子具有能与功能单体产生相互作用的基团，并能和交联剂、功能单体以及生成的刚性 MIPs 互溶。通常功能单体都是有机物，模板分子常采用与功能单体互溶性好的有机小分子。此类分子通常含有强极性基团，可与功能单体形成稳定的结构，便于制备高性能的 MIPs。

13.3.2 功能单体

功能单体一般有以下两种重要作用：①功能单体含有烯键，能与交联剂聚合形成刚性结构；②功能单体需根据模板分子所含的官能团和结构来选择，因此其含有能够与模板分子相互作用的特定的功能基团。制备非共价型 MIPs 功能单体常用羧酸类、杂环弱碱类、磺酸类、丙烯酰胺类单体，如：4-乙烯基吡啶、1-乙烯基咪唑、丙烯酰胺、甲基丙烯酸等；制备共价型 MIPs 功能单体常用 4-乙烯基苯甲醛、4-乙烯苯胺等。

13.3.3 交联剂

交联剂是制备 MIPs 的重要影响因素。种类或使用量的不同均直接影响 MIPs 的稳定性和三维孔穴的形状，从而影响 MIPs 的选择性和结合容量。采用交联度高的交联剂可制备高性能的 MIPs。但在高度交联的刚性体系中，模板分子向任何方向扩散时都易被交联结构所阻碍，导致传质效果较差，使得在吸附过程中吸附容量降低。因此综合以上两个因素，目前常用的交联剂，如三甲基丙烷、三甲基丙烯酸酯、二甲基乙二醇丙烯酸酯（ethylene glycol dimethacrylate，EGDMA）、*N*,*N*-亚甲基二丙烯酸铵、*N*,*N*-1,4-亚苯基二丙烯酸铵、三羟甲基丙烷三丙烯酸甲酯等，均能够较好地降低这两个因素的影响。

13.3.4 致孔剂

致孔剂的用量和性质会影响 MIPs 的比表面积、孔穴以及形貌，从而影响聚合物的选择识别能力。致孔剂一般要满足以下几方面要求：致孔剂与分子印迹过程中所需的各种试剂都有良好的互溶性；能使 MIPs 形成良好的多孔结构，从而提高模板分子的传质速度。极性强的溶剂可与功能单体发生相互作用，从而影响模板分子与功能单体之间的作用力，因此致孔剂应尽量选用甲苯、氯仿、苯、二氯甲烷、四氢呋喃、二甲基甲酰胺、二甲亚砜等溶剂。

13.3.5 引发方式

热引发和光引发是本体聚合的两种引发方式。相比较而言，热引发聚合由于实验条件容易控制、操作简单，是常用的引发方式。将聚合温度调低可提高印迹效果，较为常用的引发剂为偶氮二异丁腈。

13.3.6 功能单体、交联剂、致孔剂的优化选择

功能单体、交联剂、致孔剂的优化选择及配比对 MIPs 吸附性能的影响很大。过去，优化过程需要合成大量的不同组合及配比的 MIPs，并对其吸附及应用性能进行测试。这不仅耗费了大量的时间而且造成了极大的资源浪费。为了解决这个问题，许多学者设计了 MIPs 组合优化和筛选方案。

最新研究发现，非印迹聚合物和 MIPs 在吸附性能上具有相关性[3]。如果非印迹聚合物对模板分子具有较高吸附性能，那么相对应的 MIPs 通常具有更好的吸附效果。因此，筛选非印迹聚合物组合库将成为新的方法。该方法所需的非印迹聚合物组合库在聚合过程中不需要模板分子，因此成本大大降低，在筛选实验中所得的数据也要比虚拟计算更加可靠。此外，非印迹聚合物组合库还可以重复使用来优化不同模板分子的 MIPs。

13.4 分子印迹在天然产物分离中的操作步骤

分子印迹在天然产物分离中的应用主要是将分子印迹聚合物作为吸附材料，将分子印迹材料制备成色谱柱。其具体操作方式与固相色谱相同，主要包括材料预处理、加样、除杂和洗脱过程（图 13-2）。

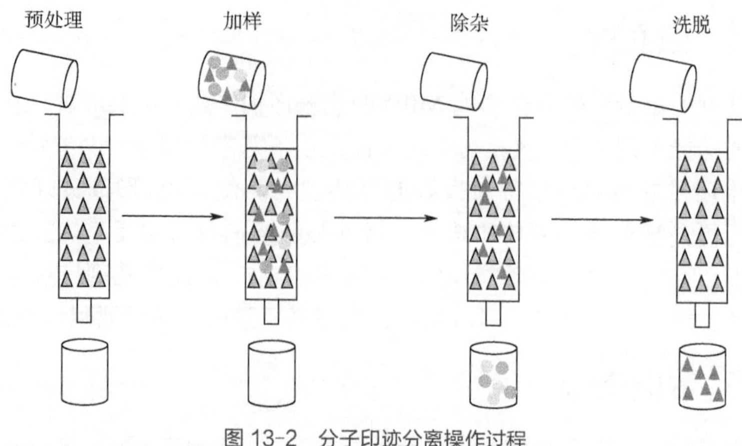

图 13-2　分子印迹分离操作过程

13.5　影响分子印迹分离的因素

影响分子印迹分离的主要因素有功能基抑制剂、温度、洗脱溶剂等[4]。

（1）功能基抑制剂

凡是能与功能基发生反应的物质，均称为功能基抑制剂。反应后会使功能基的活性减弱甚至丧失，且占据了分子印迹聚合物的空间，因此阻碍了模板分子与印迹聚合物的结合，从而影响了印迹聚合物与化合物的结合。

（2）分子印迹聚合物空间结构的改变

印迹聚合物在一定的溶剂、温度、pH 等条件下功能基的结构会发生变化，如果印迹聚合物上的功能基与模板分子上的功能基空间取向不匹配，两者的结合力就会受到影响。

（3）静电斥力和空间位阻效应

分子印迹聚合物共聚链及链上存在的其他基团等都可以阻碍印迹聚合物与模板分子发生印迹反应，使印迹聚合物的选择性和亲和性降低甚至消失。

（4）溶剂

溶剂的极性、介电常数、质子化作用和络合作用等可通过影响印迹聚合物与目标分子的作用，而影响聚合物的吸附性能。

（5）温度

升高温度可以明显提高分子印迹聚合物对底物的选择性。在一定范围内，升高温度可以使分子运动加剧、提高结合速度，并可以使印迹聚合物更加膨胀。

13.6 分子印迹在天然产物分离中的应用

（1）生物碱

生物碱是一类含氮有机化合物，结构复杂，结构不同的生物碱化学性质差异较大，分离分析方法也不相同。由于多数生物碱具有显著的生物活性，生物碱的分离纯化一直是天然产物研究的重点。

Matsui 等[5]以原位聚合法得到金鸡纳碱的手性异构体 MIPs，装填为分离柱用于分离。此外，该课题组使用分子印迹的方法分离了烟碱及其类似物[6]。

Dong 等[7]以(−)-麻黄碱为模板，甲基丙烯酸为功能单体，合成了(−)-麻黄碱的 MIPs。该 MIPs 对(−)-麻黄碱有良好的选择性和亲和力。将其用于分子印迹固相萃取，直接从麻黄中提取出了(−)-麻黄碱，经高效液相色谱分析，其纯度较高，回收率和精密度良好，表明分子印迹技术能直接用于麻黄中(−)-麻黄碱的定量提取。Hwang 等[8]分别以(+)-或(−)-去甲麻黄碱为模板，甲基丙烯酸为功能单体，EGDMA 为交联剂制成 MIPs，对去甲麻黄碱的对映体进行了色谱分离，分离度明显高于手性试剂衍生化的反相色谱柱。

张静等[9]以士的宁为模板分子，甲基丙烯酸为功能单体，乙二醇二甲基丙烯酸酯为交联剂，甲苯和十二醇混合溶液为致孔剂，用原位分子印迹技术合成制备了士的宁分子印迹整体柱。优化的合成条件为：模板分子、功能单体与交联剂的比例以 1∶4∶16 最佳，致孔剂中甲苯的最佳含量为 18%。对士的宁整体柱的色谱分离条件进行了考察，并用于士的宁和马钱碱的分离，其分离因子为 3.5。

（2）多酚

茶多酚中的儿茶素类成分结构相似，尤其是表没食子儿茶素没食子酸酯和其对映体没食子儿茶素没食子酸酯，用常规方法难以分离。表没食子儿茶素没食子酸酯具有显著的抗氧化、抗癌功能。钟世安等[10] 以表没食子儿茶素没食子酸酯为模板分子，甲基丙烯酸为功能单体，EGDMA 为交联剂，在光冷引发条件下合成了表没食子儿茶素没食子酸酯的 MIPs。利用该 MIPs 制备了固相萃取柱，用于提取茶叶中的茶多酚。

柯里拉京亦称为云实精，是一种具有抗纤溶、抗肿瘤以及抑制乙肝病毒作用的天然多酚类化合物，是叶下珠、老鹳草、蜜柑草等植物中的有效成分。袁小红等[11]以柯里拉京为模板分子，采用本体聚合法，合成了对柯里拉京分子具有高选择性的分子印迹聚合物，分子识别能力研究结果表明，以丙烯酰胺为功能单体得到的聚合物对模板分子柯里拉京的分子印迹效率高。为进一步研究以该分子印迹聚合物为萃取材料，富集萃取分离复杂中药体系中的柯里拉京及其结构类似物提供了有效手段。

在研究姜酚化合物的分离中，王晓等通过使用“合成辣椒碱”为假模板，筛选功能单体，成功优化制备了姜酚印迹聚合物。该MIPs同时具备了高亲和性、高吸附容量、高选择性等诸多优点，可作为固相萃取柱的吸附剂从生姜中同时富集三种姜酚化合物[12]。

（3）糖苷类化合物

糖苷类高极性化合物是许多天然提取物的药效活性物质，也是天然产物研究中最活跃和进展最快的研究对象之一，如天麻素、环烯醚萜苷等，具有抗肿瘤、抗过敏、抗氧化、抗病毒、降血糖、防治心脑血管疾病等多种生物活性。

王晓等在分离天麻素的过程中，以烯丙基四乙酰基葡萄糖（allyl 2,3,4,6-tetra-*O*-acetyl- glucopyranoside，TAGL）为新功能单体合成了对天麻素（gastrodin，GAS）具有高选择性和亲和性的MIPs（图13-3），并通过核磁共振分析了聚合前混合液内部的相互作用[13]。将该MIPs作为选择性填料用于固相萃取并对萃取条件进行了优化。实验结果表明，以50℃的热水为洗脱溶剂能够富集天麻水提物中76.6%的天麻素。由于水作为上柱和洗脱溶剂，因此MIPs/TAGL是一种既高效又环保的新型选择性分离材料。

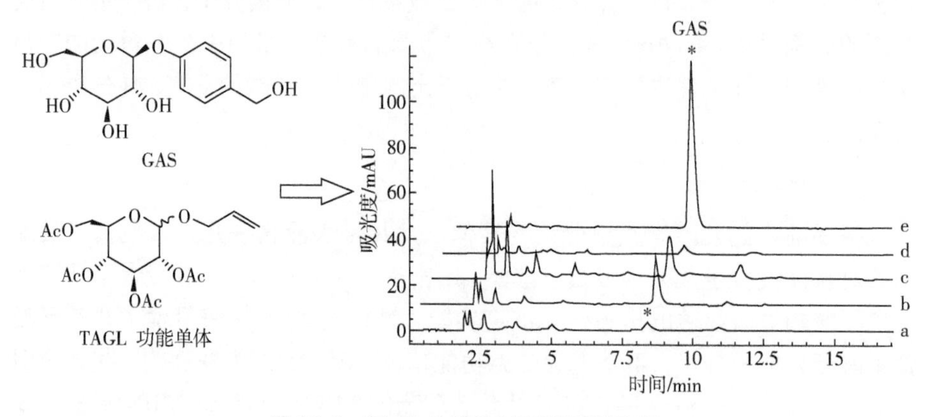

图13-3 TAGL功能单体印迹萃取天麻素

为避免模板泄漏，以马钱苷为假模板，通过本体聚合结合酯基水解制备了亲水性MIPs。该印迹材料对栀子中五种环烯醚萜苷具有高选择性[14]。

进一步地，以烯基苷葡萄糖（alkenyl glycosides glucose，AGG）为新型亲水性功能单体，通过本体聚合法制备了超亲水分子印迹聚合物。水接触角和分散结果均证实该聚合物有优异的超亲水性，吸附实验结果表明聚合物具有高选择性和良好的印迹效果，实现了从天麻水提物中高效分离天麻素，并且具有较好的重现性（图 13-4）[15]。

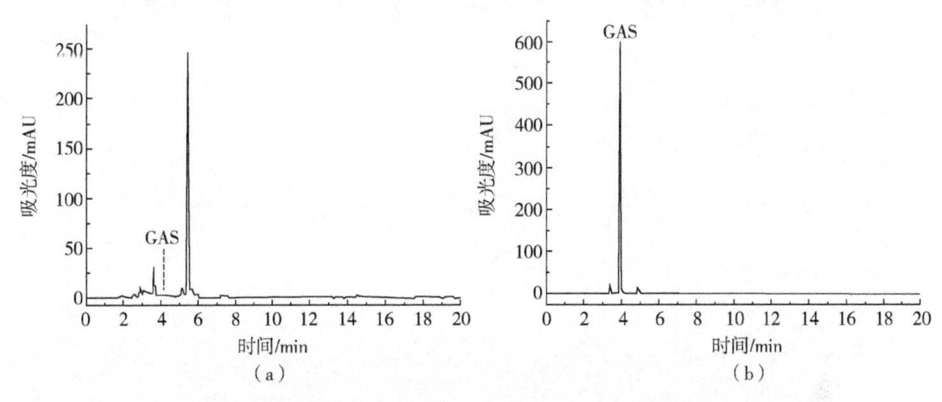

图 13-4　天麻提取液色谱图（a）和印迹固相萃取色谱图（b）

又以马钱苷为假模板分子，AGG 为功能单体，制备微米级亲水性单分散印迹微球。采用分子印迹固相萃取技术从山茱萸中富集得到马钱苷、莫诺苷、马钱苷酸、甲氧基莫诺苷和乙氧基莫诺苷等五种环烯醚萜苷[16]。

同时，还合成了一种双乙烯基葡萄糖（divinyl galactose，DivG）（图 13-5），并以此作为功能单体和交联剂，以马钱苷作为假模板分子，在二甲亚砜中采用本体聚合法制备了超亲水的印迹聚合物，并将其用于马钱苷、莫诺苷、山茱萸苷和獐牙菜苷的分子印迹固相萃取[17]。

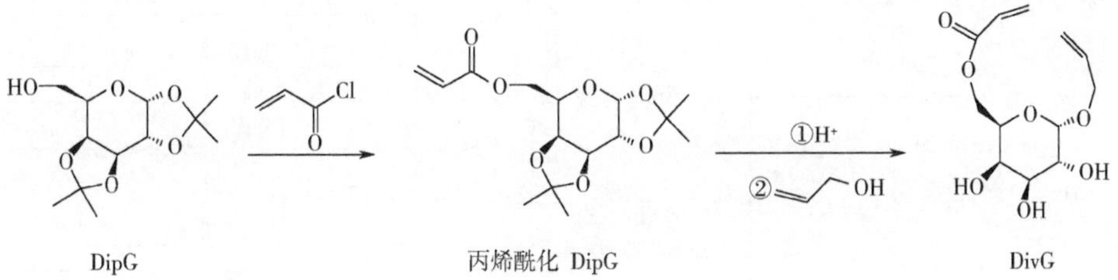

DipG　　丙烯酰化 DipG　　DivG

图 13-5　双乙烯基功能单体 DivG 合成路线

（4）有机酸类化合物

王晓等设计并合成了两种银杏酸结构类似物，6-甲氧基水杨酸（MOSA，DT-1）和 6-十六烷氧基水杨酸（HOSA，DT-2），合成路线见图 13-6，并以此为假模板，分别合成了 MIPs。二者对银杏酸具有高的选择性与亲和力。通过对吸附剂性能的考察，证明 HOSA-MIPs 可作为固相萃取吸附剂脱除与富集银杏酸。实验证明印迹固相萃取可同时获得银杏酸和符合标准的银杏叶提取物[18]。

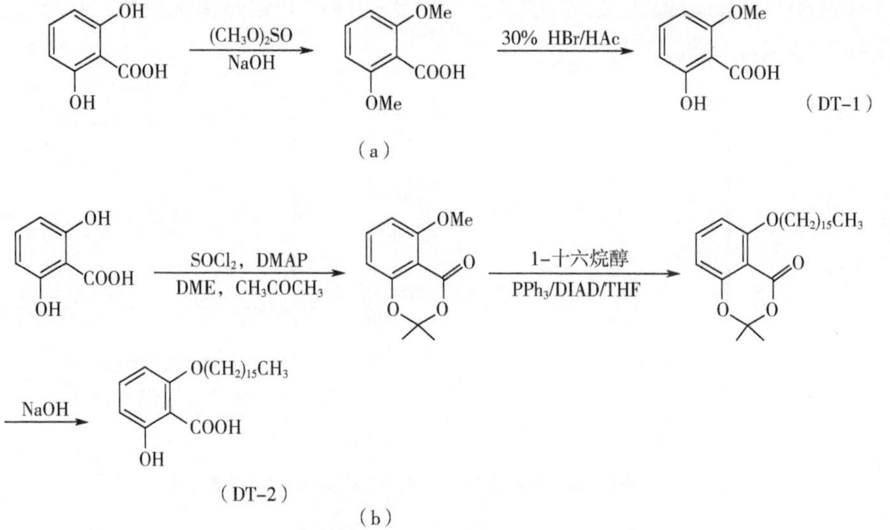

OH
COOH
OH
$(CH_3O)_2SO$
NaOH
OMe
COOH
OMe
30% HBr/HAc
OMe
COOH
OH
（DT-1）
（a）
OH
COOH
OH
$SOCl_2$，DMAP
DME，CH_3COCH_3
OMe
O
O
O
1-十六烷醇
PPh_3/DIAD/THF
$O(CH_2)_{15}CH_3$
O
O
O
NaOH
$O(CH_2)_{15}CH_3$
COOH
OH
（DT-2）
（b）

图 13-6　假模板 DT-1 和 DT-2 合成路线

采用 Pd/C-H_2 将绿原酸双键进行还原，还原产物作为“假模板”（mimic template）避免了聚合过程中双键的干扰[19]。该印迹聚合物对金银花中绿原酸类化合物有较好的选择性（图 13-7）。

HO
HO
O
O
HO
O
OH
HO
OH
假模板
裁掉
清洗
洗脱
DMIP-SPE
（分子印迹固相萃取）
金银花
1
2
3
三种CGAs
（咖啡酰奎宁酸）
0
10
20
30
40

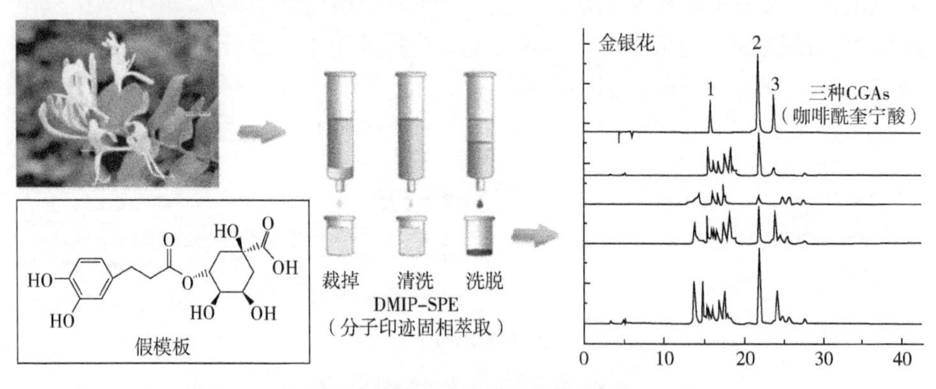

图 13-7　分子印迹固相萃取金银花中咖啡酰奎宁酸成分流程图

（5）其他类成分的分离纯化

Hu 等[20]采用分子印迹固相萃取技术对岑树中七叶苷元的提取进行了研究，考察了洗脱溶液乙醇和水的比例对提取率的影响。通过选择洗脱溶液，设计了一种分离七叶苷元及其类似物（包括七叶灵、香豆素、7-甲氧基香豆素和瑞香素）的方案，成功地从岑树中富集了七叶苷元。王晓等采用“双模板法”制备了三七素印迹聚合物，并从三七中成功富集到了高纯度的三七素[21]。

13.7 分子印迹技术应用前景

天然产物是一个含有丰富有效成分的复杂体系，如何从复杂的天然产物中提取和分离有效成分，是当前加快天然产物提取现代化进程的一个重要课题。然而，即使在分离技术不断发展的今天，天然产物的分离纯化仍然是一项相对烦琐、耗时的工作。在一个有开发价值的天然产物被发现之后，寻找有效且低成本的分离方法便成为关键。MIPs 作为一种有效、简便的分离技术，可以作为一种新的方法进行天然产物活性成分的筛选。但是作为一种新型分离手段，分子印迹技术本身还存在许多有待解决的问题，如分子印迹和识别过程的机制和定量描述，功能单体、交联剂的选择局限性等。另外，目前制备分子量较高物质的 MIPs 还有一定的困难，因此需要进一步开发大分子印迹技术。尽管分子印迹技术具有上述种种局限性，还有待进一步深入研究，但是由于印迹聚合物具有较高的预定选择性，独特的化学、物理稳定性，分子识别能力不受酸、碱、热、有机溶剂等环境因素影响的优点，以及制备简单、可重复使用等特点，在天然产物活性成分分离中仍将具有很好的应用前景。

参考文献

[1] Chen L, Wang X, Lu W, et al. Molecular imprinting: perspectives and applications[J]. Chemical Society Reviews, 2016, 45: 2137-2211.
[2] 谭天伟. 分子印迹技术及应用[M]. 北京：化学工业出版社, 2010.
[3] Baggiani C, Giovannoli C, Anfossi L, et al. A connection between the binding properties of imprinted and nonimprinted polymers: a change of perspective in molecular imprinting[J]. Journal of the American Chemical Society, 2012, 134: 1513-1518.
[4] 罗永明. 中药化学成分提取分离技术与方法[M]. 上海：上海科学技术出版社, 2016.

[5] Matsui J, Nicholls I A, Takeuchi T. Molecular recognition in cinchona alkaloid molecular imprinted polymer rods[J]. Analytica Chimica Acta, 1998, 365: 89-93.

[6] Matsui J, Kato T, Takeuchi T, et al. Molecular recognition in continuous polymer rods prepared by a molecular imprinting technique[J]. Analytical Chemistry, 1993, 65: 2223-2224.

[7] Dong X, Sun H, Lv X, et al. Separation of ephedrine stereoisomers by molecularly imprinted polymers-influence of synthetic conditions and mobile phase compositions on the chromatographic performance[J]. Analyst, 2002, 127: 1427-1432.

[8] Hwang C C, Lee W C. Chromatographic resolution of the enantiomers of phenylpropanolamine by using molecularly imprinted polymer as the stationary phase[J]. Journal of Chromatography B Biomedical Sciences & Applications, 2001, 765: 45-53.

[9] 张静，贺浪冲，傅强. 士的宁分子印迹整体柱的制备[J]. 分析化学, 2005, 33: 113-116.

[10] 雷启福，钟世安，向海艳，等. 儿茶素活性成分分子印迹聚合物的分子识别特性及固相萃取研究[J]. 分析化学, 2005, 33: 857-860.

[11] 袁小红，徐筱杰. 两种功能单体制备柯里拉京分子印迹聚合物的比较[J]. 广州中医药大学学报, 2007, 24: 520-522.

[12] Ji W, Ma X, Zhang J, et al. Preparation of the high purity gingerols from ginger by dummy molecularly imprinted polymers[J]. Journal of Chromatography A, 2015, 1387: 24-31.

[13] Ji W, Chen L, Ma X, et al. Molecularly imprinted polymers with novel functional monomer for selective solid-phase extraction of gastrodin from the aqueous extract of Gastrodia elata[J]. Journal of Chromatography A, 2014, 1342: 1-7.

[14] Ji W, Zhang M, Gao Q, et al. Preparation of hydrophilic molecularly imprinted polymers via bulk polymerization combined with hydrolysis of ester groups for selective recognition of iridoid glycosides[J]. Analytical and Bioanalytical Chemistry, 2016, 408: 5319-5328.

[15] Ji W, Zhang M, Wang D, et al. Superhydrophilic molecularly imprinted polymers based on awater-soluble functional monomer for the recognition of gastrodin in water media[J]. Journal of Chromatography A, 2015, 1425: 88-96.

[16] Ji W, Wang T, Liu W, et al. Water-compatible micron-sized monodisperse molecularly imprinted beads for selective extraction of five iridoid glycosides from Cornus officinalis fructus[J]. Journal of Chromatography A, 2017, 1504: 1-8.

[17] Ji W, Wang R, Mu Y, et al. Superhydrophilic molecularly imprinted polymers based on a single cross-linking monomer for the recognition of iridoid glycosides in Di-huang pills[J]. Analytical and Bioanalytical Chemistry, 2018, 410: 6539-6548.

[18] Ji W, Ma X, Xie H, et al. Molecularly imprinted polymers with synthetic dummy template for simultaneously selective removal and enrichment of ginkgolic acids from Ginkgo biloba L. leaves extracts[J]. Journal of Chromatography A, 2014, 1368: 44-51.

[19] Ji W, Zhang M, Yan H, et al. Selective extraction and determination of chlorogenic acids as combined quality markers in herbal medicines using molecularly imprinted polymers based on a mimic template[J]. Analytical and Bioanalytical Chemistry, 2017, 409: 7087-7096.

[20] Hu S, Li L, He X, et al. Solid-phase extraction of esculetin from the ash bark of Chinese traditional medicine by using molecularly imprinted polymers[J]. Journal of Chromatography A, 2005, 1062: 31-37.

[21] Ji W, Xie H, Zhou J, et al. Water-compatible molecularly imprinted polymers for selective solid phase extraction of dencichine from the aqueous extract of Panax notoginseng[J]. Journal of Chromatography B, 2016, 1008: 225-233.

第 14 章 膜分离技术

膜分离技术（membrane separation technique）是采用具有选择透过性的膜，利用膜两侧的浓度差、压力差、电位差等外在作用力，对目标体系进行分离、浓缩、纯化的一项技术。1748 年人们开始对膜现象进行研究，至 1925 年膜分离才在工业中得到应用，此后，随着对膜分离研究的深入，微滤、渗析、电渗析、反渗透、超滤等多种膜分离技术得到了发展。1960 年，第一张可工业化应用的反渗透膜研制成功，成为膜分离技术研究的一个重要里程碑，自此，膜分离技术进入大规模工业化时代。随着膜技术及与之配套的前处理技术的不断发展与完善，膜分离技术在食品、医药、生物工程等领域的应用越来越广泛。膜分离技术分离选择性高，既可分离分子量较高的大分子化合物，也可纯化小分子化合物，同时具有节能高效、便于集成等优点，在天然产物加工领域广泛应用。膜分离技术在天然产物活性物质分离纯化中的应用主要为截留大分子杂质、滤除小分子物质和脱水浓缩。

14.1 膜分离的过程

膜分离过程的基本原理主要是根据物质通过膜的传递速度不同而完成分离的一项技术。不同膜过程有其适用的分离范围，可用孔径和截留分子量对各种膜的分离与截留性能进行区别。在医药工业开发中应用的膜分离技术通常有微滤、超滤、纳滤、反渗透四种方法，图 14-1 为四种不同的膜分离过程示意图，箭头反射表示该物质无法透过膜而被截留。实际生产和科研过程中，通常选择几种膜分离方法联合使用[1,2]。

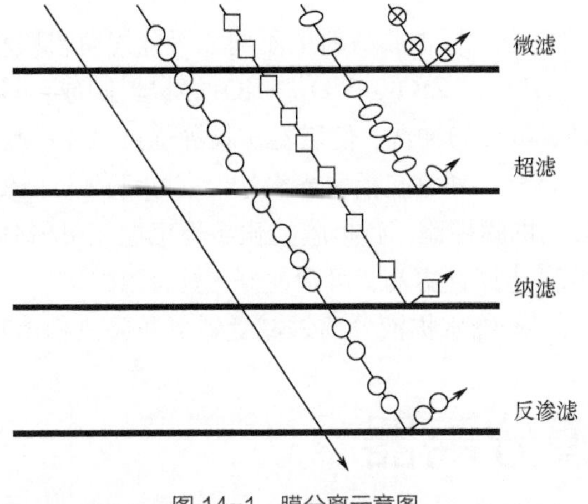

图 14-1　膜分离示意图

微滤是采用孔径为 0.01 ~ 10μm 的多孔质分离膜，以膜两侧压力差为驱动力，去除流体中的悬浮颗粒、细菌、胶体等微小粒子，通常作为组合膜分离技术中的第一步，其优点是孔径均匀、操作简单、工作压力低、过滤精度高。

超滤膜为孔径为 0.001 ~ 0.01μm 的非对称分离膜，通常用于截留分子质量为 1000 ~ 300000Da 的物质，可在微滤基础上进一步去除大分子有机物（如多糖、蛋白）、胶体等物质。超滤可以实现中药提取液中小分子与大分子化合物的分离，即在一定压力下，小分子化合物和溶剂穿过一定孔径的超滤膜，而大分子化合物不能透过，被超滤膜截留，从而实现大分子化合物的富集浓缩。

纳滤是利用孔径为纳米级的非对称分离膜，截留分子质量范围在 200 ~ 1000Da 的物质，可在超滤的基础上进一步截留小分子有机物、重金属离子等。

反渗透是以复合膜两侧静压力为动力，当压力超过料液的渗透压时，溶剂会逆着自然渗透的方向做反向渗透，从而在膜的低压侧得到透过的溶剂，可用于截留料液中的无机盐。

与传统分离技术相比，膜技术具有以下特点：①操作过程无相变、温度低，操作连续性、灵活性强；②不使用有机溶剂，污染小；③可根据分离目标物质的特点，选择分离膜孔径，将混合液中各组分按分子量进行分级分离；④分离系数大，可同时实现分离、浓缩和富集；⑤操作简单，易放大，可实现连续和自动化操作。

14.2 膜材料

膜是膜分离的核心，根据膜材料的不同，可分为有机膜和无机膜两类。

无机膜一般由 Al_2O_3、ZrO_2、SiO_2、TiO_2 等材料制成，具有机械强度高、稳定性好、耐腐蚀、可反向冲洗、使用寿命长等优点。有机膜由有机聚合物或者高分子复合材料制成，通常包括氟聚合物、醋酸纤维素、聚醚砜、芳香族聚酰胺等材料[3]。与无机膜相比，有机膜的化学稳定性和机械强度相对较弱，使用寿命较短，但分离选择性更高，可塑性好，具有耐酸碱、耐受有机溶剂的特点，近年来，在天然产物水提液分离领域受到更多关注和重视。

14.3 膜分离器

将膜以某种形式组装在一个密封器件内，这种器件称为膜分离器或膜组件。性能优良的膜分离设备应具有以下特点：①单位面积所含膜面积较大；②膜面切向速度快，以减小浓差极化；③膜易于清洗和更换，造价低，截留率高；④具有可靠的膜支撑装置，膜滤过液保留体积小。工业上常用的膜分离设备有平板式、螺旋卷式、管式、中空纤维式等，其中，中空纤维式膜组件因具有体积小、分离效果好的优点而被广泛应用[4,5]。

（1）平板式膜分离器

平板式膜分离器结构上类似于板框式过滤器，滤膜复合在刚性多孔支撑板上，支撑板材料多为不锈钢多孔筛板、微孔玻璃纤维压板（图 14-2）。当待滤液进入系统后，沿隔板表面上沟槽流动，一部分将从膜的一面渗透到膜的另一面，并经支撑板上的小孔流向其边缘上的导流管后排出。这种膜分离器在超滤、微滤、反渗透中都可应用。

平板式膜分离器具有组装简单方便、装置结构紧凑、料液流截面积大、不易堵塞、操作方便、对物料适应能力较强等诸多优点，其单位设备内的膜面积可达 160 ~ 500m^2/m^3。其缺点为对膜的机械强度要求高、流程较短、单程回收率较低。

（2）螺旋卷式膜分离器

螺旋卷式膜分离器的构造原理与螺旋板换热器类似，由美国 GGA 公司于 1964 年开发研制。其主要元件是螺旋卷膜，在多孔支撑板的两面覆以平板膜，然后铺一层隔网材料，一并卷成柱状放入压力容器内，密封。原料液由侧边沿隔网流动，穿过膜的透过液在多孔支撑板中流动，并在中心管汇集流出（图 14-3）。这种膜分离器结构简单，比表面积大，单位膜面积可达 650 ~ 1600m^2/m^3。缺点是制造成本高、清洗困难。

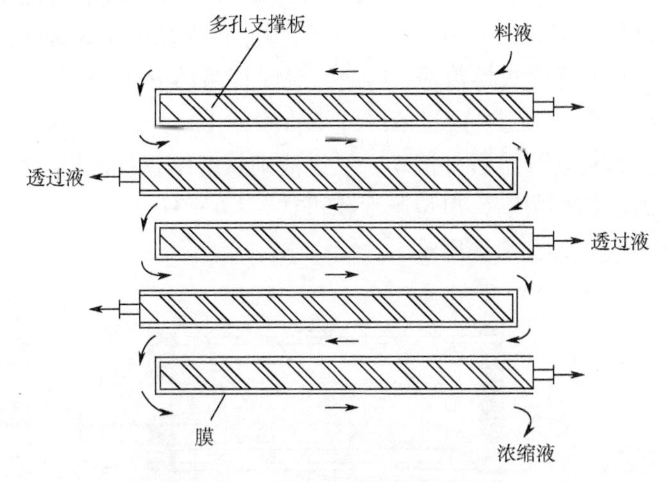

图 14-2　平板式膜分离器模式图

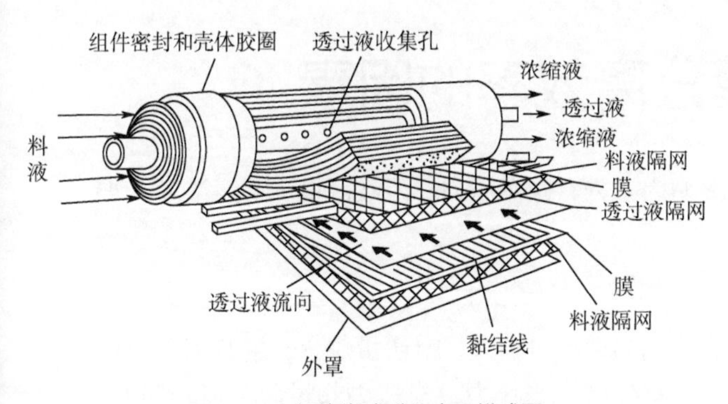

图 14-3　螺旋卷式膜分离器模式图

（3）管式膜分离器

管式膜分离器是最早使用的一种膜设备，通常是将膜固定在多孔材料制成的管状多孔支撑体上。若管内通原料液，则膜覆盖于支撑管内的表面，构成内压型（图 14-4），可通过在管内放置内插件扰动原料液的流出，提高传质系数。若管外通过原料液，则膜覆盖于支撑管的外面，透过液由管内流出。管式膜分离器的

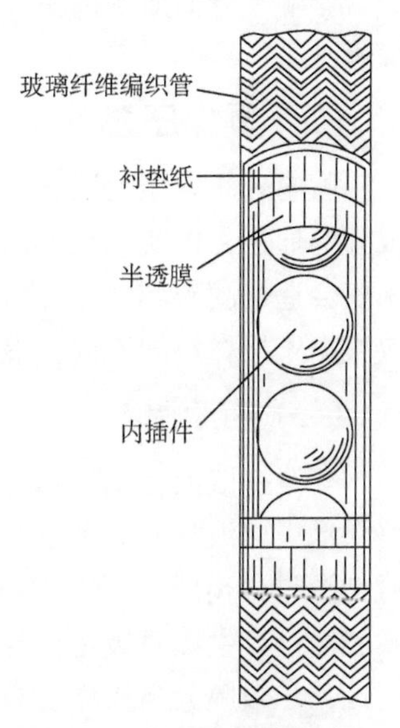

图 14-4　管式膜分离器模式图

组件结构简单，安装、操作方便，但设备的单位膜面积较小。

（4）中空纤维式膜分离器

将膜材料直接制成中空纤维，外径多为 40 ~ 250μm，大的可达 1mm 以上，外径与内径比值一般为 2 ~ 4 左右。用环氧树脂将许多中空纤维的两端胶合在一起，结构上类似管壳式换热器。料液的流向有两种形式，一种是内压式，即料液从空心纤维管内流过，透过液经纤维管膜流出管外；另一种为外压式，料液从一端经分布管在纤维管外流动，透过液则从纤维管内流出（图 14-5）。这种纤维膜分离器结构紧凑，单位膜面积可达（1.6 ~ 3）$\times 10^4$ m^2/m^3。缺点是透过液侧的流动阻力大，清洗困难。

图 14-5　中空纤维式膜分离器模式图

14.4　影响膜分离效率的因素

影响膜分离效率的主要影响因素为：操作压力、药液温度、药液浓度、pH 值等[6]。

（1）操作压力

膜内外压力差是膜分离的驱动力，压力越大，膜通量越大，越有利于目标成分的通过，但实际操作时应注意保持适当压力，当压力超过膜负荷极限时，不仅会造成膜破坏，还会降低膜通量，阻塞管道。因此，在使用膜分离设备时应根据所用材料的不同，设定压力上限。

（2）药液温度

有些提取液特别是水提液具有黏度高、成分复杂等特点，升高分离温度能够降低提取液黏度，促进传质过程，同时提高膜通量和溶质的传质系数，促进溶剂透过分离膜。但温度过高会使提取液中蛋白质等大分子形成凝胶吸附在膜表面，产生浓差极化，导致膜污染。此外，高温对膜材料的性能影响较大。因此，一般膜分离操作要求在 50℃以下。

(3) 药液浓度

在膜过滤过程中，高浓度溶液相对黏度较大，易在膜表面形成凝胶层，阻碍传质过程，使膜通量下降，分离效率降低。

(4) pH 值

pH 值会影响膜表面电性和渗透性能，也会影响提取液中活性成分的稳定性，特别是蛋白质类物质，当 pH 值接近其等电点时，滤过速度较慢。对于部分化学成分而言，通过调节 pH 值来提高膜的分离效率时，要综合考虑 pH 值对有效成分稳定性的影响。

14.5 膜分离技术在天然产物中的应用

14.5.1 大分子化合物的纯化

膜分离技术在天然活性大分子物质分离中的应用，一般是用来分离多糖。多糖往往具有抗肿瘤、抗炎、增强免疫、抗氧化等活性。蔡铭等[7]采用水提醇沉法制备灵芝总多糖后，依次用 100kDa、10kDa 和 1kDa 超滤膜，多级组合对灵芝粗多糖进行分级分离，进一步对灵芝多糖进行了分离纯化，发现灵芝多糖分子质量在 300 ~ 4000kDa，三组多糖提取液中多糖含量、还原糖含量、表面结构、抗氧化活性均有一定差异，表明膜分离技术可有效分离分级灵芝多糖。杜成兴等[8]采用超滤-纳滤法，将黄柏多糖原液依次通过 100kDa、50kDa、10kDa、5kDa 的超滤膜和截留分子质量分别为 800Da、400Da、200Da 的纳滤膜，优化了膜分离工艺，发现温度为 30℃，压力为 0.18MPa 下，超滤操作较为稳定；而纳滤分离的最佳温度为 30℃，操作压力 0.35MPa。在最佳工艺条件下，得到 8 个不同分子量段的黄柏多糖。蒋华彬等[9]采用膜分离技术，利用截留分子质量为 30ku 的超滤膜和 400u 的纳滤膜从管花肉苁蓉水提液中同步分离苯乙醇苷和多糖，苯乙醇苷得率 66.86%，松果菊苷、毛蕊花糖苷纯度分别为 26.54%、3.36%，多糖得率为 57.4%，纯度为 51.82%。分离工艺简单、易操作，能耗低，能有效实现不同类型化合物的同步分离纯化。

14.5.2 小分子化合物的纯化

天然产物活性物质成分复杂，常见的小分子化合物有黄酮类、生物碱类、皂苷类等。与柱色谱等其他分离纯化技术相比，膜分离技术对分离化合物的类型选择性较差，但可简化目标化合物的分离、浓缩步骤，利用微滤-超滤-纳滤结合的膜分离技术可通过控制膜孔径的大小，对某区段分子量的成分透过或截留，从而达到分离纯化的目的。陈雪婷等[10]利用膜分离技术对布渣叶总黄酮进行分离纯化，采用分子质量为30kDa的超滤膜片，操作压力为3MPa，收集透过液，结果显示，黄酮类成分的保留率稳定在85%以上，膜通量较高，工艺条件稳定可行。郭亚菲[11]通过超滤-纳滤联用，考察了膜分离温度、料液比、pH值、操作时间等因素，优化获得了黄芪皂苷类成分的膜分离工艺。依次采用30kDa、10kDa、2.5kDa有机膜对黄芪提取液逐级分离，最后用600Da聚酰胺膜进行浓缩处理，得到黄芪中小分子化合物。该分离部位主要有14种黄酮、8种皂苷类化合物，具有良好的免疫调节能力。李祝等[12]采用纳滤-反渗透膜分离联用技术，从麻黄草发酵液中分离麻黄碱，并实现工业化应用。研究表明，通过纳滤膜过滤后，麻黄碱透过率达98%、杂质截留率达25%，再通过反渗透膜二级浓缩分离后，麻黄碱被完全截留，滤液无颜色，电导率接近生活用水，并可循环利用，降低了污染，实现了绿色生产。张浅等[13]以挥发油得率为指标，对比研究了聚二甲基硅氧烷/聚偏氟乙烯（PDMS/PVDF）复合膜和聚偏氟乙烯(PVDF)膜分离富集连翘中挥发油的效果。研究发现，相较于PDMS/PVDF复合膜，PVDF膜表面有大量小孔，膜断面为海绵结构，挥发油能更加快速、有效地通过PVDF膜，使挥发油通过量增加。GC-MS分析显示，PVDF膜富集所得挥发油的成分与传统水蒸气蒸馏所得挥发油基本一致。

14.5.3 中成药生产

随着膜分离技术的日趋成熟，该技术在中药制药工业中也逐渐得到应用。一批大中型医药企业，如云南白药集团、扬子江药业、湖北劲酒、太极集团等已将膜分离技术引入天然产物活性成分的分离、纯化、浓缩等工序。云南白药集团的“宫血宁胶囊”采用微滤陶瓷膜技术实现了有效部位的富集，该品种生产周期由7d缩短为0.5d，能耗降低20%，资源利用率提高50%，劳动生产率提高70%[14,15]。膜分离还可以替代传统中药制药中的水提醇沉工艺，除去高分子杂质，克服醇沉法生产周期长、成本高、药效物质损失等问题。同时，膜技术还可以有效地滤出提取液中的细菌、热原等物质，可保障中药液体制剂的安全性。

14.6 膜分离技术应用前景

综上所述，膜分离技术具有无相变、低温操作、无有机溶剂消耗等特点，但也存在膜材料易污染、维护成本较高、膜材料损耗快的问题。现有研究仍然缺乏针对天然产物活性成分分离、纯化特点进行膜材料的选择和设计。随着各种新型膜材料及膜分离系统的不断开发和发展，膜分离技术在天然活性物质分离纯化中的应用将进一步提高，应用前景广阔。

参考文献

[1] 罗永明. 中药化学成分提取分离技术与方法[M]. 上海：上海科学技术出版社, 2016.

[2] 王玺，仇萍，彭晓珊，等. 集成膜技术在中药制药工业中的应用研究进展[J]. 中国药学杂志, 2020, 55(22): 1836-1841.

[3] 钟文蔚，郭立玮，袁海，等. 以“材料化学工程”理念构建“基于膜过程的中药绿色制造工程理论、技术体系”的探索[J]. 中草药, 2020, 51(14): 3609-3616.

[4] 陈敏恒，潘鹤林，齐鸣斋. 化工原理[M]. 2 版. 上海：华东理工大学出版社, 2013.

[5] 王彩虹. 化工原理[M]. 武汉：华中师范大学出版社, 2006.

[6] 夏平国. 中药膜分离纯化设备的研制[D]. 南京：东南大学, 2018.

[7] 蔡铭，邢浩永，徐靖，等. 基于膜技术的灵芝粗多糖分级分离及抗氧化活性比较[J]. 食品工业科技, 2021, 42(10): 29-35.

[8] 杜成兴，冯发进，杨熟英，等. 膜分离技术应用于黄柏多糖纯化工艺的研究[J]. 中医药导报, 2019, 25(21): 52-56.

[9] 蒋华彬，刘丽莎，张清，等. 膜分离技术同步分离纯化管花肉苁蓉苯乙醇苷及多糖[J]. 食品科技, 2019, 44(7): 229-234.

[10] 陈雪婷，徐文杰，李洁环. 膜分离技术在布渣叶黄酮类化合物提取中的应用[J]. 湖南中医药杂志, 2020, 36(2): 143-144.

[11] 郭亚菲. 黄芪膜分离部位的免疫作用机制与药效物质研究[D]. 晋中: 山西中医药大学, 2020.

[12] 李祝，皮科武，万瑞极. 从麻黄草中提取麻黄碱的清洁生产工艺研究[J]. 湖北工业大学学报, 2011, 26(5): 31-32.

[13] 张浅，朱华旭，唐志书，等. 基于蒸气渗透膜技术的中药连翘含油水体中挥发油分离工艺研究[J]. 中国中药杂志, 2018, 43(8): 1642-1648.

[14] 郭立玮，邢卫红，朱华旭，等. 中药膜技术的“绿色制造”特征、国家战略需求及其关键科学问题与应对策略[J]. 中草药, 2017, 48(16): 3267-3279.

[15] 朱华旭，唐志书，潘林梅，等. 面向中药产业新型分离过程的特种膜材料与装备设计、集成及应用[J]. 中草药, 2019, 50(8): 1776-1784.

第 15 章
结晶分离法

在天然产物提取分离中，不可避免地要涉及产物的形态变化，如溶解、蒸发、结晶等。通过一定的条件，将物质从液态或气态以晶体的形式析出的过程叫作结晶（crystallization），这种分离方法称为结晶分离法。利用各成分饱和度的差异通过结晶的方法将某一成分分离，是获得天然产物高纯度单体成分的主要手段之一。

由于受各种因素的影响，分子内或分子间键合方式发生改变，致使分子或原子在晶格空间的排列不同，形成不同的晶体结构。同一种物质可能会形成两种或两种以上的结晶形态（晶型），这种现象叫作多晶型现象（polymorphism）。物质的晶型不同，其物理性质和化学性质也会有所不同，如金刚石和石墨。在药物化学领域，许多结晶药物都存在多晶型现象。同一药物的不同晶型其溶解性能或吸收性能也可能会不同，导致其药效作用有很大差异，故药典中规定了晶型要求，如棕榈氯霉素有 A、B、C 和无定形四种形态，其中 A 晶型难被酶水解，无抗菌活性；C 晶型和无定形不稳定，容易转化为 A 晶型和 B 晶型；只有 B 晶型是稳定且有抗菌活性的晶型[1]。结晶分离法可以通过结晶条件的控制，获得特定的晶型，这也是结晶分离的目的之一。溶液结晶法是天然产物分离中最常用的分离方法。

15.1 结晶分离的原理

15.1.1 晶体结构

结晶获得的晶体具有特定的微观几何结构，这种微观结构的重复单元构成了晶体的晶格。晶格是构成晶体的微观质点按一定的点阵在三维空间进行规律排列形成的，各质点互相受各种力的平衡作用，彼此保持一定的距离且维持在固定的位置，每一晶格质点都具有相同的物理性质和化学性质。晶体这一特性决定了结晶产物具有较高的纯度。按照晶格的微观结构不同可分为不同的晶系，晶体学上按照对称元素的特征将晶系分为立方、四方、正交、单斜、三斜、三方、六方等七类（图 15-1）[2]。

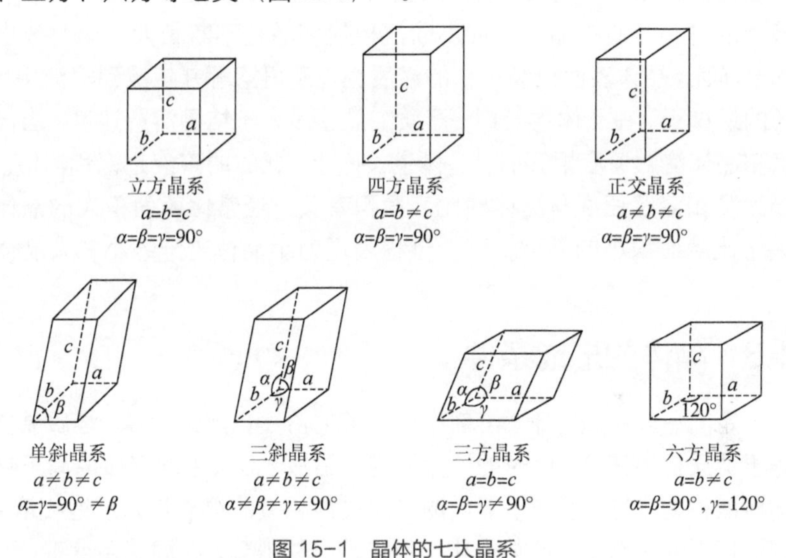

图 15-1 晶体的七大晶系

15.1.2 晶体的形成过程

在过饱和溶液中，结晶主要包括两个过程，即晶体的成核和晶体的生长。成核就是首先产生微细晶体作为核心，这种核心称为晶核。以晶核为核心，具有相同分子结构的物质在晶核表面逐渐排列长大形成宏观的晶体，这个过程就是晶体的生长[2]。

（1）晶核的形成

在过饱和溶液中，晶核的形成包括初级均相成核、初级非均相成核和二次成核。初级均相成核是质点互相碰撞，结合成晶线，再聚集扩大成晶面，最后结合成微小的晶格，晶格按照一定的规律排列形成初始的晶核。在洁净溶液中形成晶核为初级均相成核；初级非均相成核是指过饱和溶液由于外来固体粒子的诱发而形成晶核的过程。初级均相成核和初级非均相成核是在过饱和溶液尚未有晶体的情况下形成晶核的过程；二次成核是指在已有晶体的过饱和溶液中形成新的晶核的过程，通过引入晶种或者在已有结晶的情况下，通过搅拌或扰动等手段，使溶液和晶体充分接触，晶核在新的地方产生，进一步增加晶核数量的过程。初级非均相成核和二次成核是工业生产中的常用方法，可以引导目标结晶的生成、抑制杂质结晶的产生。

（2）晶体的生长

在有晶核的过饱和溶液中，溶质分子在晶核表面按照晶格结构继续排列长大的过程称为晶体的生长。晶体的生长过程是一个动态过程。一方面，过饱和溶液中的过剩溶质在晶体表面不断沉积促使晶粒不断长大，同时放出结晶热；另一方面，晶体表面已经沉积的溶质也不断再溶解并扩散到溶液中，是晶体生长的逆过程。在晶体生长期，溶质结晶速度大于结晶溶解速度，当溶质结晶速度和晶体溶解速度相等时，晶体生长停止，此时的溶液是饱和溶液。晶体的生长速度和溶解速度与晶体的比表面积有关，通常比表面积大的晶体溶解速度大于比表面积小的晶体，这一过程表现为小晶体逐渐缩小，大晶体逐渐长大。

15.1.3 晶体的形成条件

在一定的温度和压力下，溶剂中所溶解的溶质已达最大量，溶质晶体溶解速度等于溶质析出速度，此时的溶液为饱和溶液；溶液中的溶质量尚未达到饱和量的溶液称为不饱和溶液；溶质的量超过饱和量的溶液称为过饱和溶液。过饱和溶液可以通过浓缩、冷却或化学反应等方法得到。在同一温度下，过饱和溶液中的溶质浓度与饱和溶液中的溶质浓度差叫作过饱和溶液的过饱和度。过饱和度是晶体形成的必要条件，过饱和度的大小决定了晶核的形成过程和晶体生长的快慢，是结晶过程的一个重要影响因素。

苏联的哈姆斯基[3]以温度和浓度的关系曲线和过饱和度的大小将溶液分为稳定区、介稳区和不稳定区（图 15-2），图中 SS 线为溶液的饱和溶解度曲线，T_1T_1 线为第一过饱和溶解度曲线，TT 线为第二过饱和溶解度曲线。生产中结晶分离一般将溶液浓度控制在介稳区，以获得平均粒度较大的晶体，减少杂质夹带，提高产品纯度。但若需要制备超细粉末的结晶，一般是将溶液浓度尽速升高到不稳定区，形成超细的药物晶体。

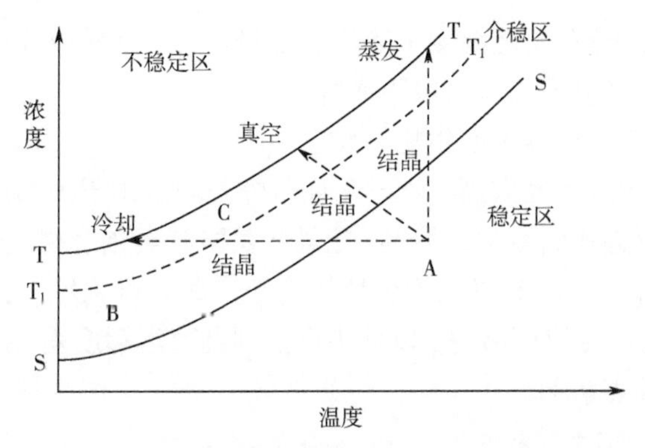

图 15-2　溶液的饱和溶解度和过饱和溶解度曲线

图 15-2 显示，促进晶体形成的首要条件是获得过饱和溶液。由不饱和溶液变为过饱和溶液的方法有三种：①浓度不变，通过改变温度（通常是冷却）的方法降低物质的溶解度；②温度不变，通过蒸发减少溶液中的溶剂，溶液浓度逐渐提高形成过饱和溶液；③前两种方法的结合，即通过降低溶液的真空度使溶剂蒸发，溶剂蒸发吸收热量，在溶液浓度提高的同时溶液的温度也降低，可快速高效地获得过饱和溶液。

15.1.4　结晶分离的特点

结晶分离在天然产物分离和提取过程中具有重要作用，具有以下特点：

① 结晶分离选择性高。在结晶的过程中，只有同类分子或离子才能排列成晶体，因此，结晶过程具有良好的选择性。

② 结晶分离是获得高纯度产物的有效手段。结晶分离能从杂质含量多的溶液中形成统一晶型的晶体，而大部分杂质则留在母液中，得到的晶体通过过滤、洗涤等操作，即可得到纯度较高的结晶。

③ 结晶分离所得晶体是天然产物成分结构鉴定的重要表征。结晶分离的固体物质有特定的晶体结构和形态，具有特定的衍射光谱，高纯度的化合物晶体具有固定的熔点、较短的熔程，这些都是天然产物成分鉴定的重要指标。

④ 能量消耗少、操作温度低、有效成分损失少。

⑤ 结晶产品稳定性高，便于包装、运输、储存和使用。

15.1.5　结晶分离的影响因素

影响结晶分离的因素主要有以下几个方面。

（1）溶剂的种类

溶剂的种类是影响结晶分离的重要因素之一，结晶分离对溶剂的要求包括：

① 被结晶成分在不同温度下的溶解度差较大；杂质成分在不同温度下的溶解度变化小，或易于溶解，或不溶解。

② 溶剂与有效成分不发生化学反应。

③ 溶剂的沸点不宜太高，便于后期干燥处理。由于天然产物的特殊性，某些化合物难以选择到合适的溶剂。如某些黄酮苷类化合物，一般低沸点有机溶剂的溶解度都较小，难以找到合适的溶剂，此时可采用混合溶剂结晶的方法，甚至选择高沸点溶剂溶解，以低沸点溶剂调节溶解度差，最后以低沸点溶剂洗涤除去高沸点溶剂。

（2）溶液的过饱和度

溶液的过饱和度是晶核形成和晶体生长的推动力，过饱和度的大小是影响结晶分离效果的关键因素。溶液结晶控制过饱和度的方法是控制降温速度或蒸发速度：若降温速度过快或溶剂蒸发速度过快，导致溶液的过饱和度过高，溶液中自发形成大量晶核，快速生成大量结晶，这种结晶粒径小、比表面积大、吸附杂质多；如果降温速度或者蒸发速度太慢，虽然可获得高纯度的结晶，但生产效率较低。

（3）杂质

杂质是影响结晶分离的重要因素之一，杂质对结晶分离的干扰因素包括：

① 通过改变溶液的结构或平衡饱和浓度，改变晶体与溶液界面液层的特性，影响溶质长入晶面。

② 杂质本身在晶面上吸附，产生阻挡作用。

③ 如晶格有相似之处，杂质有可能长入晶体内。天然产物中往往存在结构类似的成分，可形成共晶影响结晶的纯度，甚至难以形成有效的结晶。严重影响结晶的杂质通常需要提前去除，故天然产物的结晶分离一般是提取分离的最后工序。

（4）晶核

溶液通过一定的方法形成过饱和溶液后，适时地促进晶核的形成可获得更好的结晶。实际操作中可通过摩擦器壁、增加容器的搅拌强度、加入晶种等方法促进晶核的形成。

15.2 结晶分离技术和方法

由于天然产物成分比较庞杂，直接采用结晶分离一般不能获得高纯度的结晶，或者难以形成结晶，前处理就成为提取物获得有效结晶的必要过程。前处理过程通常包括除去影响结晶的杂质和富集目标成分，为结晶的形成创造有利条件。

15.2.1 实验室结晶分离的一般方法

结晶分离一般包括以下几个步骤：溶解、除杂、结晶、过滤、洗涤和干燥等。

（1）溶解

溶解包括室温溶解和加热溶解。

① 若待结晶物的溶解度随温度变化不大或需要洗涤除去杂质时可采用室温溶解。将物质置于锥形瓶中，边搅拌边慢慢加入溶剂，至物质全部溶解或固体物料不再减少为止。

② 若待结晶物的溶解度随温度变化较大，则多采用加热溶解，特别是降温结晶法的溶解操作。溶解时先将待分离物加入烧瓶内，加入少于理论量的溶剂，通冷却水，打开搅拌和电加热，慢慢升温。待开始回流时，以吸管吸取少量溶剂，分次从冷凝管上端慢慢加入烧瓶中，注意观察固体溶解情况。当固体全部溶解（待分离物不含不溶性杂质），或者加入溶剂后固体不再减少时（待分离物含有不溶性杂质），可以认为此时待结晶物全部溶解，溶液处于饱和状态。然后再多加一定量的溶剂形成近饱和溶液，以便于后期热过滤操作。

（2）除杂

对于影响结晶纯度的杂质应该在结晶前尽量除去，除去杂质的方法包括洗涤（萃取）、吸附、过滤。

① 洗涤（萃取）除杂。洗涤方法采用的溶剂需要与溶解溶剂不混溶。如果洗涤后的待结晶相是非水溶液，可以用干燥剂（如无水 Na_2SO_4、无水 $CaCl_2$ 等）干燥。

② 吸附除杂。对于极性比较强的杂质或者色素，可以用吸附法除去部分杂质。常用的吸附剂有活性炭和硅胶。一般操作方法是将沸腾的溶液稍冷，加入活性炭搅拌，加热回流 10min，然后趁热过滤除去活性炭，得到待结晶溶液。活性炭的用量一般为固体物料的 5%左右，若活性炭过量会吸附目标成分而造成损失。

③ 过滤除杂。待结晶的物料溶液中若有不溶性杂质，或溶液含有干燥剂或吸附剂，必须过滤除去。工业热过滤一般采用压滤法，过滤设备有板框过滤机或压滤器。实验室热过滤一般采用减压抽滤或常压过滤。减压抽滤一般用砂芯漏斗或布氏漏斗，漏斗应提前预热，过滤过程采取适当的保温措施。常压过

滤一般采用短颈漏斗，过滤采用折叠滤纸以增大过滤面积。对于杂质较黏的溶液，可以加入硅藻土助滤；对于常温溶液，也可以采用离心沉降代替过滤。

（3）结晶

① 降温结晶法。热过滤后的滤液一般为近饱和溶液，可以通过降温形成过饱和溶液。实验室降温一般是室温放置自然冷却，让晶体慢慢析出。如果冷却后不能结晶析出，可通过玻璃棒摩擦器壁或加入晶种的方法促使晶核形成。

② 浓缩结晶法。采用浓缩结晶法的滤液需要通过蒸馏进行浓缩处理，一般采用旋转蒸发仪或普通的减压蒸馏仪，当浓缩液出现少量结晶时，停止浓缩，通过静置降温让其自然结晶。

③ 反应结晶法。天然产物的反应结晶一般是酸碱中和或者衍生物反应，通常在反应瓶中进行，配置搅拌装置、滴液装置、pH 检测装置，需要加热时还需配置加热和回流冷凝装置。将滤液加入反应瓶，滴液漏斗加入酸或碱的中和剂溶液，边搅拌边滴加反应液。当出现目标结晶时，应放慢滴加速度。当 pH 出现突跃，或结晶不再增加时，停止加入中和剂，随后搅拌反应几分钟，进行过滤。此外，对于反应产物溶解性很差且结晶很细的反应，为获得更好的晶型，可以采取升高反应液温度的方法，以提高产物的溶解性能，控制结晶产生的速度。

④ 混合溶剂结晶法。对于需要混合溶剂结晶的过滤液，可以采用回流搅拌装置。滤液一般为良性溶剂的不饱和溶液，将此滤液加入圆底烧瓶中，适当加热升温，开动搅拌，慢慢滴加不良溶剂，当溶液出现浑浊或结晶时，再滴加少量的良性溶剂，放置自然冷却结晶。

（4）过滤、洗涤和干燥

结晶完成后，一般采用抽滤法分离晶体与母液。滤过母液后，晶体表面有母液残存，影响晶体的纯度，需要用少量溶剂洗涤。洗涤溶剂通常采用与母液溶剂相同的冷溶剂，洗涤应尽量充分。经过过滤得到的晶体，表面有少量溶剂残留，通常采用烘干法或减压干燥法干燥。

15.2.2 工业结晶方法及设备

按照形成过饱和溶液方式的不同，工业结晶法分为冷却结晶法、蒸发结晶法、真空冷却结晶法和化学反应结晶法；按照生产方式的不同，工业结晶可分为连续结晶法和间歇结晶法。由于天然产物成分复杂，一般规模较小，多采用间歇结晶法，如浓缩后的冷却结晶或者混合溶剂结晶等。相应的工业设备也比较简单，一般为内循环冷却结晶器。

15.3 结晶技术的新进展

随着新材料、新设备的问世以及对结晶产品新需求的出现，传统的结晶方法也不断被改进，新的结晶技术和结晶工艺也不断开发并逐渐走向实用。如利用超临界萃取和结晶相结合的超临界流体结晶、利用膜分离原理进行浓缩结晶的膜结晶、利用两相溶解形成过饱和溶液的萃取结晶和溶析结晶等，择要介绍如下。

（1）超临界流体结晶技术

超临界流体结晶技术是利用超临界流体作为溶剂，通过压力和温度控制溶液过饱和过程的结晶技术。根据结晶方法的不同，超临界流体结晶法可分为超临界溶液快速膨胀结晶法（RESS）、超临界流体抗溶剂结晶法（SAS）以及超临界流体梯度结晶分离法等[4,5]。

① 超临界溶液快速膨胀结晶法（RESS）：将溶质溶解于超临界流体中形成高浓度溶液，然后通过喷嘴系统在极短的时间内将溶液喷入低压或常压体系中，超临界流体很快变成气体快速膨胀，溶质在极高的饱和度下形成超细晶体。陈兴权等[6]把 RESS 用于中草药有效成分的细化，得到了平均粒径较小的 α-细辛醚的微粒，细化后的 α-细辛醚微粒可做成注射针剂或缓释胶囊。

② 超临界流体抗溶剂结晶法（SAS）：又称气体抗溶剂结晶法（GAS）、压缩气体结晶法（PCA），是将超临界流体作为抗溶剂引入含有溶质溶液的容器中，使溶液快速膨胀形成气溶胶微粒，溶质的溶解度降低形成过饱和溶液，进而结晶沉淀成超细颗粒，经过一定的时间后，膨胀液在相同的压力下被排出，析出的颗粒被收集纯化，得到粒度分布均匀的超细晶体颗粒。Thiering 等[7]用 GAS 法以 CO_2 或 NH_3 为抗溶剂从有机溶液或水溶液中沉析溶菌酶、胰岛素和肌球素等蛋白质微粒，微粒大小在 0.05 ~ 2.0μm。RESS 和 SAS 技术都可应用于药物的微粉化，前者要求溶质在超临界流体中有较高的溶解度，后者则相反。

③ 超临界流体梯度结晶分离法：以超临界流体为萃取剂，在一定温度、压力下，超临界流体萃取多组分溶液中的溶剂和溶质，同时萃取液在预置的吸附结晶器上层析分布，析出多组分固相物质的结晶[8,9]。潘见等[9]利用超临界流体梯度结晶分离技术对银杏叶提取物的有效成分进行了分离，将银杏总内酯的含量从 6%一步提高到 80%。

（2）膜结晶技术

膜结晶利用膜渗透脱除待结晶母液中的溶剂，使之达到过饱和而析出晶体，是一种膜过滤与溶液结晶耦合的分离技术，广泛应用于无机盐分子精制、废水中盐的回收、海水淡化以及生物大分子的结晶[10]。马润宇等[11]采用聚偏氟乙烯中空纤维微孔膜进行血清白蛋白的静态渗透膜结晶研究，成功获得了质量完美、尺寸大且均匀的牛血清白蛋白V的晶体。

（3）萃取结晶技术

萃取结晶是利用一种溶剂将混合溶液中的溶剂萃取出来，使混合溶液的溶质浓度提高，形成过饱和溶液，析出结晶[12,13]；或者利用待分离成分的特性，用不相溶的溶剂将一种成分从母液中萃取出来并形成过饱和溶液进而结晶沉淀的方法。艾秀珍等[14]利用 NaOH 溶液萃取辣椒碱和有机酸的乙醚混合溶液，辣椒碱因为含有酚羟基被萃取到高 pH 值的碱液中进而形成辣椒碱结晶沉淀，实现了辣椒碱和有机酸的有效分离，辣椒碱纯度达到 98.73%，收率达到 78.79%。

15.4 结晶产物的分析方法

（1）晶型分析

晶型分析最简单的方法就是直观分析，或者通过放大镜或显微镜分析，晶型数据的分析可以通过 X 射线衍射光谱分析。

（2）熔点熔距

一个纯化合物的单一晶型一般都有固定的熔点和较小的熔距，熔点常常作为化合物或化合物晶型鉴别的依据之一，熔距大小也是判定化合物纯度的一个重要指标。熔点熔距的测定可以采用毛细管熔点仪或者显微熔点仪进行分析。

（3）X 射线衍射分析

X 射线衍射（X-rad diffraction，XRD）是利用 X 射线在晶体中产生的衍射效应分析晶体结构的一种常用手段，也是研究结晶物质的主要方法，可用于区别晶态和非晶态，鉴别晶体的品种，区别混合物和化合物，测定药物晶型结构，测定晶胞参数（如原子间的距离、环平面的距离、双面夹角等），还可用于不同晶型的比较。X 射线衍射分析又分为粉末衍射分析和单晶衍射分析两种，前者主要用于结晶物质的鉴别及纯度检测，后者主要用于晶体结构和分子立体结构的测定。

（4）热分析法

热分析法（thermal analysis，TA）是在程序控温条件下，测量物质的物理参数与温度变化关系的分析技术。热分析技术能快速准确地测定物质的晶型转变、熔融、升华、吸附、脱水、分解等变化，不同晶型，升温或冷却过程中的吸、放热也会有差异。热分析法主要包括差示扫描量热法、差热分析法和热重分析法。

（5）谱图分析

谱图分析包括薄层色谱、气相色谱、高效液相色谱、红外光谱、紫外光谱、核磁共振光谱、质谱等，是化学成分分析和结构分析的常规方法，也是晶体鉴别的必要手段。

15.5 结晶分离操作实例

周一君等[15]公开了一种结晶法分离穿心莲内酯的生产工艺：取穿心莲茎叶粗粉 2kg，用 18 倍量 95%乙醇分次热浸提，回收乙醇，浓缩液用水稀释，用石油醚洗涤除去脂溶性杂质，水溶液浓缩，将浓缩浸膏热溶于 1500mL 95%乙醇，以活性炭回流脱色，趁热过滤，滤液浓缩至 800mL，缓慢加水 200mL，静置，析出大部分穿心莲内酯结晶，过滤，母液浓缩至 400mL，静置，再析出小部分穿心莲内酯结晶，过滤，滤液回收溶剂至干，得浸膏，将其加热溶于 1000mL 95%乙醇，再用 95%乙醇 1000mL 稀释，此溶液冷却到室温后逐渐通过 500g Al_2O_3 短柱，溶液通过后，用 1000mL 95%乙醇洗涤短柱，合并乙醇液，真空浓缩至干，加入 200mL 95%乙醇热溶，溶解后边加热边加入与乙醇相同体积的去离子水，在加完水时应没有固体析出。首先室温放置，然后转移至冰箱中过夜，待结晶完全析出，真空过滤，滤液浓缩至约 200mL，同上法析晶，真空过滤，合并结晶，用 50%乙醇重结晶，得穿心莲总内酯 35.6g。

取上述穿心莲总内酯 20g，以三氯甲烷 200mL 冷溶，过滤，不溶物分别再以三氯甲烷 200mL、100mL 冷溶 2 次，过滤，合并三氯甲烷液，得三氯甲烷液与不溶物两部分。将三氯甲烷液回收至干，热溶于 100mL 95%乙醇，静置，析出去氧穿心莲内酯片状结晶；母液浓缩至 60mL，静置，析出脱水穿心莲内酯针状结晶，余下母液继续适当浓缩交替析晶。合并去氧穿心莲内酯结晶，分别以乙醇、丙酮重结晶得纯品 3.6g（滤液中仍可回收去氧穿心莲内酯）。合并脱水穿心莲内酯结晶，分别以乙酸乙酯、50%乙醇重结晶得纯品 3.2 g（滤液中仍可回收脱水穿心莲内酯）。将不溶物热溶于 100mL 95%乙醇，静置，析出新穿心莲内酯棱状结晶，母液浓缩至 80mL，静置，析出穿心莲内酯四方型结晶，余下母液继续适当浓缩交替析晶，合并新穿心莲内酯结晶，以乙醇重结晶得纯品 4.5g（滤液中仍可回收新穿心莲内酯）。

参考文献

[1] 吕杨，杜冠华．晶型药物[M]. 2 版.北京：人民卫生出版社, 2019.
[2] 丁绪淮，谈遒．工业结晶[M]．北京：化学工业出版社, 1985.
[3] （苏）E·B·哈姆斯基.化学工业中的结晶[M]．古涛，叶铁林，译.北京：化学工业出版社, 1984.
[4] Ren C. Advances in supercritical fluid crystallization[J]. Agricultural Science & Technology, 2016, 17(6): 1422-1428, 1454.
[5] 张杨，潘见，袁传勋，等．超临界流体结晶技术研究进展[J]．化工科技, 2002(05): 41-43.
[6] 陈兴权，赵天生，李永昕，等.快速膨胀超临界溶液法制备 α-细辛醚微细颗粒的研究[J].化学工程, 2001, 29(2): 12-14.
[7] Thiering R, Dehghani F, Dillow A, et al. Solvent effects on the controlled dense gas precipitation of model proteins[J]. Journal of Chemical Technology and Biotechnology, 2000, 75: 42-53.
[8] 张文成，潘见．穿心莲内酯超临界 CO_2 梯度结晶初探[J]．精细与专用化学品, 2004(09): 16-18.
[9] 潘见，朱剑中．物质成分的超临界流体结晶分离方法[P]: CN 1220906A. 1999-6-30.
[10] 欧雪娇，张春桃，李雪伟，等．膜结晶技术的研究进展[J]．现代化工, 2016, 36(08): 14-18.
[11] 马润宇，刘丽英，丁忠伟．牛血清白蛋白 V 的渗透膜结晶研究[J]．膜科学与技术, 2011, 31(03): 251-255.
[12] 骆广生．一种新型的化工分离方法——萃取结晶法[J]．化工进展, 1994(06): 8-11.
[13] 曲红梅，周立山，杨志才，等．萃取结晶过程研究进展[J]．化学推进剂与高分子材料, 2004(05): 26-29.
[14] 艾秀珍，沈波，危凤，等．萃取-结晶法制备辣椒碱类化合物工艺研究[J]．天然产物研究与开发, 2008(01): 150-153.
[15] 周一君，杨增，石荣火，卢扬，等.穿心莲总内酯与新穿心莲内酯、脱水穿心莲内酯、去氧穿心莲内酯的生产工艺[P]: CN 101559088A. 2009-10-21.

第 16 章
提取物后处理技术

经提取分离后获得的天然产物中含有的杂质，或者其粒度、形态及样品不稳定性等多种因素，均可影响其后续的实际应用，因此，提取物通常要经过一定的后处理（如溶剂的脱除、制粒等），以利于提取物的后续加工和应用。本章对天然产物提取物常用的后处理技术进行概述。

16.1 提取物中溶剂的去除技术

由于天然产物生产过程中通常使用有机溶剂，故消除有机溶剂残留对保证天然产物产品质量至关重要。据统计，制药工业中大约 60%的消耗源于生产过程中有机溶剂（包含部分有毒、有害溶剂）的使用[1]。目前，最常用的有机溶剂脱除方法主要有蒸发法、冷冻干燥法和反渗透法等。

16.1.1 蒸发法

蒸发是指挥发性溶剂通过气化与固体成分分离的过程，可通过减压或升温的方法来实现溶剂由液相转变为气相[2]。可通过应用不同加热方式来加速蒸发过程，如微波干燥技术。微波加热是将电磁能转变成热能，其能量通过空间或媒质以电磁波形式传递。与其他加热方式相比，微波干燥具有干燥速度快、干燥时间短的优点，可用于热敏性物质的低温干燥。除热效应以外，微波还可通过高速的分子振荡激发极性分子不停地改变取向而产生非热效应，从而加速干燥过程。

16.1.2 冷冻干燥法

冷冻干燥是将物料冷冻至冰点以下，并置于高真空（10 ~ 40Pa）的容器中，通过供热使物料中的水分直接从固态冰升华为水汽的一种干燥方法（图 16-1）[3]。真空冷冻干燥技术应用最为广泛，是一种将湿物料或溶液在较低温度（−50 ~ −10℃）下冻结成固态，然后在真空（1.3 ~ 13Pa）下使其中的水分不经液态直接升华成气态，最终使物料脱水的干燥技术。由于干燥过程是在低温、低压下进行，因此真空冷冻干燥赋予产品许多特殊的性能：①对热敏性物料脱水比较彻底，经干燥的产品性质十分稳定，便于长时间储存；②物料的物理结构和分子结构变化极小，其组织结构和外观形态可被较好地保存；③物料不存在表面硬化问题，且其内部形成多孔的海绵状，因而样品具有优异的复水性，可在短时间内恢复干燥前的状态；④由于干燥是在很低的温度下进行，而且基本隔绝了空气，可有效地抑制热敏性物质发生生物、化学或物理变化，能较好地保持原料的色泽。

冷冻干燥过程主要包括冻结、升华和再干燥三个阶段，具体过程如下。

（1）冻结

将欲冻干物料用冷却设备冷却至 2℃左右，然后置于约−40℃（13.33Pa）冻干箱内。关闭冻干箱，迅速通入制冷剂，使物料冷冻，以避免溶液的过冷现象，使样品完全冻结。

（2）升华

升华是在高度真空下进行的，在压力降低过程中，必须保持箱内物品的冰冻状态，以防溢出容器。待箱内压力降至一定程度后，再打开真空泵，压力降到 1.33Pa，温度降到−60℃以下时，冰即开始升华，升华的水蒸气在冷凝器内结成冰晶。为保证冰的升华，应开启加热系统，将搁板加热，不断供给冰升华所需的热量。

（3）再干燥

在升华阶段，冰大量升华，此时温度不宜超过最低共熔点，以防产品产生僵块或外观形状缺损，在此阶段内搁板温度通常控制在−10 ~ 10℃之间。再干燥阶段所除去的水分为结合水，此时固体表面的水蒸气压降低，干燥速度明显下降。在保证产品质量的前提下，在此阶段内应适当提高搁板温度，以利于水分的蒸发，一般将搁板加热至 30 ~ 35℃，实际操作应按样品的冻干曲线进行，直至温度与搁板温度重合达到干燥为止。

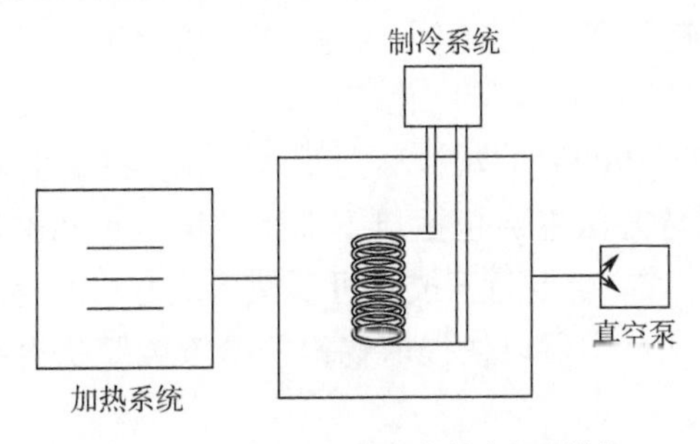

图 16-1　冷冻干燥设备的基本组成模块

16.1.3　反渗透法

反渗透又称逆渗透，是一种以压力差为推动力，从溶液中分离出溶剂的膜分离操作。对膜一侧的料液施加压力，当压力超过它的渗透压时，溶剂会逆着自然渗透的方向做反向渗透。在膜的低压侧得到透过的溶剂，即渗透液；高压侧得到浓缩的溶液，即浓缩液（图 16-2）。反渗透通常使用非对称膜和复合膜。反渗透所用的设备，主要是中空纤维式或卷式膜分离设备。应用反渗透去除溶剂时，溶质的分子质量通常需要大于 300Da[4]。

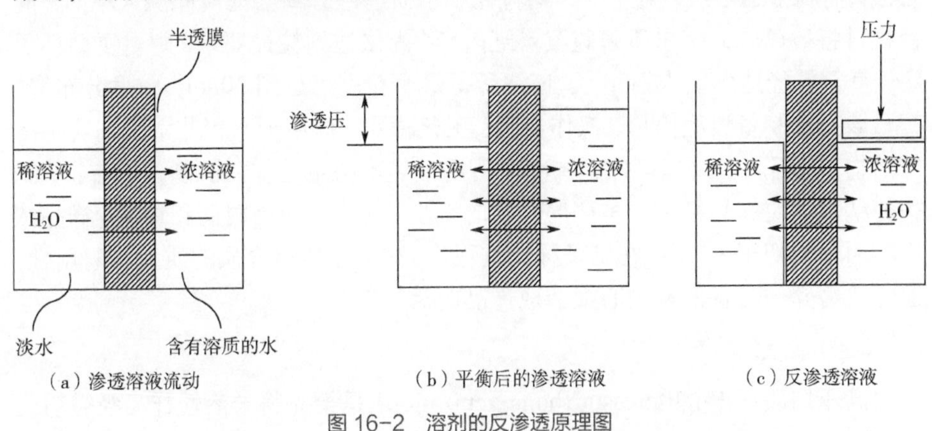

图 16-2　溶剂的反渗透原理图

16.2　提取物的微粒处理技术

提取物制备微粒的目的主要是减少储存体积、便于使用及人体吸收。产品制粒的方法主要包括颗粒粉碎和沉淀两种方式。当化合物的生物利用度受到溶解性和溶出度的限制时，粒度大小、粒度分布等参数就显得至关重要。粒度的减小会增加固体颗粒的表面积与体积比，使化合物的溶出度增加。颗粒物质的固体形态也会影响溶解度，当化合物为无定形状态时，其溶解度要高于结晶状态，且化合物的晶型不同溶解度也不同。

颗粒粒度为 10 ~ 100μm 的颗粒称为微米颗粒；粒度小于 100nm 的颗粒称为纳米颗粒，其制备方法主要包括自下而上（bottom-up）和自上而下（top-down）两种技术。通常，自上而下技术可以使传统方法所得的微米颗粒减小为纳米颗粒；自下而上技术可以使提取物澄清溶液或胶状溶液在去除溶剂后直接转变为纳米颗粒。

16.2.1 自上而下技术

自上而下技术是指利用机械力如研磨或均质等使药物粒径减小的方法，包括介质碾磨法和高压均质法，以及两者相结合的方法。

（1）介质碾磨法

介质研磨法（milling）是指将药物、稳定剂和水以一定比例混合，随后加入装有研磨介质（如陶瓷珠、玻璃珠、钢珠、高交联度聚苯乙烯树脂小球等）的封闭研磨腔内，在高速转动下使固体物料与碾磨介质及器壁之间产生剪切力，从而制得纳米级颗粒。当物料粒径小于研磨腔分离器滤网间隙大小时，混合物料将被离心力挤出研磨腔至料缸内；若尚未达到粒径要求，则重复循环研磨，直至粒径达到要求为止[5]。该法所得最小粒度可达到 30nm，粒度分布窄。

该方法制备过程简单、操作性强、工艺稳定，适用于水和非水溶剂均不溶的药物，且因制备过程可控制温度而适用于热不稳定性样品的制备。该方法制备的纳米颗粒的粒径主要与研磨介质的大小及用量、研磨时间和速度、样品浓度等因素密切相关[6]。但在制备样品过程中，需关注研磨介质的质量和耐用性，避免研磨介质和容器壁的磨损造成产品的污染。

（2）高压均质法

高压均质法（high-pressure homogenization）是指先将难溶性样品经微粉化预处理后制得粗混悬液，然后在高压匀质设备的作用下高速通过匀化阀的狭缝，利用造成的空穴效应、撞击效应和剪切效应而制得纳米颗粒的方法。由于混悬液在挤出孔隙时，动压、静压差距大，可在室温下发生类似水的剧烈沸腾，产生爆裂，使固体物质进一步崩碎，最终得到纳米颗粒。该法制备的纳米颗粒的粒径主要与均质压力、加工周期、固体物质的初始粒径和稳定剂类型等因素有关[7]。

该方法制备的纳米颗粒平均粒径较小，粒度分布较窄，且重现性好，不易产生工艺杂质，适用于水和非水溶剂均难溶的药物。但是，该方法也存在局限性，使用过程中的高压会引起晶体结构的变化，进而改变纳米颗粒产品的稳定性。

16.2.2 自下而上技术

自下而上技术是通过控制颗粒沉淀或结晶使颗粒粒径迅速减小，从饱和溶液中析出，主要包括成分的结晶/沉淀和溶剂蒸发技术。

（1）结晶法

工业上，常用结晶法生产微米粒子。结晶的产生主要有以下三种方式。

① 蒸发结晶法：适合溶解度随温度变化不大的物质，通过加热蒸发溶剂，使溶液由不饱和变为饱和，继续蒸发，过剩的溶质则会以晶体形式析出；

② 降温结晶法：适合溶解度随温度变化较大的物质，即先加热溶液，蒸发溶剂成饱和溶液，此时降低热饱和溶液的温度，溶解度随温度变化较大的溶质则会以晶体形式析出；

③ 反溶剂结晶法：是将主溶剂和反溶剂相结合的结晶技术，首先将待重结晶的物质溶于主溶剂中，形成分子态，通过正加或反加的方式将主、反溶剂按一定体积比混合。反溶剂加入后，药物在混合体系中的溶解度大大降低，远小于主溶剂，导致过饱和态的形成。当药物在混合体系中呈过饱和态时，药物会在体系中结晶析出，从而得到重结晶产物[8]。

目前，反溶剂重结晶法在药物纳米颗粒的制备领域取得了十分可观的成绩。谢玉洁等[9]以乙醇为溶剂，水为反溶剂，筛选了合适的药用辅料，并通过系统考察药物浓度、主溶剂与反溶剂体积比等试验参数，在最优制备条件下成功制备出了青蒿素超细粉体。制备后的青蒿素微粉比表面积比原药增大 25.4 倍，在 15min 时溶出量从原药的 2.1%提高到 88.3%。

（2）喷雾干燥法

喷雾干燥法是提取物溶液被雾化成微细液滴分散在高温热气流中，通过溶剂蒸发实现脱水干燥的方法，设备流程图如图 16-3 所示。主要包括三种干燥方式。

① 压力喷雾干燥法：通过高压泵，加压至 70 ~ 200atm，在此压力下，雾化处理物料，使其分散成雾化微粒，然后接触热空气，汽化并除去水分，实现微粒的快速干燥。

② 离心喷雾干燥法：利用水平离心机，给予物料水平离心力，使其以高速甩出，形成薄膜、细丝或液滴，与空气产生摩擦、阻碍、撕裂，离心机的切向加速度与离心力产生的径向加速度使物料液滴轨迹为一螺旋形，液滴沿螺

旋线抛出后，分散成粒径微小的液滴，同时液滴又因重力作用而沿容器切线方向下落。由于喷洒出的微粒大小不同，致使飞行距离不同，最终形成一个以转轴为中心对称的圆柱体。

③ 气流式喷雾干燥法：待干燥的物料和加热后的空气通过运输装置进入喷雾干燥器中，两者完全混合，因热质接触面积增大，可以保证物料快速实现蒸发和干燥。经干燥后的物料部分经旋风分离器输出，不便于收集的飞粉通过旋风除尘器和布袋除尘器进行回收。

喷雾干燥中，若物料溶液为有机溶剂，加热气体通常为 N_2，以避免干燥塔内产生易爆性气体，同时也可以避免物料被氧化。对于热敏性成分的喷雾干燥，温度的控制至关重要，喷雾干燥过程中雾化器的最低操作温度依据溶剂的沸点和雾化器中压力的大小而确定。为了降低喷雾温度，真空雾化器得到了应用。喷雾干燥法具有干燥过程迅速、易于操作和控制、适用物料广等优点。喷雾干燥的应用范围极广，包括化学工业、塑料树脂、食品工业、食物及植物、糖类和陶瓷等领域都可以使用喷雾干燥[10]。

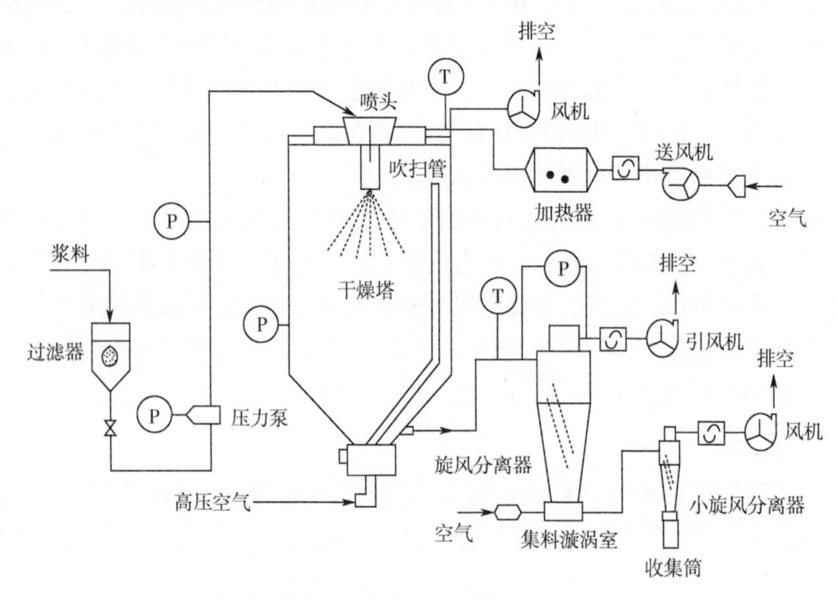

图 16-3 喷雾干燥法的流程图

（3）超临界流体微粉化法

超临界流体微粉化是利用改变压力来调节体系的过饱和度和过饱和速率，从而使溶质从超临界溶液中结晶或沉积出来的一种方法。将物质溶解在超临界液体（如 CO_2）中，当该液体通过微小孔径的喷嘴减压雾化时，随着超临界液体的迅速气化，即可析出纳米微粒。由于这种过程在均匀介质中进行，可以准确地控制结晶过程，获得纳米级粒子，而且还可控制其粒度尺寸的分布。目前，超临界流体微粉化制备技术主要包括超临界溶液快速膨胀技术、超临界流体抗溶剂技术和气体饱和溶液成粒技术。

① 超临界溶液快速膨胀技术：利用溶质的溶解度随超临界流体密度变化的关系。主要操作步骤为先将药物溶解在超临界流体中，然后压力急剧减小，超临界流体迅速膨胀到低压、低温的气体状态，迅速形成过饱和溶液，溶质的溶解度急剧下降，致使溶质迅速成核和生长为微粒而沉积，其流程图如图 16-4 所示。超临界溶液快速膨胀技术制备的微粒可通过压力、温度、喷嘴结构、流体喷出速度以及收集环境等进行调节。

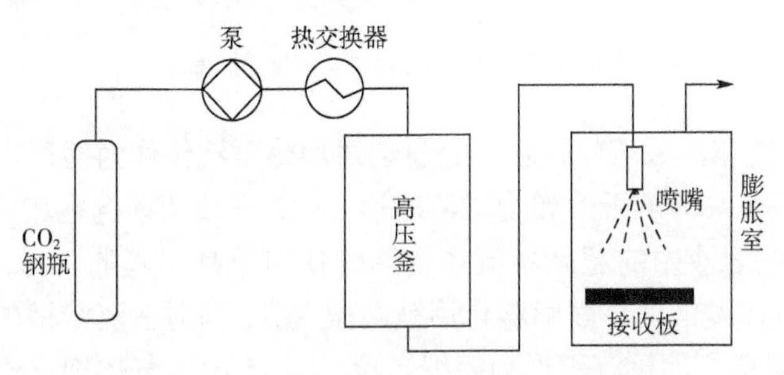

图 16-4　超临界溶液快速膨胀技术流程图

② 超临界流体抗溶剂技术：将一种超细固体物质溶于有机溶剂形成溶液，然后选择一种能与有机溶剂互溶，而不能溶解溶质的超临界流体作为反溶剂，反溶剂加入后迅速扩散到溶液中，使有机溶剂体积膨胀，溶剂的溶解能力降低，即溶质的溶解度降低，形成过饱和溶液，导致固体溶质析出。操作过程中，待溶质从溶液中结晶析出后沉降在釜底部的筛板上，含有溶剂的超临界流体从沉降釜底部流出，进入旋风分离装置，分离后放空（图 16-5）[11]。

随着超临界流体抗溶剂技术的不断发展，出现了许多对传统过程进行改进的抗溶剂技术，如超临界流体强化溶液分散沉淀 （SEDS）和气溶胶溶剂萃取（ASES）等技术。SEDS 过程利用共轴喷嘴将超临界流体、含有溶质的水溶液和有机溶剂一起喷入压力和温度可控的结晶釜中，高速通过喷嘴的超临界流体形成强烈的湍流使溶液破碎成细小的液滴，同时将溶剂从该溶液中萃取出来，使析出的溶质颗粒得以快速干燥。SEDS 过程中溶质和有机溶剂的接触时间非常短暂，特别适用于难溶于超临界流体而且对有机物比较敏感物料的微细颗粒的制备。

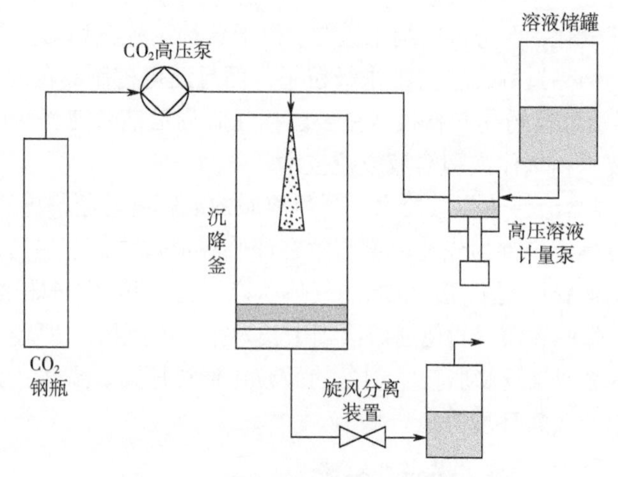

图 16-5　超临界流体抗溶剂技术流程图

③ 气体饱和溶液成粒技术：是将物质加热至液化作为溶剂，超临界流体 CO_2 作为溶质，并溶解于熔融物或液态溶液中，形成所谓的饱和气体溶液，然后利用溶解在溶液中的超临界流体的膨胀作用及其引起的 Joule-Thomson 效应，使饱和气体溶液通过喷嘴雾化后被减压膨胀，同时在沉淀槽内迅速冷却至室温或更低温度，即可沉积得到超细颗粒（图 16-6）。气体饱和溶液成粒技术制备的微粒由于物质本身性质和操作参数的不同可以呈现不同的形态，如球状、多孔球状、颗粒状、纤维状等，其中微粒制备主要影响因素包括：预膨胀压力、温度、CO_2 流速与物质流速的比值等，通常操作压力范围为 8 ~ 15MPa，温度范围为 50 ~ 100℃，物质流速的比值范围为 1 ~ 10kg/kg。该技术的优点是 CO_2 用量少，且无溶剂残留，适合熔点较低的材料的微粉化，如蛋白、聚合物和脂质等。

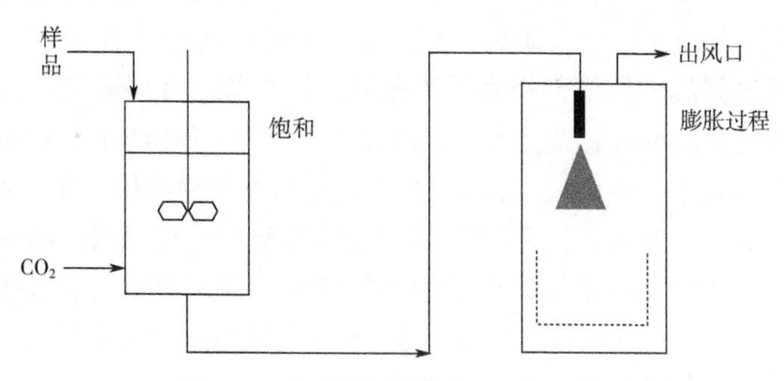

图 16-6　气体饱和溶液成粒技术流程图

16.3 天然产物包载技术

包载物制备的主要目的为保护活性成分、提高生物利用度以及提高产品的功能。天然产物产品包载处理技术主要有微囊、微球、胶束、固体脂质纳米粒、脂质体等。微囊是将固体药物或液体药物做成囊心物，外层包裹高分子聚合物囊膜，形成微小包囊，其粒径一般为 1 ~ 250μm；微球是指药物分散或吸附在高分子聚合物基质中而形成的微小球状实体，其粒径一般为 1 ~ 250μm；胶束是具有两亲性的聚合物在水溶液中组装形成的粒子,它具有疏水性内核和亲水性外壳，粒径一般为 10 ~ 200nm；固体脂质纳米粒是一种以室温下为固态的天然或合成的脂质或类脂质为基质，将药物包裹制成粒径为 50 ~ 1000nm 的固体制剂；脂质体是将药物包封于类脂质双分子层薄膜中间所制成的超微球形载体制剂。包载物的制备方法有多种，主要包括相分离法、溶剂蒸发法、喷雾干燥法、高压乳化法和超临界流体法等。

虾青素为非维生素 A 源类胡萝卜素，具有保护视网膜和中枢神经系统、增强机体免疫力等多种生物功能。天然虾青素有 “超级维生素 E”之称，其抗氧化能力是天然维生素 E 的 1000 倍。然而虾青素在光、热的情况下极易降解，需要采用包载技术提高提取物的稳定性。张晓燕[12]以卵磷脂、壳聚糖为纳米载体材料，通过卵磷脂/壳聚糖在水溶液中形成单分散性的纳米乳制备了虾青素纳米乳。与游离虾青素相比，虾青素纳米乳能够长期保持较好的抗氧化性。胡曼[13]以玉米醇溶蛋白和左旋聚乳酸（PLLA）作为载体材料，二氯甲烷/二甲基亚砜、二氯甲烷/丙酮为溶剂体系，超临界二氧化碳为反溶剂，制备得到虾青素包载微球。体外释放实验显示经包载后的微球不仅稳定性增强，还具有缓释效果。

16.4 后处理技术的应用前景

后处理技术可以使天然产物成为具有高附加值特性的产品，表现在从简单的特性，如活性成分的保护，到复杂的高级特性，如颗粒尺寸、控释、靶点给药等。后处理技术在天然产物中的应用大大提高了天然产物产品的应用价值，后处理技术也将成为天然产物研究的重要方向之一。

参考文献

[1] Jiménez-González C, Curzons A D, Constable D J C, et al. Expanding GSK's solvent selection guide—application of life cycle assessment to enhance solvent selections[J]. Clean Technologies and Environmental Policy, 2004, 7: 42-50.

[2] Towler G, Sinnott R K. Chemical Engineering Design: Principles, Practice and Economics of Plant and Process Design[M]. Elsevier, 2012.

[3] Rostagno M, Prado J. Natural product extraction principles and applications[M]. RSC Publishing, 2013.

[4] Scott K, Hughes R. Industrial membrane separation technology[M]. Springer Netherlands, 1996.

[5] 谢元彪，许俊男，陈颖翀，等. 纳米晶体技术在难溶性药物中的应用进展与思考[J]. 世界科学技术——中医药现代化, 2016, 18(10), 1788-1793.

[6] 岳鹏飞，王勇，万晶，等. 固体纳米晶体给药系统构建方法的研究进展[J]. 药学学报, 2012, 47(9): 1120-1127.

[7] Keck C M, Müller R H. Drug nanocrystals of poorly soluble drugs produced by high pressure homogenisation[J]. European Journal of Pharmaceutics and Biopharmaceutics, 2006, 62(1): 3-16.

[8] Al-Nimry S S, Qandil A M, Salem M S. Dissolution enhancement of gliclazide using ultrasound waves and stabilizers in liquid anti-solvent precipitation[J]. Die Pharmazie an International Journal of Pharmaceutical Sciences, 2014, 69(12): 874-880.

[9] 谢玉洁，乐园，王洁欣，等. 反溶剂重结晶法制备青蒿素超细粉体[J]. 化工学报, 2012, 63(05): 1607-1614.

[10] Vehring R. Pharmaceutical particle engineering via spray drying[J]. Pharmaceutical Research, 2008, 25: 999-1022.

[11] 陈鹏，张小岗. 微粉化技术提高水不溶性药物溶解度[J]. 化学通报, 2007, 10: 766-771.

[12] 张晓燕.南极磷虾壳中虾青素提取纯化与纳米包载[D].青岛：中国海洋大学, 2013.

[13] 胡曼.超临界溶析技术制备虾青素 DDS 的研究[D]. 广州：华南理工大学, 2017.